男装结构设计原理与应用

张　恒　编著

中国纺织出版社有限公司

内 容 提 要

本书从男装结构设计基础理论入手，系统阐述男装设计要素及男性人体工程学特征，创新结构制图方法，结合典型男装款式实例，分别对裤装、衬衫、套装、大衣等男装结构设计的方法、制图步骤等作详细说明。

本书内容丰富、图文并茂、易读易懂，结构制图清晰并具有较强的系统性、理论性、知识性和实用性，既可为服装制板师提供参考，又可作为高等院校的专业教材或服装爱好者的参考用书。

图书在版编目（CIP）数据

男装结构设计原理与应用 / 张恒编著. -- 北京：中国纺织出版社有限公司，2022.1

ISBN 978-7-5180-9062-4

Ⅰ. ①男… Ⅱ. ①张… Ⅲ. ①男服—结构设计 Ⅳ. ① TS941.718

中国版本图书馆 CIP 数据核字（2021）第 217646 号

责任编辑：孙成成 施 琦 责任校对：江思飞
责任印制：王艳丽

中国纺织出版社有限公司出版发行
地址：北京市朝阳区百子湾东里 A407 号楼 邮政编码：100124
销售电话：010—67004422 传真：010—87155801
http://www.c-textilep.com
中国纺织出版社天猫旗舰店
官方微博 http://weibo.com/2119887771
三河市宏盛印务有限公司印刷 各地新华书店经销
2022 年 1 月第 1 版第 1 次印刷
开本：787×1092 1/16 印张：11.25
字数：202 千字 定价：45.00 元

前言
PREFACE

服装结构设计是服装设计的重要组成部分，是实现服装从创意构思到成衣的核心技术环节。随着我国服装产业的快速发展，服装品牌化发展开始驶入快车道，人们生活水平的日益提高，促使服装消费市场需要更高品质的服装产品。数字化服装设计、智能化服装制造已经成为服装产业的发展方向，为适应这一发展趋势，本书在归纳、总结、提炼已成熟的比例、原型、基型等服装结构设计方法基础上，通过比较分析和长期工作实践，提出一种基于服装基本型结构的服装结构设计方法，经过大量实验和实践验证，在现代数字化服装结构设计工作方式背景下，基于基本型的服装结构设计方法更加高效、易用。同时，本书对服装衣袖、衣领等关键部件的结构设计方法进行了系统性研究，尤其对衣领结构设计原理做了深入的探索性研究，提出了基于翻领松量结构模型的翻折领结构设计方法，为服装衣领结构设计提供了一种新的理论依据。

本书从男装结构设计基础入手，结合服装人体工程学对男装结构设计理论进行了创新，并通过由浅入深的实例对男装结构设计原理、方法、步骤进行了系统性阐述。

由于编写时间仓促，书中错漏之处在所难免，敬请各位专家、同行和读者批评指正。

张恒

2020年1月15日 于长春工程学院

目录
CONTENTS

第一章　绪论

第一节　男装结构设计概述

一、男装设计

服装设计属于工艺美术范畴，是实用性和艺术性相结合的一种艺术形式，服装设计具有一般实用艺术的共性，但在内容与形式以及表达手段上又具有自身的特性。比较女装设计而言，男装设计在结构上更加强调功用性，形式上更具程式化等特点。在考虑款式造型、色彩、材料三大构成要素的同时，充分认识男性人体的工程学特征、正确认识男性人体与女性人体的差异，对男装结构设计的造型是否准确、结构是否合理、穿着是否舒适合体等方面尤为重要。

二、男装设计要素

款式造型、色彩及材料是服装设计的三大要素，对于男装设计而言也同为重要，是在男装设计过程中必须要考虑的基本要素。

（一）款式造型要素

款式造型是指服装的内部结构与外部轮廓造型。款式造型是男装设计的重要因素和主要设计内容，男装造型的程式化和强调功能性设计、实用性设计是区别于女装设计的显著特征。男装款式造型设计除考虑男性人体体形特征外，更受穿着对象、穿着时间、穿着场合等诸多因素制约。男装款式造型不及女装丰富，主要有 H 型、V 型、T 型、O 型等。男装款式造型设计无论是外部轮廓还是内部结构都更着重强调男性的阳刚之美，男装款式造型中领型、袖型、门襟、口袋等设计受到程式化的影响，变化不及女装丰富，在服装的视觉审美性、功能性和实用性方面，男装设计更加关注功能性和实用性，这是由男性特有的生理和心理特征决定的。

（二）色彩要素

色彩是视觉设计三要素中视觉感受最直接的要素，男装设计也应正确理解关于色彩的物理性、生理性、心理性等基本理论知识并敏感把握色彩流行趋势。色彩对于服装而言，总是能给人以强烈的视觉感受，且不同的色彩也会给人以不同的心理感受，从而营造出不同的美感，使人产生不同的联想。例如，白色会给人以纯洁高雅的感受，红色会给人以热烈奔放的感受。能够敏感把握每季服装色彩流行趋势，并将其用于服装设计之中是一名服装设计师必须具备的能力。

（三）材料要素

材料是服装构成的基本要素，也是物质载体。服装材料种类繁多，且有不同的功能属性区分，大体可分为面料、里料和辅料。不同服装材料的性能不同、外观特征不同，表现出来的视觉感受、触觉感受、功能效果也有所不同。服装材料的物化性能特质与服装设计有着密切的关系，无论是服装设计师还是服装制板师，掌握服装材料基础知识，了解不同服装材料的物化属性、功能特性及视觉表现效果，正确理解材料和服装的关系等都是其必须具备的基本能力。

三、男装设计分类

随着时代的发展，男装产品种类日趋繁多，男装设计分类形式呈现多样性。根据不同年龄、国际通用分类标准、使用目的、不同用途、季节变化、品质要求、民族差异、品种分类等，常见的男装设计分类有如下几种：

第一，根据年龄分类：婴儿装、幼儿装、学童装、少年装、青年装、成年装、中老年装等。

第二，根据国际通用标准分类：高级男装、时装、成衣等。

第三，根据使用目的分类：比赛服装、发布服装、表演服装、销售服装、指定服装等。

第四，根据不同用途分类：日常生活装、特殊生活装、社交礼仪装、特殊作业装、装扮装等。

第五，根据季节变化分类：春秋装、夏装、冬装等。

第六，根据品质要求分类：高档服装、中档服装、低档服装等。

第七，根据民族差异分类：中式服装、西式服装、民族服装、民俗服装、国际服装等。

第八，根据品种不同分类：大衣、风衣、套装、衬衫、裤装等。

第二节　男性人体工程学特征

服装人体工程学是人体工程学中研究人体特征及服装和人体相互关系的分支学科，其研究对象是“人—服装—环境”系统，从适合人体的各种要求出发，对服装产品设计提出要求，以量化数据形式为设计者提供参考，使服装产品最大限度适合人体需要，达到舒适卫生的最佳状态。对于服装结构设计而言，人体是唯一的依据，研究人体外在特征、运动机能和运动范围对服装结构设计的影响，是服装造型结构、功能结构设计的理论基础。男性人体与女性人体存在本质差异，充分认识男性人体体型特征对男装结构设计至关重要。

一、男性人体方位、体形与服装结构

男性人体方位、体形是男装造型结构设计及其设计理论的基础，人体测量、造型设计、结构设计、工艺设计等都以人体方位、体形为研究对象，而人体体形的立体划分与体表平面化更是男装造型所需的方位和基准的基础。

以前后、左右、上下 6 个男性人体方位与男装结构因子的关系，可立体化认识男性人体体形的特征，明确男性人体立体观及男装立体化造型与结构设计，如图 1–1 所示。

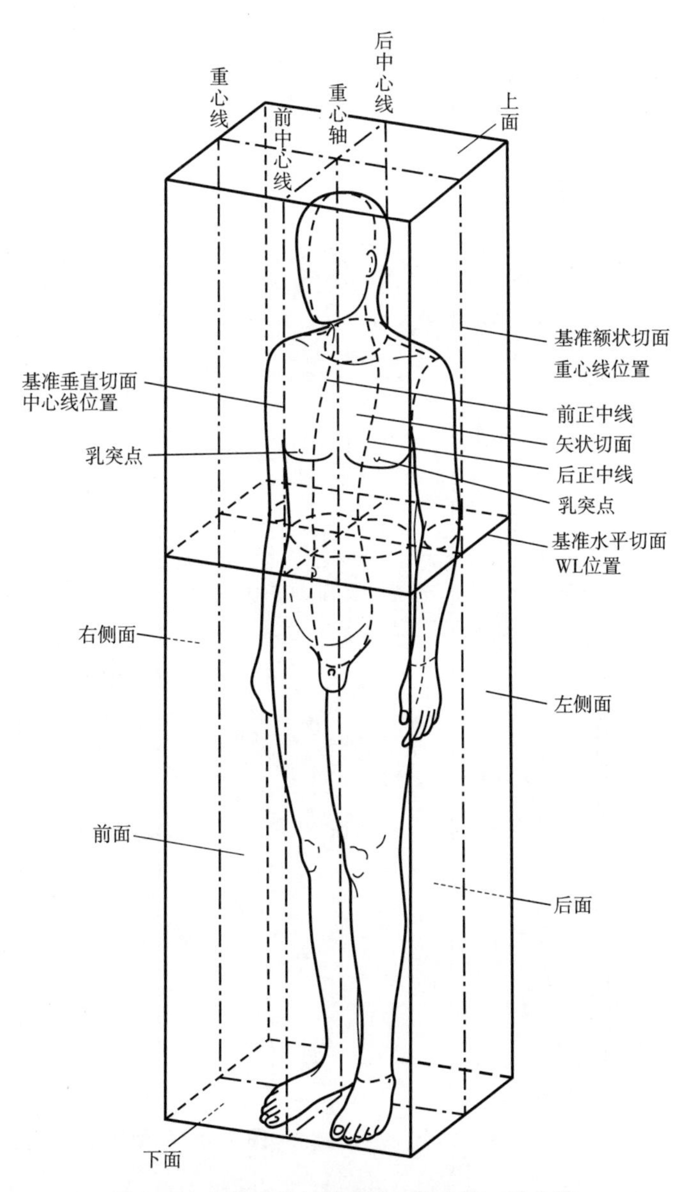

图 1–1　人体方位与基准线、基准面、基准轴

以前中心线、后中心线、重心线 3 条基准线，矢状切面、额状切面、水平切面 3 个基准面和重心轴即可完成人体的立体划分，并可得到 6 个方位的人体断面，各个方位与服装结构的因子关系清晰可见。把握人体各部位形状及男性人体细部结构特征，并形成男性人体的立体观，是服装立体造型设计的重要基础，如图 1–2 ~ 图 1–7 所示。

通过人体前正中基准垂直面切开，即可得到前中心线、矢状切面和后中心线。矢状切面在后中心侧包含了表现体形躯干的脊柱，人体后背、腰、臀曲势清晰可见，并以此作为服装后身结构造型的基础，为男装侧面造型和结构设计曲线表现提供设计依据，如图 1–8 所示。

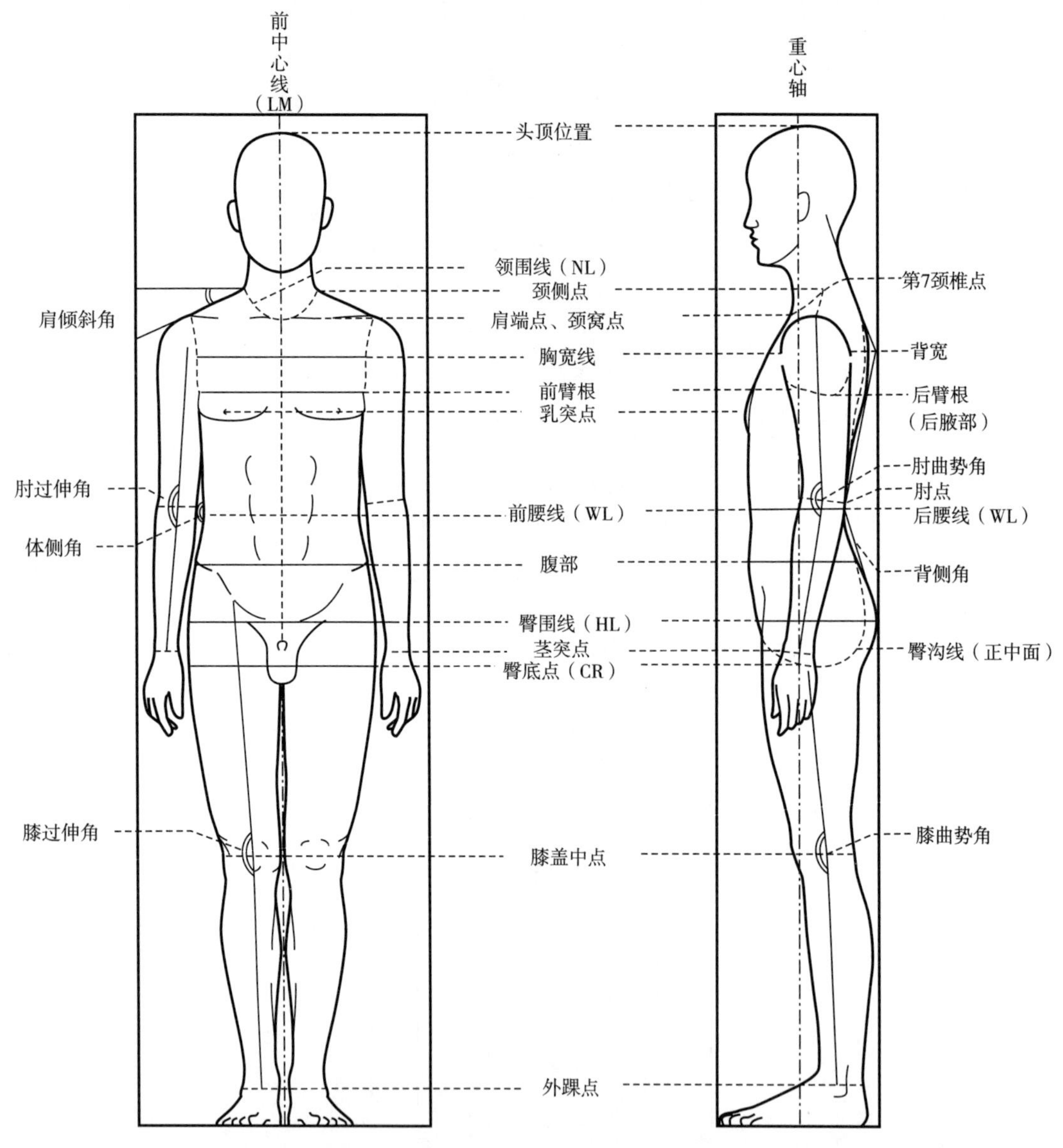

图 1–2　正面方位与服装结构因子　　图 1–3　侧面方位与服装结构因子

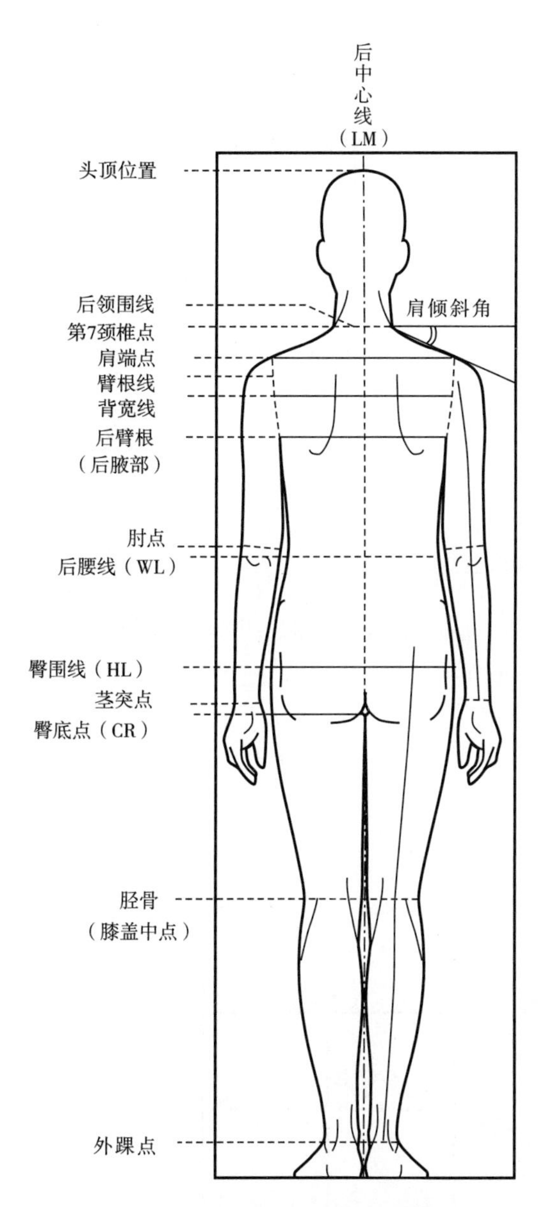

图 1–4　后面方位与服装结构因子

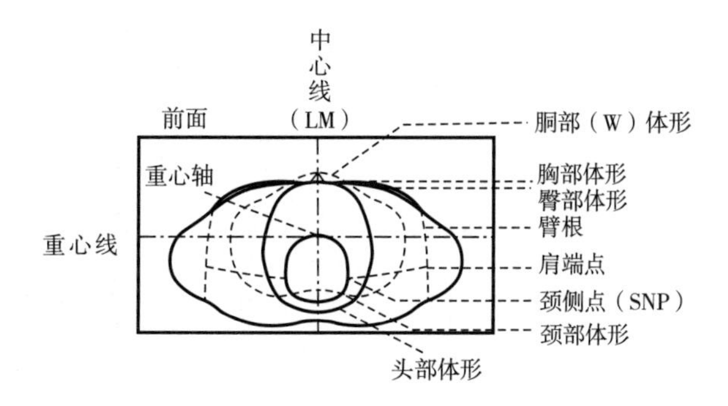

图 1–5　上面方位与服装结构因子

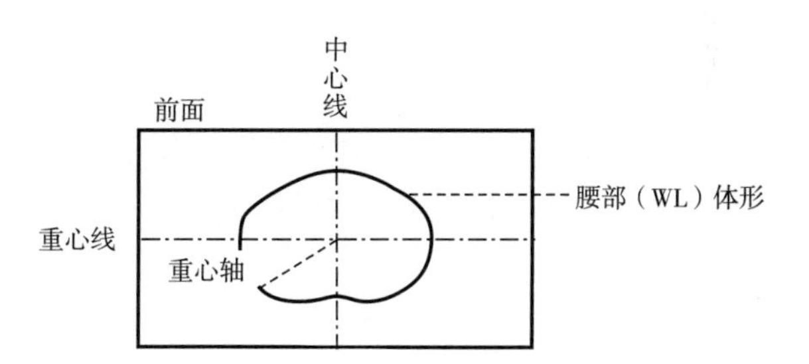

图 1–6　上、下面方位与服装结构因子

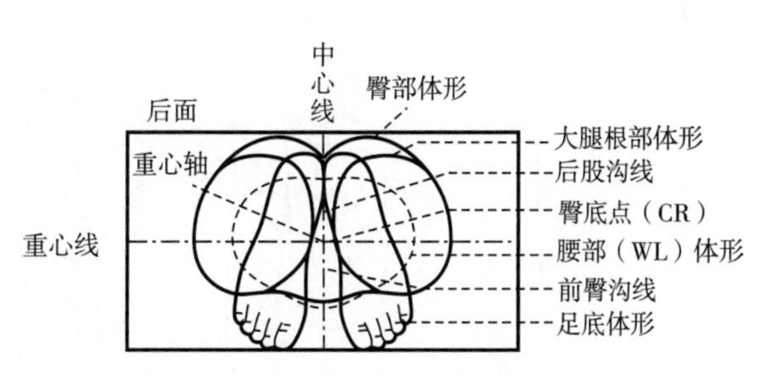

图 1–7　下面方位与服装结构因子

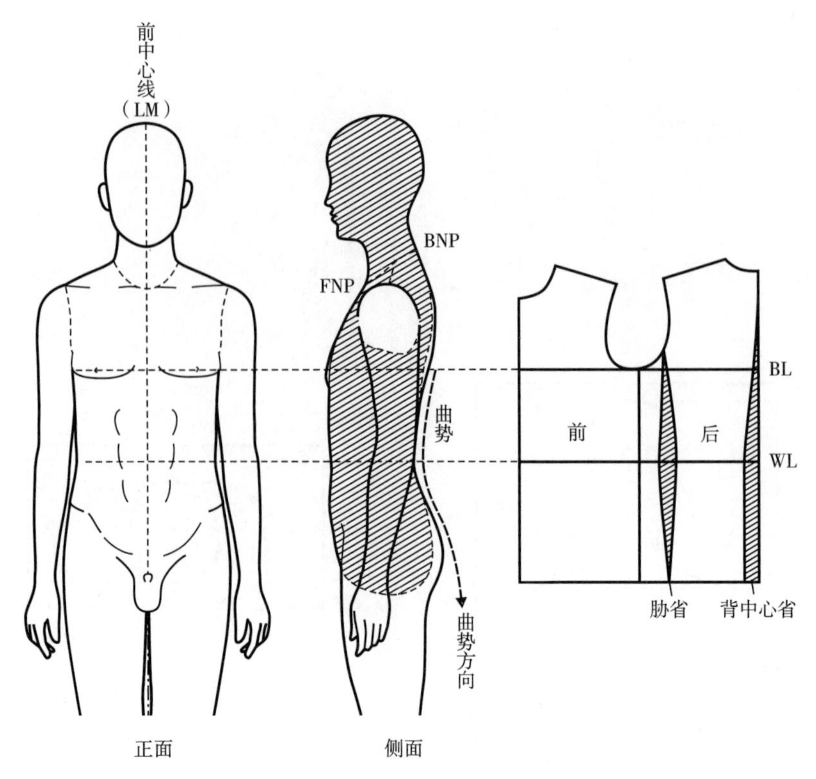

图 1–8　矢状切面体形与服装曲势

图 1–9 ~ 图 1–11 所示为服装前衣身、衣身袖窿、后衣身纸样结构基准定位与男性人体乳突点、臂根和肩胛骨的对位关系。

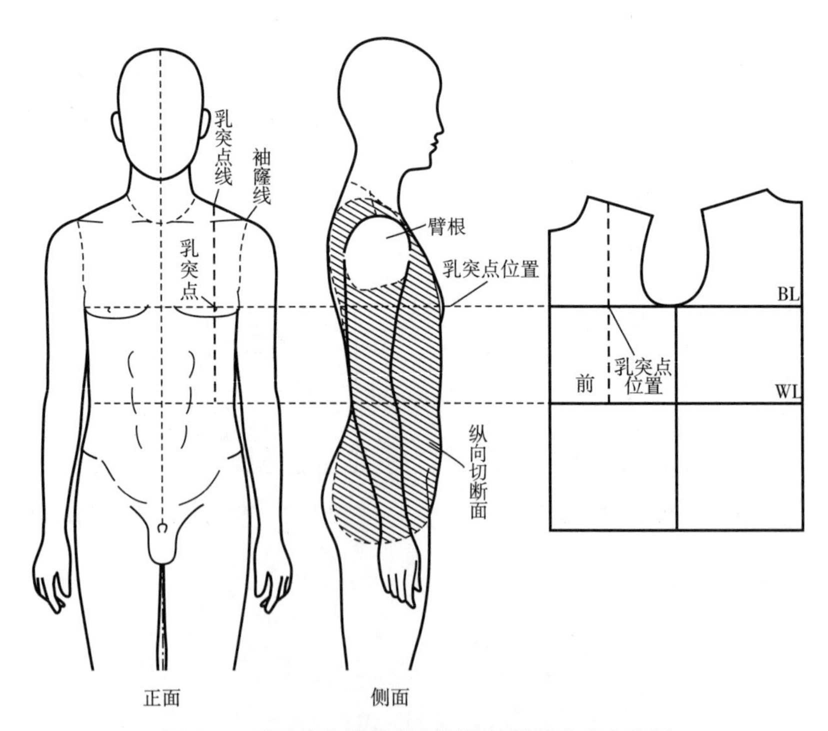

图 1–9　乳突点位置纵向切断面与服装乳突点位置

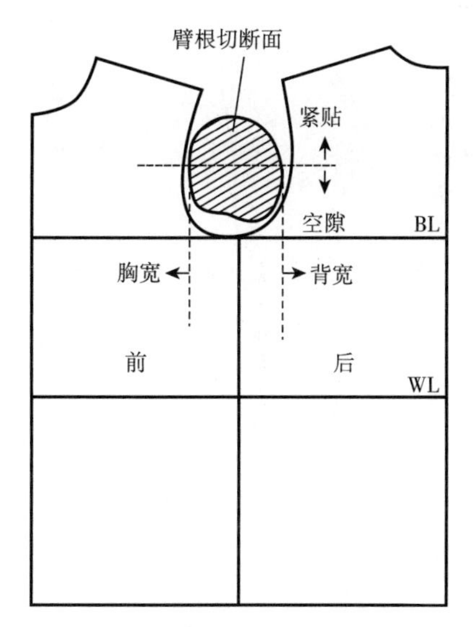

图 1-10　臂根切断面与服装袖窿形状、位置

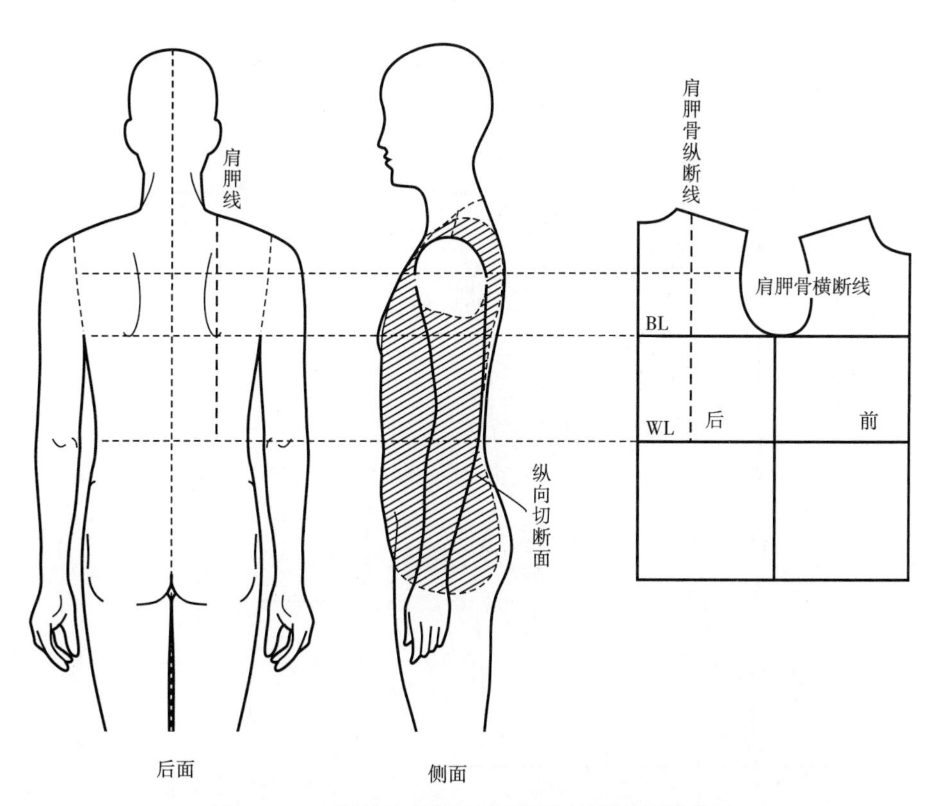

图 1-11　肩胛骨位置纵向切断面与服装肩胛骨位置

图 1-12、图 1-13 所示为前、后裤片纸样结构基准定位与男性人体腰，腹，臀，臀底，腿部前、后中线的对位关系。

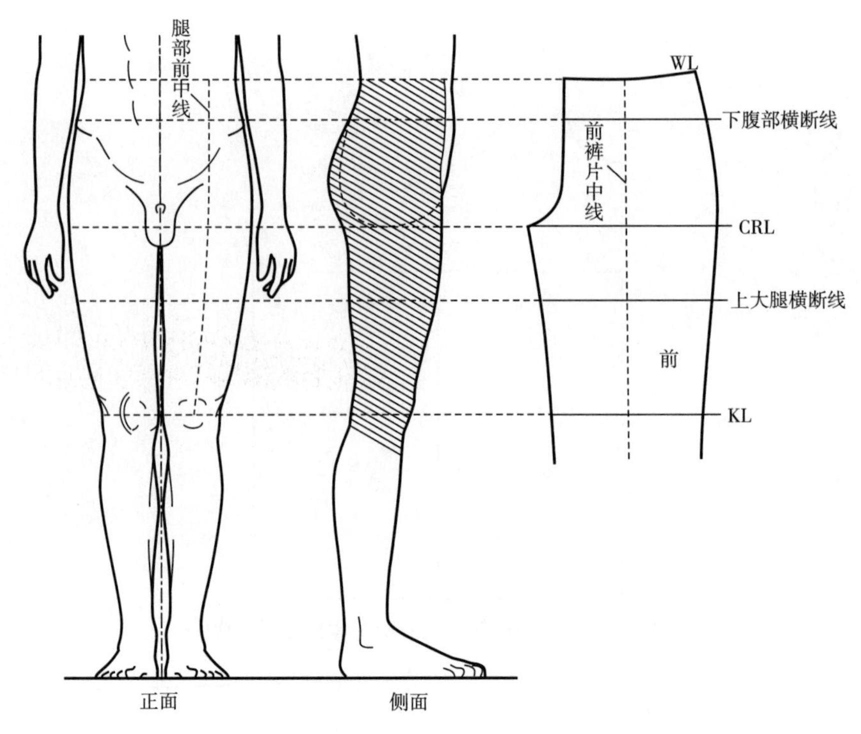

图 1-12　大腿、膝部纵向切断面与前裤片位置

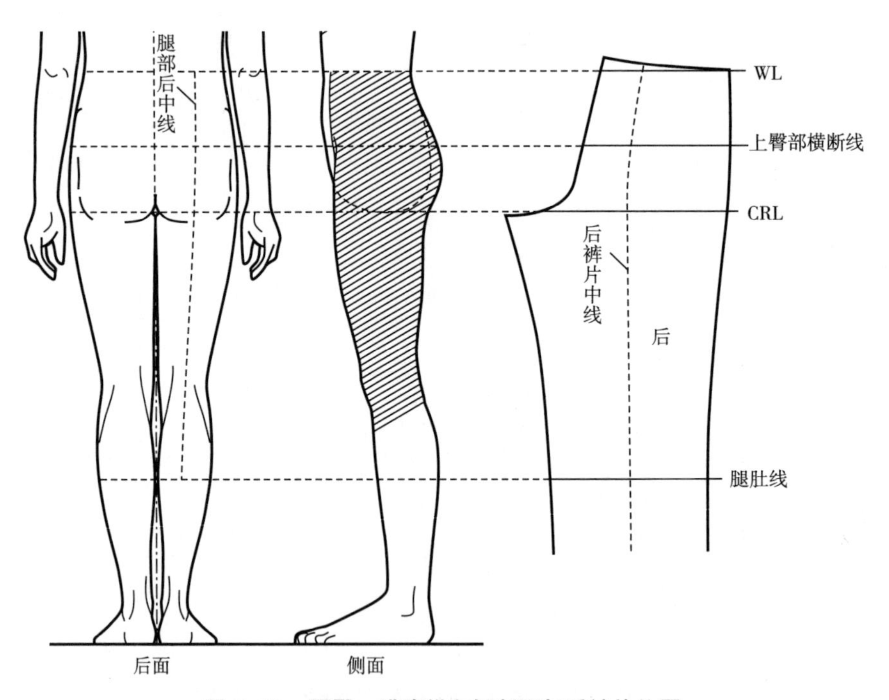

图 1-13　腰臀、腓腹纵向切断面与后裤片位置

图 1-14 所示为男性人体侧面通过头顶、颈中间、臂根中间、躯干中间、腿根、膝、脚踝的侧面曲势构成。

二、男性人体比例

人体比例是人体各个器官间和各个部位间的对比关系，如眼睛和面部的比例关系、躯干和四肢的比例关系等。而比例关系是用数字来表示人体美，并根据一定的基准进行比较，用同一人体的某一部位作为基准，以此判定它与人体的比例关系的方法被称为同身方法。

古希腊雕像中大量表现出的 8 头身比例，确立“人体最美的比例是头部为身高的八分之一”是公元前 4 世纪的古希腊雕塑家利普波斯（Lisippos），8 头身是公认的身体最美的比例。这种身高为 8 个头全高的比例，至今仍被看作是美的协调比例，当作完美体型的审度标准。接近这种理想体型的人在中国并不是很多，只有时装模特比较符合。由于种族、性别、年龄不同，头与躯干的比例会有所差异，通常有两大比例标准，即亚洲型 7 头高的成人人体比例和欧洲型 8 头高的成人人体比例。7 头高比例关系是黄种人的最佳人体比例。实际上，除欧洲部分地区外，在生活中很难找到 8 头身的人，一般人为 7.5 头身，而亚洲许多地区的人则只有 7 头身。

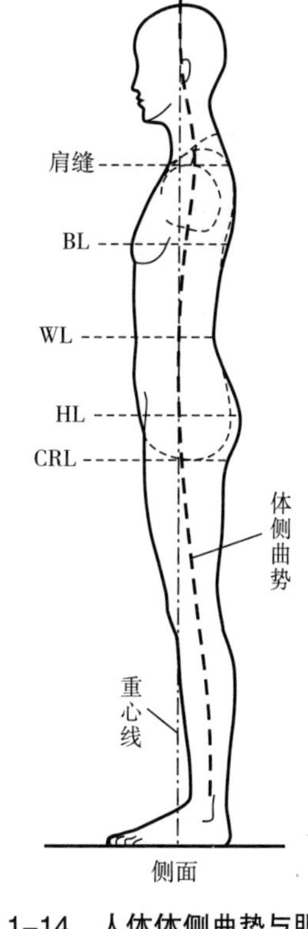

图 1–14　人体体侧曲势与服装结构

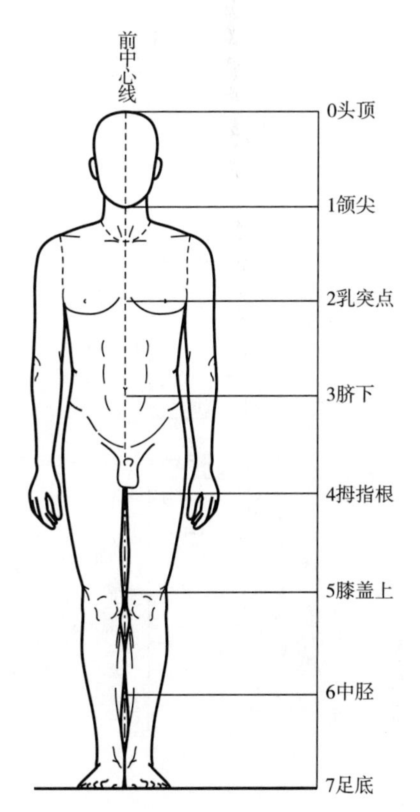

图 1–15　男性 7 头身各分割线对应的身体部位

图 1–15 所示为 7 头身男性各部位分割线对应的身体部位，头顶至颌尖为全头高，可作为头身比例关系的基本计量单位。

J. 库左（1501~1589 年，法国画家）认为，头的大小与肩宽、服装的形状、大小的均衡有着密切的关系。如图 1–16 所示为男性 7 头身时，肩峰间距和上臂外侧间距的关系。

如图 1–17 所示，将颌尖（1）至乳突点（2）作三等分，取上三分之一作水平线，即可得到水平线与人体肩斜线的交点 AC（肩峰点），以肩峰两侧 AC 点与前中线交点 f（颈窝处）为中点，以肩峰到乳突点距离为半径画弧线，即可见男性人体肩宽、两臂外侧间距与头高的比例构成关系。

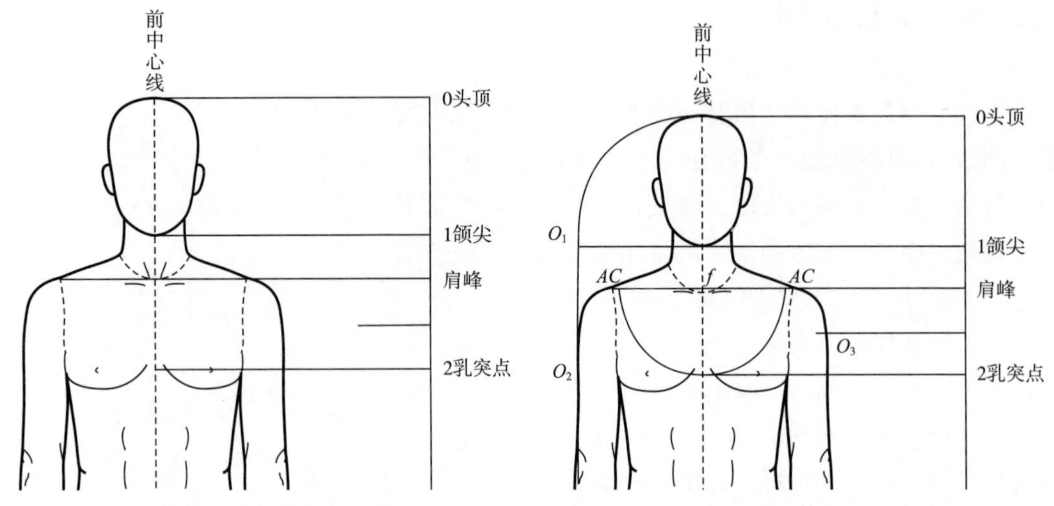

图 1–16　男性 7 头身的肩峰位置　　图 1–17　男性 7 头身的肩峰间距与上臂外侧间距的关系

一般而言，女性肩宽略小于臀宽，而男性肩宽略大于臀宽。如图 1–18 所示，以肩宽点（*AC*）作垂线至臀围处，将肩宽点（*AC*）与臀围外侧点连线，可见男性臀宽略小于肩宽，男性上身正面廓型整体略呈倒梯形。

腰围线作为区分人体上、下身的重要分割线，无论是上装结构设计还是下装结构设计，其都是至关重要的结构线。在人体结构中，腰围线具有特定的位置，了解腰围线在人体结构中的比例位置，对于男装结构设计具有重要意义。如图 1–19 所示，男性腰围位置基本在乳突点至脐下 1/6 处。

臀底点（CR）位置的确定，是裤装立裆裆长设置的重要参考依据。如图 1–19 所示，男性臀底点（CR）基本位于脐下至拇指根 1/4 处。

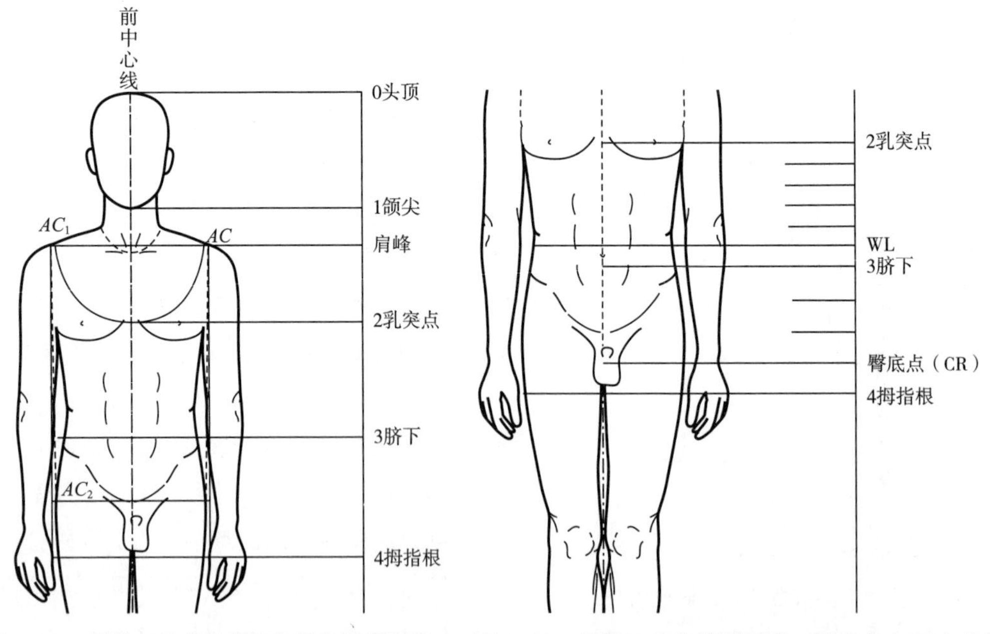

图 1–18　男性 7 头身的肩宽与臀宽比例关系　　图 1–19　男性 7 头身的腰围线、臀底点（CR）位置

图 1–20 所示为男性 7 头身的肘与手腕位置示意图。

乳突点至脐下 1/3 处即为肘头位置，肘头外侧凹点则位于乳突点至脐下的 1/2 处，以此可作为衣袖结构设计中袖肘线位置设定的参考依据。

脐下至拇指根 1/3 处为手腕位置，在衣袖结构设计中可作为袖长设定的参考依据。

足腕位置与裤装结构设计中的裤脚口线具有对位关系，即为基准裤长设定的参考依据。如图 1–21 所示，男性 7 头身的中胫至足底 1/3 处即为足腕位置。

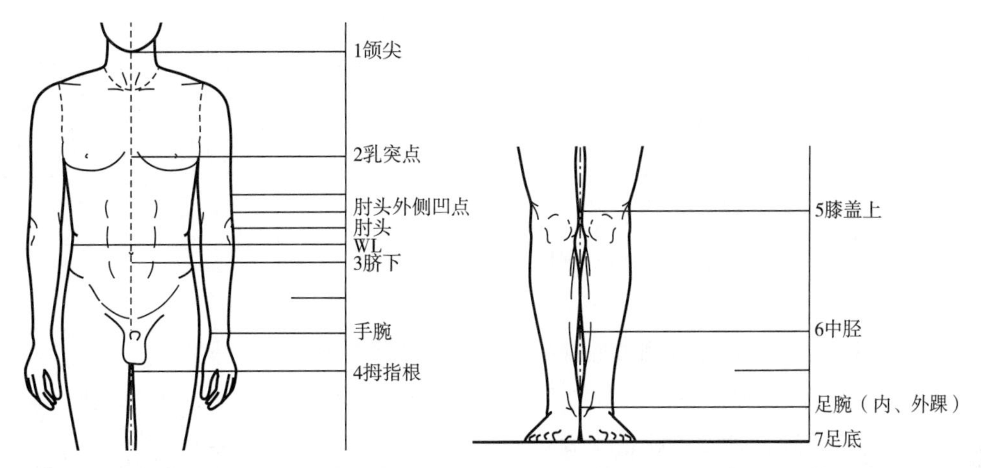

图 1–20　男性 7 头身的肘与手腕位置

图 1–21　男性 7 头身的足腕位置

意大利文艺复兴时期著名画家列奥纳多 · 达 · 芬奇（1452~1519 年）在 1487 年前后创作的《维特鲁威人》为我们揭示了人体的完美比例。如图 1–22 所示，在人体直立状态下，两臂展开后，两指端点距离等于头顶到足底距离，两臂展开的直立人体正好处于正方形之中。

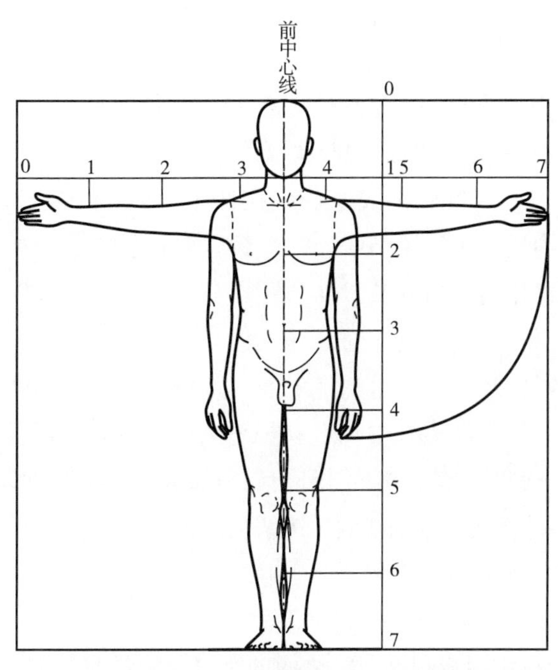

图 1–22　男性 7 头身的身长 = 两指端距离

三、男性人体测量

“人体测量”是服装结构设计的基础，经测量所获得的体型各部位特征及参数数据是服装成品规格设定及服装结构设计的重要依据。

（一）量体注意事项

第一，量体者必须掌握与服装有关的测量点和测量线的位置。

第二，要求被测者自然站立，正常呼吸，力求测量数据准确。可以左侧测量为准，并按顺序进行，以防止漏测。被测者以穿贴身内衣为宜。

第三，使用没有变形的厘米制软尺测量。测量围度时，软尺不宜拉得过松或过紧，以平贴而能转动为宜，前后保持水平。

第四，为了测量准确，有时应在中腰处系一根腰带，以便掌握前、后腰节高或前、后衣长的差数。

第五，必要时，可参考被测者的服装尺寸，可使服装规格更加准确。

第六，测量后，应考虑被测者的职业、穿着场合、季节、爱好及面料厚薄、款式要求等具体情况，将测量数据进行适当调整。

（二）量体方法

1. 长度测量

（1）总体高（号）：被测者直立，由头顶垂直量至足底。

（2）身长（总长）：也称颈椎点高，是从第七颈椎点（简称“后颈点”）量至足底的尺寸，它是推算有关纵向长度的依据。

（3）背长：由后颈点量至中腰最细处（腰围线），随背形测量，这个尺寸在应用中通常取高些。由于腰围线不好选择，可以手臂后肘部作为背长的位置，或者参考男装规格表确定。

（4）前、后腰节长：先在腰围线处系一根细绳，使其水平后测量。从肩颈点起通过肩胛骨量至后腰围线的尺寸为后腰节长，从肩颈点经过乳突点至前腰围线的尺寸为前腰节长。在衣身原型上也称前、后身长。从肩颈点分别量至前、后腰围线的垂直高度，称为前、后腰节高。

（5）衣长：基本衣长尺寸，有前、后之分。女装前、后衣长尺寸的起点不同，前衣长是从肩颈点过乳突点量至所需长度；后衣长是从后颈点量至所需长度，前、后基本衣长的下摆边应处于同一水平位置，该尺寸还可根据服装种类适当加以调整。

（6）腰长：也称臀长，指腰围线到臀围线之间的距离。

（7）裤长：按被测者系裤腰带位置的腰围线到外踝点之间的距离为基本裤长尺寸，可根据款式要求变化其脚口位置及另加腰头宽尺寸。

（8）股上长：指由腰围线到臀股沟之间的距离。测量时，被测者坐在硬面椅子上保持挺直坐姿，由腰围线到椅面的距离相当于股上长尺寸。该尺寸是裤子立裆尺寸的设计依据。

（9）股下长：指基本裤长减去股上长尺寸。

（10）袖长：从后颈点过肩端点和肘点到手腕尺骨点（简称“腕骨点”）为连身袖长，中式服装称为“出手”；从肩端点过肘点到腕骨点（略弯曲测量）为基本袖长；从肩端点到肘点为肘长。基本袖长也称手臂长，是袖长规格的参数，可根据需要进行长短变化。

在上述长度测量中，后衣长、背长、袖长、股上长和裤长为长度的主要尺寸。另外，总体高、身长也是纸样设计中很重要的尺寸，不可忽视。

2. 宽度测量

（1）总肩宽：通过后颈点测量两个肩端点之间的距离。

（2）背宽：两后腋点之间的距离。

（3）胸宽：两前腋点之间的距离。

（4）小肩宽：从肩颈点沿肩棱线量至肩端点的距离。

3. 围度测量

（1）胸围：通过胸部最丰满处水平围量一周。

（2）腰围：在中腰最细处围量一周，也可根据系腰带位置按上述方法测量。

（3）臀围：在臀部最丰满处围量一周。

（4）脚口围：可根据款式或流行确定。

（5）头围：以头部前额丘和脑后枕骨为测量点测量一周，是帽子尺寸和有帽子服装的参数。

（6）颈根围：从前锁骨上方的颈窝点起经肩颈点和后第七颈椎点围量一周，是设计原型基本领口的依据。

（7）颈围：在颈部喉骨下方围量一周。颈围比颈根围小 1.5 ～ 2.5cm。

（8）掌围：五指并拢，绕量手掌最宽部位一周。该尺寸是袖口、袋口等尺寸设计的依据。

说明：以上各种长、宽、围度尺寸均是净体尺寸，不属于某种特定服装的尺寸，它们是服装结构设计的基础数据，应根据款式需要，进行重新组合及加放必要的放量或松量才具有实际意义。

第三节 男装号型标准及规格设定

一、男装号型标准

号型是国家制定服装人体规格的标准名称，其中“号”表示人体的身高，上身的“型”指人体净胸围，下身的“型”指人体净腰围。

我国的男装国家新标准《中华人民共和国国家标准　服装号型　男子（GB/T 1335.1—2008）》，是根据我国男体特征，选择最有代表性的部位，经合理归纳并设置而成。新服装号型是设计、生产及选购服装的依据，并以国际通用的净尺寸表示。在规格上，由四种体型分类代号表示体型的适用范围，如表 1-1 所示为男性人体体型分类代号适应范围。

表 1-1　男性人体体型分类代号适应范围　　单位：cm

体型分类代号	Y	A	B	C
胸围与腰围之差	17 ~ 22	12 ~ 16	7 ~ 11	2 ~ 6

新号型标志具有普遍性、规范化，易记和信息量大的特点，如 170/88A 的规格，170 号表示适用于身高 168 ~ 172cm 的男性；88 型表示适用于胸围 86 ~ 89cm 的男性；A 表示适用于胸腰差在 12 ~ 16cm 的男性。

二、男装规格设定

规格以号型系列表示，号型系列各数值均以中间体型为中心向两边依次递增或递减。身高以 5cm 分档，共分 8 档，即 150cm、155cm、160cm、165cm、170cm、175cm、180cm、185cm。胸围和腰围分别是以 4cm 和 2cm 分档，组成型系列。身高与胸围、腰围搭配分别组成 5 · 4 和 5 · 2 基本号型系列，国家标准推出四个系列规格。

表 1-2 ~ 表 1-5 所示为 5 · 4、5 · 2 号型系列，其中 5 表示身高每档之差是 5cm，4 表示胸围分档之差，2 表示腰围分档之差。

表 1-2　5 · 4、5 · 2 Y 号型系列　　单位：cm

胸围	身高													
	155		160		165		170		175		180		185	
	腰围													
76			56	58	56	58	56	58						
80	60	62	60	62	60	62	60	62	60	62				
84	64	66	64	66	64	66	64	66	64	66	64	66		
88	68	70	68	70	68	70	68	70	68	70	68	70	68	70
92			72	74	72	74	72	74	72	74	72	74	72	74
96					76	78	76	78	76	78	76	78	76	78
100							80	82	80	82	80	82	80	82

表 1–3　5・4、5・2 A 号型系列　单位：cm

胸围	身高																				
	155			160			165			170			175			180			185		
	腰围																				
72				56	58	60	56	58	60												
76	60	62	64	60	62	64	60	62	64	60	62	64									
80	64	66	68	64	66	68	64	66	68	64	66	68	64	66	68						
84	68	70	72	68	70	72	68	70	72	68	70	72	68	70	72	68	70	72			
88	72	74	76	72	74	76	72	74	76	72	74	76	72	74	76	72	74	76	72	74	76
92				76	78	80	76	78	80	76	78	80	76	78	80	76	78	80	76	78	80
96							80	82	84	80	82	84	80	82	84	80	82	84	80	82	84
100										84	86	88	84	86	88	84	86	88	84	86	88

表 1–4　5・4、5・2 B 号型系列　单位：cm

胸围	身高															
	150		155		160		165		170		175		180		185	
	腰围															
72	62	64	62	64	62	64										
76	66	68	66	68	66	68	66	68								
80	70	72	70	72	70	72	70	72	70	72						
84	74	76	74	76	74	76	74	76	74	76	74	76				
88			78	80	78	80	78	80	78	80	78	80	78	80		
92			82	84	82	84	82	84	82	84	82	84	82	84	82	84
96					86	88	86	88	86	88	86	88	86	88	86	88
100							90	92	90	92	90	92	90	92	90	92
104									94	96	94	96	94	96	94	96
108											98	100	98	100	98	100

表 1–5　5・4、5・2 C 号型系列　单位：cm

胸围	身高															
	150		155		160		165		170		175		180		185	
	腰围															
76			70	72	70	72	70	72								
80	74	76	74	76	74	76	74	76	74	76						
84	78	80	78	80	78	80	78	80	78	80	78	80				
88	82	84	82	84	82	84	82	84	82	84	82	84	82	84		

续表

胸围	身高															
	150		155		160		165		170		175		180		185	
	腰围															
92			86	88	86	88	86	88	86	88	86	88	86	88	86	88
96			90	92	90	92	90	92	90	92	90	92	90	92	90	92
100					94	96	94	96	94	96	94	96	94	96	94	96
104							98	100	98	100	98	100	98	100	98	100
108									102	104	102	104	102	104	102	104
112											106	108	106	108	106	108

三、男装号型系列分档数值

为使男装号型具有实用性，以上述号型系列为基础，对人体主要部位数据进行数理统计，制定出“男装号型系列分档数值”，作为服装板师制板和推板的基础参数。表 1–6~表 1–9 所示分别为男装 Y 号型、A 号型、B 号型和 C 号型系列分档数值表。

表 1–6　男装 Y 号型系列分档数值　　单位：cm

体型	Y							
部位	中间体		5・4 系列		5・2 系列		身高①、胸围②、腰围③每增减 1cm	
	计算数	采用数	计算数	采用数	计算数	采用数	计算数	采用数
身高	170	170	5	5	5	5	1	1
颈椎点高	144.8	145.0	4.51	4.00			0.90	0.80
坐姿颈椎点高	66.2	66.5	1.64	2.00			0.33	0.40
全臂长	55.4	55.5	1.82	1.50			0.36	0.30
腰围高	102.6	103.0	3.35	3.00	3.35	3.00	0.67	0.60
胸围	88	88	4	4			1	1
颈围	36.3	36.4	0.89	1.00			0.22	0.25
总肩宽	43.6	44.0	1.97	1.20			0.27	0.30
腰围	69.1	70.0	4	4	2	2	1	1
臀围	87.9	90.0	2.99	3.20	1.50	1.60	0.75	0.80

注　①身高所对应的高度部位是颈椎点高、坐姿颈椎点高、全臂长、腰围高。

②胸围所对应的围度部位是颈围、总肩宽。

③腰围所对应的围度部位是臀围。

表 1-7　男装 A 号型系列分档数值

单位：cm

体型	A							
部位	中间体		5·4 系列		5·2 系列		身高[①]、胸围[②]、腰围[③]每增减 1cm	
	计算数	采用数	计算数	采用数	计算数	采用数	计算数	采用数
身高	170	170	5	5	5	5	1	1
颈椎点高	145.1	145.0	4.50	4.00			0.90	0.80
坐姿颈椎点高	66.3	66.5	1.86	2.00			0.37	0.40
全臂长	55.3	55.5	1.71	1.50			0.34	0.30
腰围高	102.3	102.5	3.11	3.00	3.11	3.00	0.62	0.60
胸围	88	88	4	4			1	1
颈围	37.0	36.8	0.98	1.00			0.25	0.25
总肩宽	43.7	43.6	1.11	1.20			0.29	0.30
腰围	74.1	74.0	4	4	2	2	1	1
臀围	90.1	90.0	2.91	3.20	1.46	1.60	0.73	0.80

注　①②③同表 1-6 表下注。

表 1-8　男装 B 号型系列分档数值

单位：cm

体型	B							
部位	中间体		5·4 系列		5·2 系列		身高[①]、胸围[②]、腰围[③]每增减 1cm	
	计算数	采用数	计算数	采用数	计算数	采用数	计算数	采用数
身高	170	170	5	5	5	5	1	1
颈椎点高	145.4	145.5	4.54	4.00			0.90	0.80
坐姿颈椎点高	66.9	67.0	2.01	2.00			0.40	0.40
全臂长	55.3	55.5	1.72	1.50			0.34	0.30
腰围高	101.9	102.0	2.98	3.00	2.98	3.00	0.60	0.60
胸围	92	92	4	4			1	1
颈围	38.2	38.2	1.13	1.00			0.28	0.25
总肩宽	44.5	44.4	1.13	1.20			0.28	0.30
腰围	82.8	84.0	4	4	2	2	1	1
臀围	94.1	95.0	3.04	2.80	1.52	1.40	0.76	0.70

注　①②③同表 1-6 表下注。

表 1–9　男装 C 号型系列分档数值　　单位：cm

体型	C							
部位	中间体		5・4 系列		5・2 系列		身高①、胸围②、腰围③每增减 1cm	
	计算数	采用数	计算数	采用数	计算数	采用数	计算数	采用数
身高	170	170	5	5	5	5	1	1
颈椎点高	146.1	146.0	4.57	4.00			0.91	0.80
坐姿颈椎点高	67.3	67.5	1.98	2.00			0.40	0.40
全臂长	55.4	55.5	1.84	1.50			0.37	0.30
腰围高	101.6	102.0	3.00	3.00	3.00	3.00	0.60	0.60
胸围	96	96	4	4			1	1
颈围	39.5	39.6	1.18	1.00			0.30	0.25
总肩宽	45.3	45.2	1.18	1.20			0.30	0.30
腰围	92.6	92.0	4	4	2	2	1	1
臀围	98.1	97.0	2.91	2.80	1.46	1.40	0.73	0.70

注　①②③同表 1–6 表下注。

四、男装号型系列控制部位数值

为使男装号型系列与相对应的人体及服装对号入座，根据上述“男装号型系列分档数值”制定出“男装号型系列控制部位数值”，如表 1–10~ 表 1–13 所示，服装板师在确定某规格时，可依此查出对应部位的尺寸。

表 1–10　5・4、5・2 Y 号型系列控制部位数值　　单位：cm

部位	数值													
身高	155		160		165		170		175		180		185	
颈椎点高	133.0		137.0		141.0		145.0		149.0		153.0		157.0	
坐姿颈椎点高	60.5		62.5		64.5		66.5		68.5		70.5		72.5	
全臂长	51.0		52.5		54.0		55.5		57.0		58.5		60.0	
腰围高	94.0		97.0		100.0		103.0		106.0		109.0		112.0	
胸围	76		80		84		88		92		96		100	
颈围	33.4		34.4		35.4		36.4		37.4		38.4		39.4	
总肩宽	40.4		41.6		42.8		44.0		45.2		46.4		47.6	
腰围	56	58	60	62	64	66	68	70	72	74	76	78	80	82
臀围	78.8	80.4	82.0	83.6	85.2	86.8	88.4	90.0	91.6	93.2	94.8	96.4	98.0	99.6

表 1-11　5・4、5・2 A 号型系列控制部位数值

单位：cm

<table>
<tr><td>部位</td><td colspan="24">数值</td></tr>
<tr><td>身高</td><td colspan="3">155</td><td colspan="4">160</td><td colspan="3">165</td><td colspan="4">170</td><td colspan="3">175</td><td colspan="4">180</td><td colspan="3">185</td></tr>
<tr><td>颈椎点高</td><td colspan="3">133.0</td><td colspan="4">137.0</td><td colspan="3">141.0</td><td colspan="4">145.0</td><td colspan="3">149.0</td><td colspan="4">153.0</td><td colspan="3">157.0</td></tr>
<tr><td>坐姿颈椎点高</td><td colspan="3">60.5</td><td colspan="4">62.5</td><td colspan="3">64.5</td><td colspan="4">66.5</td><td colspan="3">68.5</td><td colspan="4">70.5</td><td colspan="3">72.5</td></tr>
<tr><td>全臂长</td><td colspan="3">51.0</td><td colspan="4">52.5</td><td colspan="3">54.0</td><td colspan="4">55.5</td><td colspan="3">57.0</td><td colspan="4">58.5</td><td colspan="3">60.0</td></tr>
<tr><td>腰围高</td><td colspan="3">93.5</td><td colspan="4">96.5</td><td colspan="3">99.5</td><td colspan="4">102.5</td><td colspan="3">105.5</td><td colspan="4">108.5</td><td colspan="3">111.5</td></tr>
<tr><td>胸围</td><td colspan="3">72</td><td colspan="3">76</td><td colspan="3">80</td><td colspan="3">84</td><td colspan="3">88</td><td colspan="3">92</td><td colspan="3">96</td><td colspan="3">100</td></tr>
<tr><td>颈围</td><td colspan="3">32.8</td><td colspan="3">33.8</td><td colspan="3">34.8</td><td colspan="3">35.8</td><td colspan="3">36.8</td><td colspan="3">37.8</td><td colspan="3">38.8</td><td colspan="3">39.8</td></tr>
<tr><td>总肩宽</td><td colspan="3">38.8</td><td colspan="3">40.0</td><td colspan="3">41.2</td><td colspan="3">42.4</td><td colspan="3">43.6</td><td colspan="3">44.8</td><td colspan="3">46.0</td><td colspan="3">47.2</td></tr>
<tr><td>腰围</td><td>56</td><td>58</td><td>60</td><td>60</td><td>62</td><td>64</td><td>64</td><td>66</td><td>68</td><td>68</td><td>70</td><td>72</td><td>72</td><td>74</td><td>76</td><td>76</td><td>78</td><td>80</td><td>80</td><td>82</td><td>84</td><td>84</td><td>86</td><td>88</td></tr>
<tr><td>臀围</td><td>75.6</td><td>77.2</td><td>78.8</td><td>78.8</td><td>80.4</td><td>82.0</td><td>82.0</td><td>83.6</td><td>85.2</td><td>85.2</td><td>86.8</td><td>88.4</td><td>88.4</td><td>90.0</td><td>91.6</td><td>91.6</td><td>93.2</td><td>94.8</td><td>94.8</td><td>96.4</td><td>98.0</td><td>98.0</td><td>99.6</td><td>101.2</td></tr>
</table>

表 1-12　5・4、5・2 B 号型系列控制部位数值

单位：cm

<table>
<tr><td>部位</td><td colspan="20">数值</td></tr>
<tr><td>身高</td><td colspan="3">155</td><td colspan="3">160</td><td colspan="3">165</td><td colspan="3">170</td><td colspan="3">175</td><td colspan="3">180</td><td colspan="2">185</td></tr>
<tr><td>颈椎点高</td><td colspan="3">133.5</td><td colspan="3">137.5</td><td colspan="3">141.5</td><td colspan="3">145.5</td><td colspan="3">149.5</td><td colspan="3">153.5</td><td colspan="2">157.5</td></tr>
<tr><td>坐姿颈椎点高</td><td colspan="3">61.0</td><td colspan="3">63.0</td><td colspan="3">65.0</td><td colspan="3">67.0</td><td colspan="3">69.0</td><td colspan="3">71.0</td><td colspan="2">73.0</td></tr>
<tr><td>全臂长</td><td colspan="3">51.0</td><td colspan="3">52.5</td><td colspan="3">54.0</td><td colspan="3">55.5</td><td colspan="3">57.0</td><td colspan="3">58.5</td><td colspan="2">60.0</td></tr>
<tr><td>腰围高</td><td colspan="3">93.0</td><td colspan="3">96.0</td><td colspan="3">99.0</td><td colspan="3">102.0</td><td colspan="3">105.0</td><td colspan="3">108.0</td><td colspan="2">111.0</td></tr>
<tr><td>胸围</td><td colspan="2">72</td><td colspan="2">76</td><td colspan="2">80</td><td colspan="2">84</td><td colspan="2">88</td><td colspan="2">92</td><td colspan="2">96</td><td colspan="2">100</td><td colspan="2">104</td><td colspan="2">108</td></tr>
<tr><td>颈围</td><td colspan="2">33.2</td><td colspan="2">34.2</td><td colspan="2">35.2</td><td colspan="2">36.2</td><td colspan="2">37.2</td><td colspan="2">38.2</td><td colspan="2">39.2</td><td colspan="2">40.2</td><td colspan="2">41.2</td><td colspan="2">42.2</td></tr>
<tr><td>总肩宽</td><td colspan="2">38.4</td><td colspan="2">39.6</td><td colspan="2">40.8</td><td colspan="2">42.0</td><td colspan="2">43.2</td><td colspan="2">44.4</td><td colspan="2">45.6</td><td colspan="2">46.8</td><td colspan="2">48.0</td><td colspan="2">49.2</td></tr>
<tr><td>腰围</td><td>62</td><td>64</td><td>66</td><td>68</td><td>70</td><td>72</td><td>74</td><td>76</td><td>78</td><td>80</td><td>82</td><td>84</td><td>86</td><td>88</td><td>90</td><td>92</td><td>94</td><td>96</td><td>98</td><td>100</td></tr>
<tr><td>臀围</td><td>79.6</td><td>81.0</td><td>82.4</td><td>83.8</td><td>85.2</td><td>86.6</td><td>88.0</td><td>89.4</td><td>90.8</td><td>92.2</td><td>93.6</td><td>95.0</td><td>96.4</td><td>97.8</td><td>99.2</td><td>100.6</td><td>102.0</td><td>103.4</td><td>104.8</td><td>106.2</td></tr>
</table>

表 1-13　5・4、5・2 C 号型系列控制部位数值

单位：cm

<table>
<tr><td>部位</td><td colspan="7">数值</td></tr>
<tr><td>身高</td><td>155</td><td>160</td><td>165</td><td>170</td><td>175</td><td>180</td><td>185</td></tr>
<tr><td>颈椎点高</td><td>134.0</td><td>138.0</td><td>142.0</td><td>146.0</td><td>150.0</td><td>154.0</td><td>158.0</td></tr>
<tr><td>坐姿颈椎点高</td><td>61.5</td><td>63.5</td><td>65.5</td><td>67.5</td><td>69.5</td><td>71.5</td><td>73.5</td></tr>
</table>

续表

部位	数值						
全臂长	51.0	52.5	54.0	55.5	57.0	58.5	60.0
腰围高	93.0	96.0	99.0	102.0	105.0	108.0	111.0

部位	数值									
胸围	76	80	84	88	92	96	100	104	108	112
颈围	34.6	35.6	36.6	37.6	38.6	39.6	40.6	41.6	42.6	43.6
总肩宽	39.2	40.4	41.6	42.8	44.0	45.2	46.4	47.6	48.8	50.0

部位	数值																			
腰围	70	72	74	76	78	80	82	84	86	88	90	92	94	96	98	100	102	104	106	108
臀围	81.6	83.0	84.4	85.8	87.2	88.6	90.0	91.4	92.8	94.2	95.6	97.0	98.4	99.8	101.2	102.6	104.0	105.4	106.8	108.2

第四节　男装制图规则、方法与常用工具

一、男装制图规则

服装结构制图是沟通设计、生产、管理部门的技术语言，是组织和指导生产的重要技术文件。服装结构设计语言是一种对标准样板制定、系列样板缩放起指导作用的技术语言。服装制图的规则和符号有着严格的规定，用于保证和规范制图格式的统一。

（一）制图顺序

（1）先画面料图，后画辅料图：一件服装所使用的辅料应与面料相配合，制图时，应先制好面料的结构图，然后再根据面料来配辅料。辅料包括夹里、衬及装饰件（包括镶嵌条、滚条、花边等）。

（2）先画主部件，后画零部件：上装的主要部件是指前、后衣片，大小袖片，上装的零部件是指领子、口袋、袋盖、挂面、袖头、袋垫、嵌条等。主部件的裁片面积比较大，且对丝缕的要求比较高，先画主部件有利于合理排料。

（3）先定长度，再定宽度，后画弧线：对于某一衣片制图的顺序一般是先定长度，如衣片的底边线、上平线、落肩线、胸围线、腰节线、领口深线等；再定宽度，如衣片的领口宽线、肩宽线、胸（背）宽线等。这样衣片的大小已基本画定。制图时一定要做到长度与宽度的线条互相垂直，也就是面料的经向与纬向相互垂直。最后根据体型及款式要求，将各部位用弧线连接画顺。

（4）先画外轮廓线，后画内部结构线：一件服装除外轮廓线外，衣片的内部还有扣眼及口袋的位置，以及省、裥或分割线的位置等。制图时应先完成外轮廓线的结构图，

然后再画内部结构线。衣片的内部结构也要按一定顺序制图，否则就不可能正确制图。

我国传统的制图步骤是先画前衣片，而国外较多采用先制后衣片的方法。在使用原型及基型制图时，应先画好符合人体规格的衣片或袖片的原型或基型图，然后才能绘制出结构图。

（二）制图尺寸

（1）公制：指国际通用的计量单位。服装上常用的计量单位是毫米（mm）、厘米（cm）、分米（dm）、米（m），以厘米为最常见。公制的优点是计算简便，已成为我国通用的计量单位。

（2）市制：指过去我国通用的计量单位。服装上常用的长度计量单位有市尺、市寸、市丈。现在已不通用。

（3）英制：指英美等英语国家中习惯使用的计量单位。我国对外生产的服装规格常使用英制。服装上常用的英制长度计量单位是英寸、英尺、码。英制由于不是十进位制，计算很不方便。

公制、市制和英制的换算，如表 1–14 所示。

表 1–14　公制、市制、英制换算表

公制换算	1 米 =3 尺 =39.37 英寸 1 分米 =3 寸 =3.93 英寸 1 厘米 =3 分 =0.39 英寸
市制换算	1 尺 =3.33 分米 =13.12 英寸 1 寸 =3.33 厘米 =1.31 英寸 1 分 =3.33 毫米
英制换算	1 码 =91.44 厘米 =27.43 寸 1 英尺 =30.48 厘米 =9.14 寸 1 英寸 =2.54 厘米 =0.76 寸

（三）制图比例

服装制图比例是指制图时图形的尺寸与服装部件（衣片）实际大小的尺寸之比。服装制图中大部分采用缩比，即将服装部件（衣片）的实际尺寸缩小若干倍后制作在图纸上。服装常用的制图比例如表 1–15 所示。

表 1–15　服装常用制图比例

原值比例	1 ：1
缩小比例	1 ：2，1 ：3，1 ：4，1 ：5，1 ：6，1 ：10
放大比例	2 ：1，4 ：1

（四）服装制图专业术语及主要部位符号

服装制图专业术语是为了统一在服装中的各部位名称，使其规范化、标准化，以便于进行更好的交流与沟通。参照《服装工业名词术语》，服装的常用术语如下。

（1）净样：也称净粉制图，指服装主件和部件样板的实际轮廓线，不包括缝份和折边。净样线条是服装结构造型线的重要依据，是缝制工艺中的缝合线或塑型后的边缘线。

（2）缝份：指缝合服装裁片所需要的宽度，一般为0.8 ~ 1.5cm，多选1cm。

（3）折边：也称贴边或窝边。指服装边缘部位的翻折贴边，如上衣的底边、袖口、脚口等均有自带的折边，起加固作用。也有另绱折边的，多用于曲线部位。折边量为2.5 ~ 4.5cm。

（4）毛样：也称毛粉制图，包括缝份和折边。在净样板轮廓线外，另加放缝份与折边，沿外轮廓线裁剪即成为毛样板。

（5）画顺：直线与弧线或弧线与弧线的连接处应绘制圆顺美观，称画顺。

（6）撇势：俗称劈势，也称劈门、撇门或撇胸。指轮廓线直线偏进的距离大小，如上装门、里襟上端的撇进量。

（7）翘势：指轮廓线沿着水平线上翘（抬高）的距离，如底边线、袖口线和裤装后腰口线处等均有翘势。

（8）凹势：为了便于准确地画顺袖窿、袖窿门和袖山底部等凹弧线而注明的尺寸。

（9）困势：轮廓线与直线偏出的距离，如后裤片臀围侧缝处比前裤片倾斜下移的程度。

（10）门襟、里襟：衣片或裤片重叠的部分，上片锁扣眼为门襟、下片钉纽扣为里襟。

（11）搭门：也称叠门。指门、里襟相重叠的部位，不同款式的搭门宽度不同，如单排扣的搭门为2cm左右，双排扣的搭门为9cm左右。

（12）止口：指门、里襟或领、袋等边缘部位。

（13）门襟止口：指门襟的边缘处，有另加挂面和连止口（门襟挂面与衣片相连）两种形式。

（14）挂面：通常搭门的反面有一层比搭门宽的贴边，也称过面；驳领款式的驳头挂面在正面。

（15）过肩：指上装肩部横向拼接的部分，有双层和单层之分。

（16）驳头：指衣身上随领子一起翻出的挂面上段部分。

（17）驳口线：指驳头翻折线。

（18）串口：指领面与驳头面的缝合线，即直开领口斜线。

（19）侧缝：上衣侧缝也称摆缝，通常位于人体的侧体中间或背宽线处，是形成四开身或三开身结构的因素。裤子侧缝一般位于大腿侧体中间。

（20）背缝：也称背中缝，为了满足后背侧体曲线或款式造型的需要，在后衣片中间设置的结构线。

（21）肩缝：指前、后衣片肩部的缝合线，一般位于肩膀中间，也可前、后少量移动，即互借。

（22）袖缝：指大、小袖片的缝合线，分前、后袖缝。

（23）省道：也称省或省缝。为适合款式造型的需要，将一部分衣料缝进去，正面只见一条缝儿，如西服的腰省、裤子的腰省等。

（24）褶裥：也称折裥或裥，根据体型或造型的需要，将部分衣料折叠熨烫，是缝住一端，另一端散开的形式，有T形褶裥和平行褶裥等。

（25）袖头：也称袖口边或袖克夫，是缝接在袖口处的双层镶边，多为长方形。

（26）腰头：指缝接在裤子腰围或夹克上衣腰围、下摆围的双层镶边。

（27）分割缝：为了符合体型或满足款式造型的需要，在衣片、袖片或裤片等裁片上剪开，形成新的结构缝或装饰缝。一般按方向和形状命名，如横断缝、刀背缝等。在断缝时，可将肩背省或胸省转移至缝中。

（28）衩：指为穿脱方便或装饰需要而设置的开口形式。一般根据部位命名，如背缝下部开口称背衩、袖口部位开口称袖开衩、侧缝下部开口称侧缝开衩等。

（29）贴边：指另加的折边，如背心（马甲）的袖窿或无领衣服的领口等部位，为了使边缘牢固美观，而按其形状裁配的折边，一般净宽3 ~ 4.5cm。贴边的纱向应与裁片相同。

（30）丝缕：织物的纱向，分横、直、斜丝缕，斜丝又分正斜（45°）和各种角度的斜丝。直丝布料挺拔不易变形，横丝布料略有弹性，斜丝布料弹性足悬垂性好。正确的使用纱向是纸样设计的任务之一。与经纱平行的方向称为直丝缕，与纬纱平行的方向称为横丝缕，与直丝、横丝都不平行则称为斜丝缕。

（31）对位记号：在工业纸样设计中，用小方缺口表示两片之间的连接对位关系。

（32）高或长：指人体高矮和衣裤等部位的长短，如衣长、裤长、袖长及腰围高、腰节长、袖山高（或深）等。

（33）围或肥（大）：指人体各部位横向一周的总称。在衣服上分别称为领围、胸围、腰围、臀围与领大、上腰大、中腰大、下摆大、袖口大、袖根肥等（围、肥、大是同义词）。

（34）宽：指各部位的宽度。在衣服上分别称为胸宽、背宽、总肩宽、小肩宽、搭门宽、袋盖宽等。

（35）装或绱：装和绱是同义词，都是两片缝合的意思，一般指将领子装到领口上，将袖山装到袖窿上、腰头装到裤子上等，称为装领、装袖或装袖头、装腰头等。为确保造型质量，在两片的对位处都有吻合记号（打线钉或打刀口等）。

（36）里外匀（窝势、窝服）：大多数裁片角端需制作出窝势，既美观又符合人体形态。因此，面、里纸样或裁片有大小之分，如袋盖里比袋盖面四周窄0.3cm左右，领里与领面、挂面与衣片等也是如此。

服装各种图示中英文对照，如表1–16所示；服装结构制图术语中英文对照，如表1–17所示。

表 1–16　服装各种图示中英文对照表

部位	英文名称	含义
示意图	Schematic drawing、Sketch	为表达某部件的结构组成、加工时的缝合形态，成型后的外观效果而绘制的一种解释图
设计图	Design drawing、Pattern sketch	一般指不涂颜色的现描稿，要求各部位成比例，不允许夸张
效果图	Effect drawing	体现整体构思及最终穿着效果所使用的一种绘画形式

表 1–17　服装结构制图术语中英文对照表

部位	英文对照	含义
上衣基本线	Basic	上衣制图基础线
衣长线	Length	确定上衣长度的位置线，与上衣基本线保持平行
胸围线	Chest line，Bust line	表示胸围和袖窿深的位置线
腰节线	Waist	表示腰围的位置线
下摆	Bottom，Hem，Sweep	表示衣服的下摆线
领口深线	Neck	表示领口深度的尺寸线，与止口线平行
止口线	Front edge	门襟外口轮廓线
搭门线	Centre front line	门襟正中两衣片的重叠线
斜线	Bias line，Oblique line	象棋棋盘方格中的对角线
垂直线	Vertical line	与作为基准的线相垂直的线
胸宽线	Chest width line，Bust width line	表示胸部宽的尺寸线，与止口线平行
收腰线	Waist	中腰围尺寸线
领窝线	Neck line	领口的轮廓线
领围（领圈）	Neck，Neckline，Neck opening	绕领子一周的轮廓线
肩宽直线	Across shoulders line	表示前肩宽的尺寸线，与止口线平行
肩斜线	Shoulder slope line	表示肩的坡度线
摆缝线	Side	垂直于胸围线，确定前衣片胸围长的尺寸线
袋口线	Pocket position	口袋位置线
底边线	Hem	底边轮廓线
袖窿斜线	Raglan slope line	领口至袖窿深的宽斜线
后背中心线	Center back line	后衣片两片对称并相连接的中心线
开衩线	Vent line	开衩高度和贴边宽度线
袖长线	Length line	表示袖长的位置线，与袖子基本线平行
袖口线	Sleeve hem	表示袖口的轮廓线
袖衩线	Sleeve slit	开衩轮廓线
袖窿线	Armhole line	袖窿的轮廓线
驳口线	Lapel roll line	驳头宽度的尺寸线

服装结构制图中常用的字母代号，如表1-18所示；服装结构制图符号，如表1-19所示。

表 1-18　服装结构制图中常用的字母代号

序号	部位	代号	英文	序号	部位	代号	英文
1	胸围	B	Bust	18	背长	NWL	Neck Waist Length
2	腰围	W	Waist	19	腰长	WHL	Waist Hip Length
3	臀围	H	Hip	20	上裆长	RL	Rise Length
4	颈根围（或领围）	N	Neck	21	下裆长	IL	Inside Length
5	胸高点	BP	Bust Point	22	袖长	SL	Sleeve Length
6	胸围线	BL	Bust Line	23	袖肥	BC	Biceps Circumference
7	腰围线	WL	Waist Line	24	袖山	AT	Arm Top
8	臀围线	HL	Hip Line	25	袖口	CW	Cuff Width
9	中臀围线	MHL	Middle Hip Line	26	总肩宽	S	Shoulder
10	肘线	EL	Elbow Line	27	前颈点	FNP	Front Neck Point
11	膝围线	KL	Knee Line	28	后颈点	BNP	Back Neck Point
12	袖窿总弧长	AH	Arm Hole	29	肩颈点	SNP	Side Neck Point
13	前袖窿弧长	FAH	Front Arm Hole	30	肘点	EP	Elbow Point
14	后袖窿弧长	BAH	Back Arm Hole	31	肩端点	SP	Shoulder Point
15	衣长	L	Length	32	脚口（裤口）	SB	Slacks Bottom
16	裤长	TL	Trousers Length	33	胸宽	FBW	Front Bust Width
17	裙长	SL	Skirt Length	34	背宽	BBW	Back Bust Width

表 1-19　服装结构制图符号

序号	名称	符号	主要用途
1	制成线		净或毛纸样的轮廓线
2	辅助线（基础线）		纸样的基础线
3	对折线		对称连折线
4	明　线		缉明线，有宽窄和数量之分
5	挂面线		挂面线（也称贴边线）
6	等分线		某线段分成若干相等的小段
7	距离线（尺寸线）		某部位起止点间距

续表

序号	名称	符号	主要用途
8	省道线	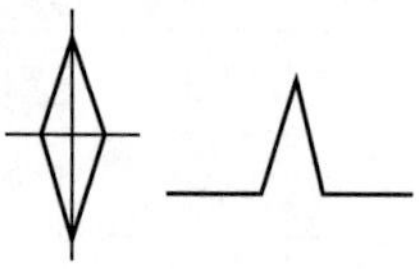	三角形部分需要缝或折掉，省尖指向人体凸点，省口为人体凹处
9	活褶（或褶裥）	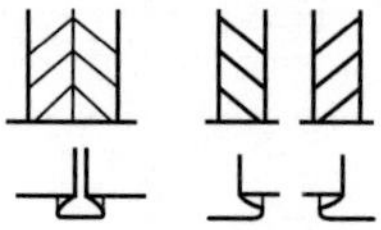	某部位需折叠，斜线上端向下端折叠
10	缩褶（或细褶）	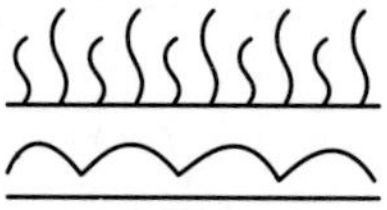	某部位需用手缝或机缝的方法收缩
11	等 量		两线段等长
12	直 角	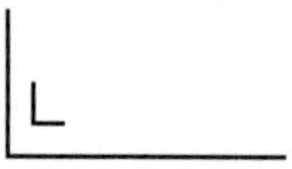	直线与弧线或弧线的切线交角为90°
13	布纹方向	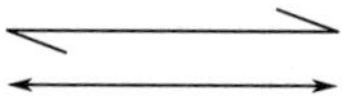	布料的经纱方向
14	倒 顺		箭头方向为顺毛或图案的正立方向
15	重 叠		纸样重叠裁剪
16	归 拢	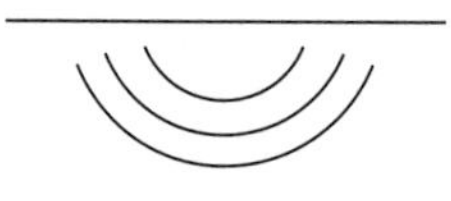	某部位需熨烫归缩。张口方向为收缩方向，三条圆弧线表示强归，两条圆弧线表示弱归
17	整形（拼接）	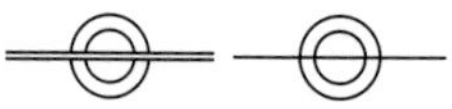	纸样拼接；肩线、侧缝线等处常以前、后身拼接纸样的方式变化为整片结构，要标出整形符号
18	三角刀口、直角刀口	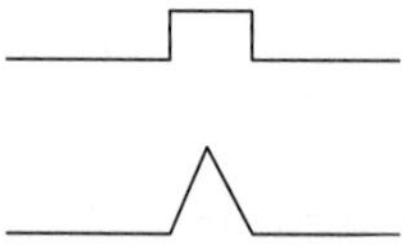	三角刀口常用于单件裁剪的纸样或裁片的对位符号；直角刀口一般用于工业裁剪，也可用于普通纸样
19	眼 位	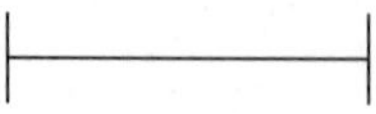	衣服扣眼的位置或扣眼大小

续表

序号	名称	符号	主要用途
20	纽 位		衣服钉纽扣的位置
21	开 衩		开衩止点的位置
22	开 口		开口止点的位置

二、男装制图方法

（一）比例法

比例法，又称“胸度法”，是我国传统的服装制图裁剪方法之一，服装各部件采用一定的比例再加减一个定数来计算，例如，前、后衣片的胸围用 $B/4\pm$ 定数、$B/3\pm$ 定数；裤子的臀围用 $H/4\pm$ 定数来计算等。

比例裁剪法应用比较灵活，容易掌握，穿着者的体型、大小不同，都能按这种比例的方法作图。目前服装行业样板的推档也主要使用比例公式来求得档差。但比例裁剪的计算公式准确性较差，中号尺寸计算还可以，过大或过小的规格尺寸误差会较大，对某些组合部位要进行一些修正。

（二）原型法

按正常人的体型，测量出各个部位的标准尺寸，用这个标准尺寸制出服装的基本形状，就称为服装原型。而服装的原型只是服装平面制图的基础，不是正式的服装裁剪图。

各个国家，由于人体体型的不同，都有不同的原型。但原型的尺寸都是通过立体的方法采得的。无论是英国、美国、日本，服装的原型都是由五个部分组成，即上衣的前、后片，袖子和裤子的前、后片。

我国人体体型与日本较接近，国内出版的服装书刊又大量地应用日本原型裁剪法，日本的原型裁剪主要有：文化式、登丽美式等。特别是日本文化式原型的裁剪，容易学习、传播最广、影响最大。

文化式原型的主要优点是准确可靠，简便易学，可以长期使用。但它的不足之处是按正常人体绘制的，对于不同体型，必须对原型的某些部位做一些修正，然后按修正过的原型进行制图裁剪。

（三）基型法

基型裁剪法是在借鉴原型法的基础上提炼而成的。基型裁剪法是由服装成品胸围尺寸推算而得，各围度的放松量不必加入，只需根据款式造型的要求制定即可（原型法是以在人体净胸围的基础上加放松量为基数推算而得，围度放松量的加放，还要考虑放松量和款式的差异因素）。基型裁剪法在我国虽然起步较晚，但其易学、易用，本书对基型法结构设计理论体系做了系统性完善，并将其创新应用于男装结构设计实践。

（四）立裁法

立体裁剪法是直接将衣料（或坯布）覆盖在人体模型或真人身上，直接进行服装立体造型设计的裁剪方法。这种裁剪方法是在人体或人体模型上直接造型，要求操作者有较高的审美能力，运用艺术的眼光，根据服装款式的需要，一面操作，一面修改或添加，然后把认为理想的造型展开成衣片，拷贝到纸上，经修改再依据这个纸样裁剪面料，有时也直接用面料在人体模型上造型，最后加工缝制。

立体裁剪没有什么计算公式，也不受任何数字的束缚，完全是凭直观的形象、艺术的感觉在人体上进行雕塑，“衣服不是靠尺寸来制作，是靠整个感觉来做的”。

立体裁剪不但适用于单件高档时装和礼服的制作，还应用于日常生活服装及成衣批量生产的裁剪，对于特殊体型服装的裁剪，可通过立体造型的方法，来弥补人体体型上的缺陷和不足。在现代成衣生产中，常用平面制图与立体裁剪相结合的方法来设计时装款式，但立体裁剪有一定的难度，要求裁剪人员具有较高的文化素养和艺术造诣。

三、男装制图常用工具

为了绘制出质量合格的服装结构图样板和纸样，应该准备相适应的工具。

（一）工作台

工作台面应平整，规格以长 1.4 ~ 2m、宽 0.8 ~ 2.1m、高 0.85m 左右为宜，至少应有容纳一张整开白纸的面积，最好再大一些，以利于制板和裁剪两用。

（二）尺

制图和制板用的尺主要有软尺、直尺、比例尺、三角尺、曲线板等。软尺的长度多为 150cm，用于量体和测量纸样中的袖窿、袖山、领口等部位的曲线长度。直尺用于结构图和纸样中的长度、高度等直线的绘制。曲线板用于绘制有弧线的部位。在绘制弧线时，最好不要过分依赖曲线板，在充分理解各部位曲线功能的基础上，应加强运用直尺绘制曲线或熟练控制曲线板的造型能力。三角尺是用来绘制直线和找直角线的。三角尺上最好带量角器，用来测量角度。另外还有直尺式三棱的比例尺，较受院校学生的欢迎，主要绘制各种比例的缩图，常用 1 ： 600，1 ： 500，1 ： 400，1 ： 300，1 ： 200 的比例。

（三）剪刀

剪刀应选择专用剪刀，常用的有 24cm（9 号）、26cm（10 号）、29cm（11 号）和 31cm（12 号）等几种规格。剪纸和剪布的剪刀要分开使用。剪硬纸板时应该用旧剪刀。

（四）纸

绘制缩图和制板多采用厚度和强度较好的白纸，1 ： 1 比例的纸样也可选择韧性好的牛皮纸或白纸。

（五）铅笔、蜡铅笔、划粉

铅笔用于制图和制板，通常使用专用绘图铅笔，常用 4H、3H、2H、H 和 HB、B、2B 等。H 为硬型，B 为软型，HB 为软硬适中型，用处也最大。号越大则软硬程度越大，绘制时应根据用途来选择。一般绘制缩图多选择 2H 画基础线，HB 画轮廓线，打板则选择 H 和 HB 或 B。

蜡铅笔有多种颜色，用于特殊标记的复制，如将纸样上的省位、袋位等复制到布料裁片上，可选择与布料颜色不同的蜡铅笔透过孔洞复制。

划粉是排料时描纸样或直接制图画线的粉片，有深浅不同的颜色，质地差异也较大。质地好的粉片画线细而清晰，且不污染布料，有的还有遇热后（熨烫）自动消除线迹的功能。可根据布料选择相适应颜色与质地的划粉。

（六）橡皮

橡皮应选择质量好的绘图橡皮，用以擦掉错误的线条和不需要的线条。

（七）锥子

锥子用于图纸中省位、褶位、袋位等部位的定位，也可用于复制纸样。

（八）擂盘（复描器）

擂盘是通过齿轮在纸样轮廓线迹上滚动从而达到复制样板或脱板的目的。

（九）打孔器

打孔器在样板的下端打圆孔，便于穿绳带分类管理。

（十）圆规

圆规用于纸样或缩图中较精确部位的绘制。

（十一）珠针

珠针用于立体裁剪时别布料造型。

（十二）纤维带

纤维带宽 0.8cm 左右，用于纸样分类管理。

（十三）透明胶带和双面胶

透明胶带和双面胶用于纸样的拼接、改错等粘贴用。

（十四）戳子

戳子在样板上打印编号、品名及号型等。

（十五）铁压块

铁压块是脱板时压在纸样上的重物。

第二章　男裤装结构设计原理与应用

第一节　男裤装结构设计原理

一、男裤装结构特点分析

裤装基本是由围拢腹部、臀部和下肢的筒状结构组成，其主要有上裆长、裤腿长和腰围、臀围、横裆、膝围、脚口等围度构成。

男裤装基本结构种类可按三种类型划分：

第一种，按男裤臀围与人体贴合程度分类，有贴体类男裤（臀围放量 4 ~ 6cm）、较贴体类男裤（臀围放量 7 ~ 12cm）、较宽松类男裤（臀围放量 13 ~ 18cm）、宽松类男裤（臀围放量 18cm 以上）。

第二种，按男裤长度分类，有短裤、中裤、中长裤、长裤等。

第三种，按男裤脚口尺寸大小分类，有直筒裤、小脚裤、阔脚裤等。

在男裤装基本类型结构基础上，再进行高低腰、纵向分割、横向分割、加褶裥等结构造型设计，但从总体而言，受到男装设计程式化的制约，男裤款式变化不及女裤丰富。

男裤装结构设计与男性人体体型结构中的腰围、臀围、腰长、前后裆长、后裆斜线、大腿根围、膝围等有着紧密关系，也是男裤装结构设计是否舒适、合体的主要影响因素。从正身位看，如图 2-1 所示，腰围至臀围区段（腰长）为男裤装穿着后的主要贴合区位；从侧身位看，如图 2-2 所示，前身腰至腹部、后身腰至臀部为男裤装穿着后的主要贴合区位。

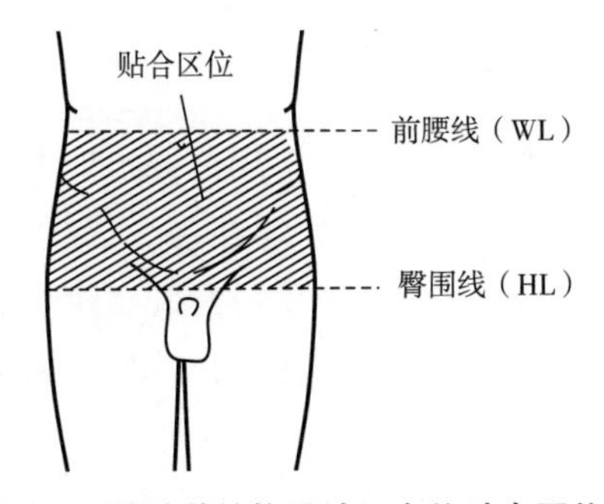

图 2-1　男裤装结构设计正身位贴合区位

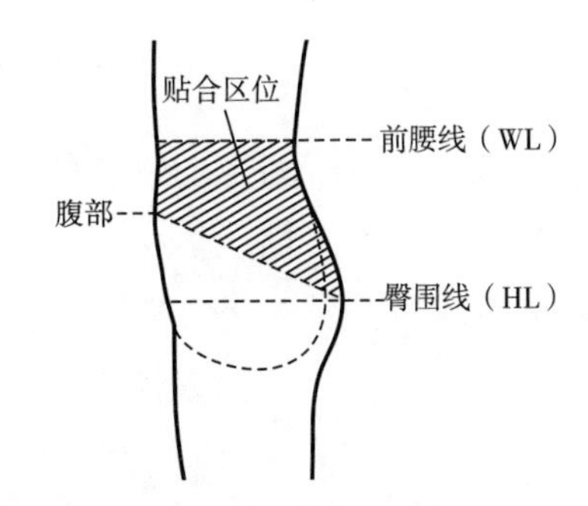

图 2-2　男裤装结构设计侧身位贴合区位

男裤装结构设计的重点主要在裤装上裆部位的裆宽、后裆斜线角度及后裆起翘量，如图 2-3 所示。

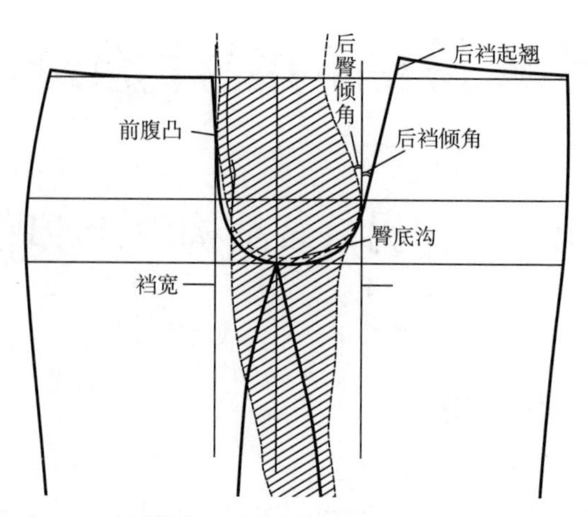

图 2-3　男裤装上裆部位结构与人体关系示意图

二、男裤装结构设计原理与方法

男裤装采用四开身结构设计和半身结构制图。因人体臀差的客观存在，为解决裤装的穿着问题，收腰省的结构处理方式是下装结构设计的通常办法，如图 2-4 所示。

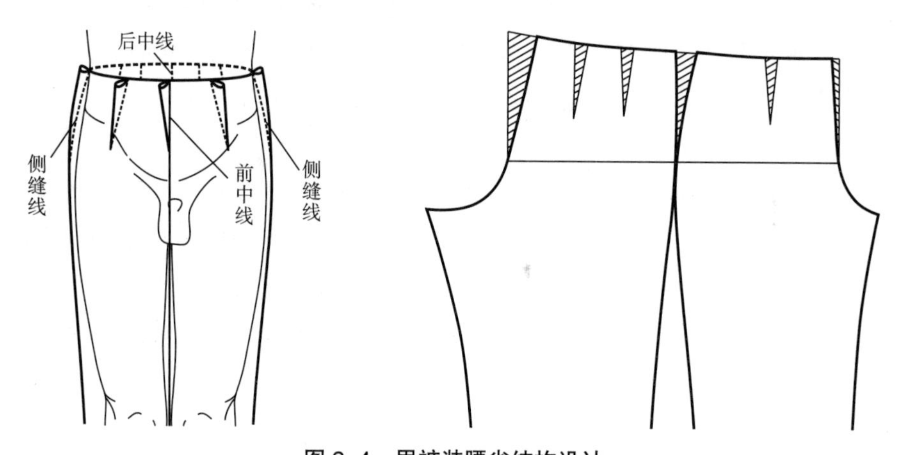

图 2-4　男裤装腰省结构设计

比较女裤装前、后裤身均收省的结构方式，男裤装通常采用前裤身加褶裥、后裤身收省的方式。根据男性人体腰、臀部位曲率变化特征，男裤装在前、后中线部位收省量相对较小，侧腰部位受到腰、臀曲率变化较大的影响，为男裤装收省的主要部位，如图 2-5 所示。由于男、女人体体型具有一定差异，因此，总体而言男裤装收省量普遍小于女裤装。

如图 2-6 所示，以耻骨联合为基点作水平线，我们会发现耻骨联合水平线至前中线、后中线的宽度差异，因此男裤前裆宽应小于后裆宽，这是由人体裆部构造特征决定的，通常前裆宽与后裆宽的比例约为 1 ∶ 2。

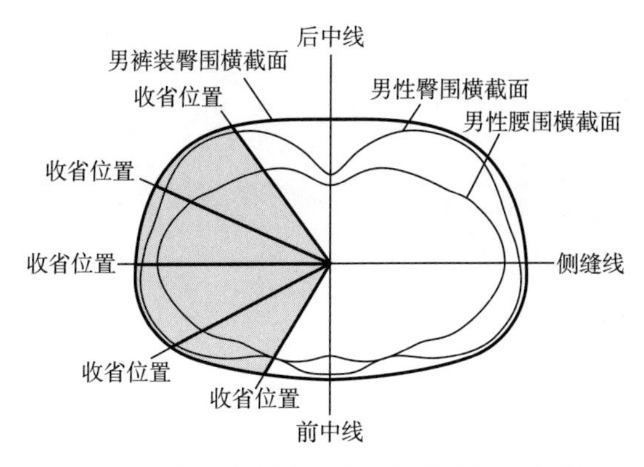

图 2-5　男裤装腰省分布区域横截面示意图

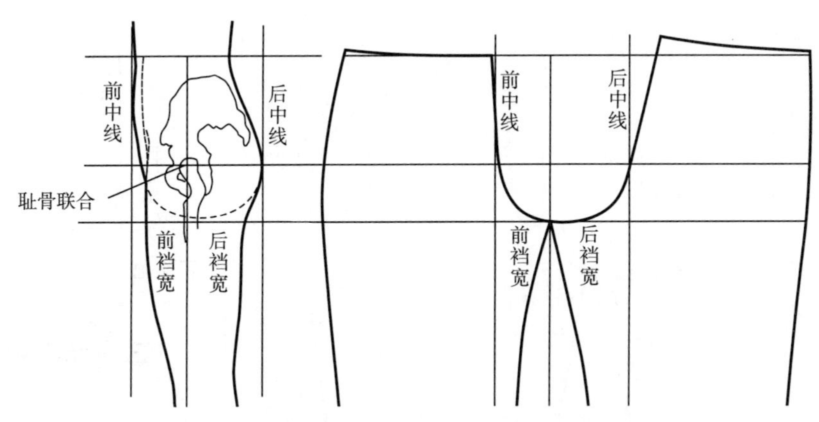

图 2-6　男裤前、后裆宽结构与人体关系示意图

基于人体下身结构特征，男裤装结构设计主要由贴合区和设计区两部分组成，如图 2-7 所示。

贴合区主要通过省、褶、分割等结构设计方式解决裤装与人体的贴合性；设计区为男裤装的造型设计区域，是裤装不同款式造型变化的主要设计区。

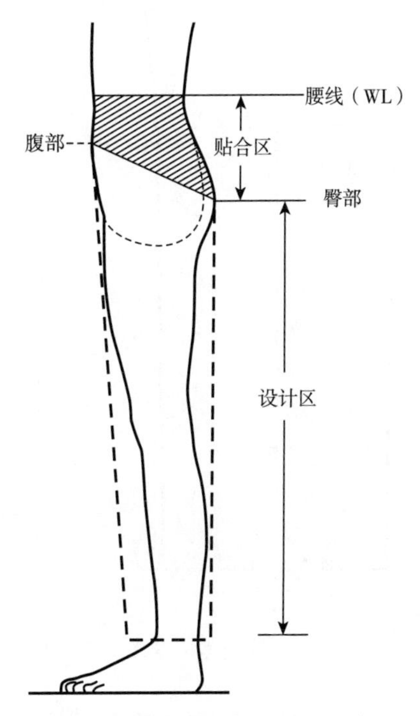

图 2-7　男裤装结构设计区分布

三、基本型男裤装结构设计

（一）款式特点

基本型男裤装的款式特点为外绱腰头，较贴体裤身，直筒造型，裤长及脚踝，前裤身腰口收双褶裥，后裤身腰口设双省，前腰侧缝处开斜插袋，后裤片设单嵌线挖袋，如图 2-8 所示。

（二）规格设计

基本型男裤装结构设计实例采用 180/84A 号型规格。

（1）裤长：108cm。

（2）腰围（W）：W^*+（0 ~ 2）cm。

（3）臀围（H）：H^*+（6 ~ 12）cm。

（4）上裆长：26cm。

（5）裤脚口宽：22cm。

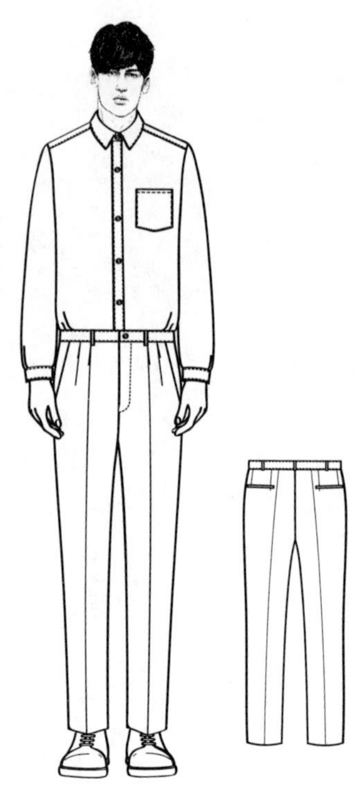

图 2–8　基本型男裤装款式图

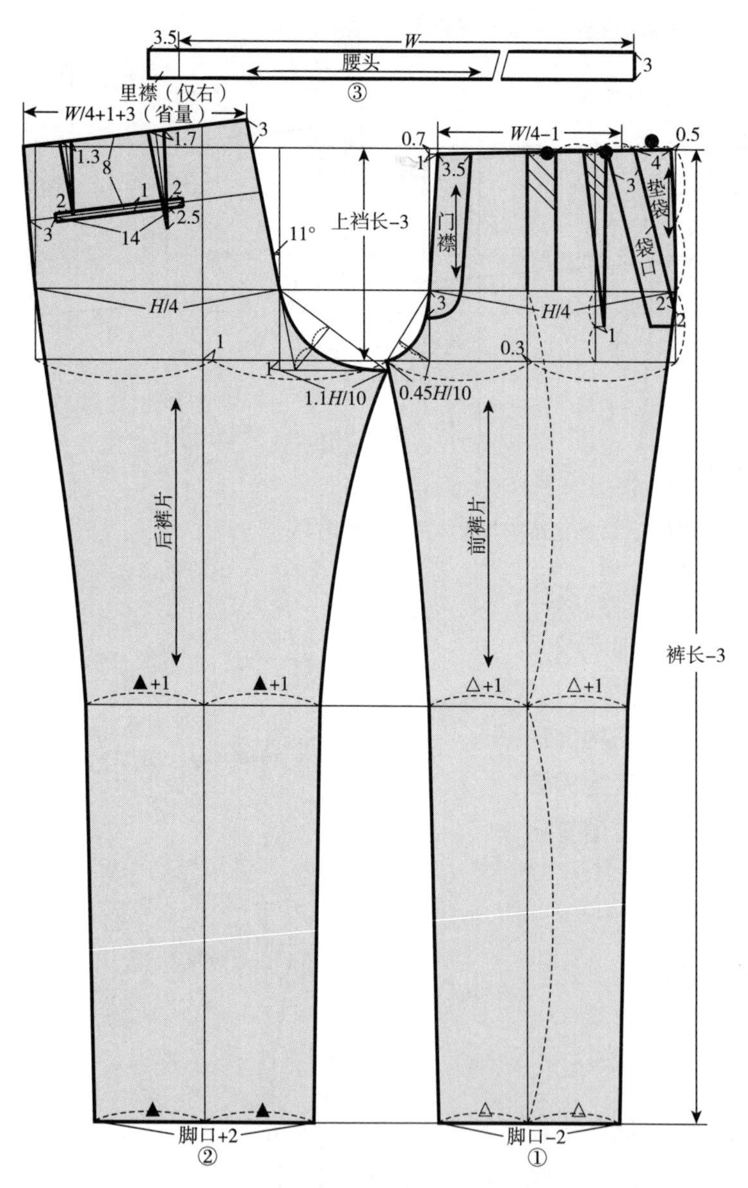

图 2–9　基本型男裤装结构制图

（三）结构制图

基本型男裤装结构制图如图 2–9 所示。

（四）结构制图说明

基本型男裤装采用比例法结构制图方式。

1. 前裤片制图

前裤片制图如图 2–9 ①所示。

（1）作长方形：以 $H/4$ 为宽，以上裆长 –3cm 为高，上平线为腰围辅助线，下平线为横裆线，左边线为前裤中辅助线，右边线为裤侧缝辅助线。

（2）作臀围线：取上裆长 /3 作水平线为臀围线。

（3）作小裆宽：设 0.45*H*/10 为小裆宽。

（4）作中缝线：取横裆 /2，向左量取 0.3cm 作垂线为前裤片中缝线，并设定裤长 –3cm 为前裤片长。

（5）作腰围线：腰围辅助线前中点撇进 1cm、下落 0.7cm，侧缝点撇进 0.5cm，连腰围线，量取 *W*/4–1cm，将腰围剩余量作五等分，取 3/5 设为烫迹线褶裥、2/5 设为锥型褶裥，过腰围线侧缝点向内量取 4cm、侧缝过臀围线向下量取 2cm，连线为斜插袋袋口线，画顺前裤片门襟中线及小裆弯。

（6）作脚口线：以前烫迹线为中点，设前裤片脚口 –2cm，作前裤脚口线。

（7）作膝围线：取臀围线至裤脚口线中点作膝围线，膝围等于脚口尺寸两侧各加 1cm。

（8）作内、外侧缝线：连接并画顺前裤片内、外侧缝线。

（9）作门襟：设门襟宽 3.5cm，长至臀围线下 3cm 处。

2. 后裤片制图

后裤片制图如图 2–9 ②所示。

（1）作长方形：以 *H*/4 为宽，以上裆长 –3cm 为高，上平线为腰围辅助线，下平线为横裆线，右边线为后裤中辅助线，左边线为后裤片侧缝辅助线。

（2）作臀围线：取上裆长 /3 作水平线为臀围线。

（3）作大裆宽：设 1.1*H*/10 为大裆宽，并下落 1cm。

（4）作中缝线：取横裆 /2，向左量取 1cm 作垂线为后裤片中缝线，并设定裤长 –3cm 为后裤片长。

（5）作后裆斜线：取后裤中辅助线 11° 角作后裆斜线，后裆起翘 3cm，画顺大裆弯。

（6）作腰围线、单嵌线挖袋：过后裆斜线起翘点量取 *W*/4+1cm+3cm（省量）至腰围辅助线为后裤片腰围线。作 8cm 腰围线平行线为单嵌线挖袋袋位线，设袋口大 14cm，袋牙宽 1cm。

（7）作省：过单嵌线挖袋袋口分别向内量取 2cm 设为省位点，分别设省大 1.3cm、1.7cm。

（8）作脚口线：以后烫迹线为中点，设后裤片脚口 +2cm，作后裤脚口线。

（9）作膝围线：取臀围线至裤脚口线中点作膝围线，膝围等于脚口尺寸两侧各加 1cm。

（10）作内、外侧缝线：连接并画顺后裤片内、外侧缝线。

3. 腰头制图

设腰头宽 3cm，里襟宽 3.5cm，如图 2–9 ③所示。

（五）纸样分解图

基本型男裤装纸样分解图如图 2–10 所示。

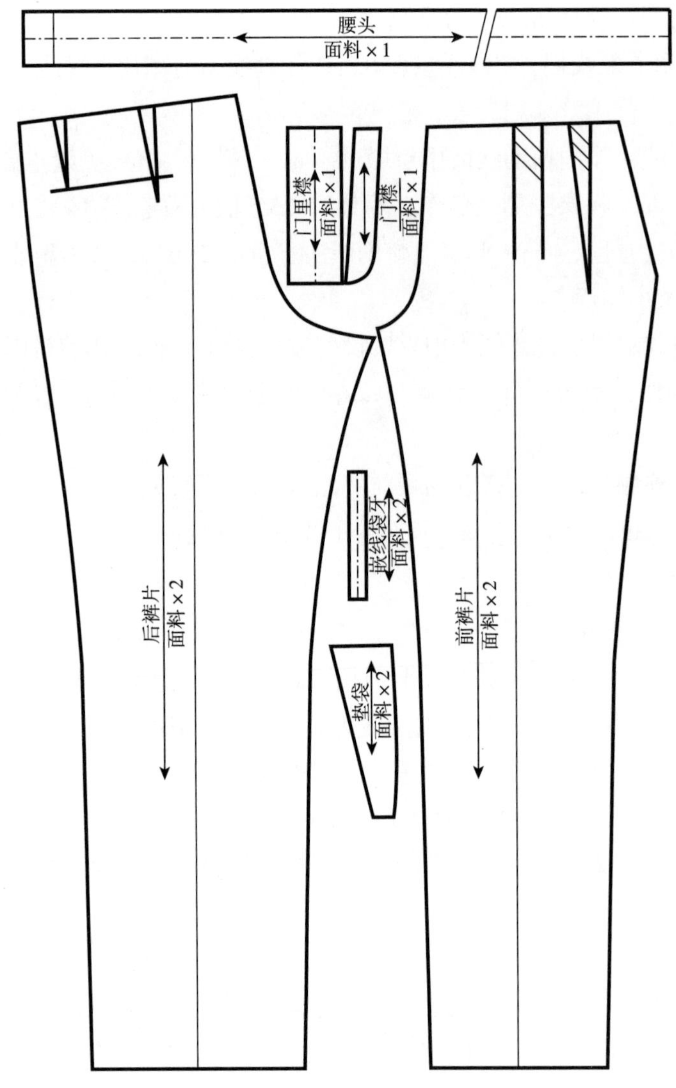

图 2-10　基本型男裤装纸样分解图

第二节　男裤装结构设计应用

一、男西裤结构设计

（一）款式特点

男西裤的款式特点为外绱腰头，贴体裤身，直筒造型，裤长及脚踝，前裤身腰口收单褶裥，后裤身腰口设双省，前腰侧缝处开斜插袋，后裤片设双嵌线挖袋，如图 2-11 所示。

（二）规格设计

男西裤结构设计实例采用 180/84A 号型规格。

（1）裤长：108cm。

（2）腰围（W）：W^{*}+（0 ~ 2）cm。

（3）臀围（H）：H^{*}+（4 ~ 6）cm。

（4）上裆长：26cm。

（5）裤脚口宽：21cm。

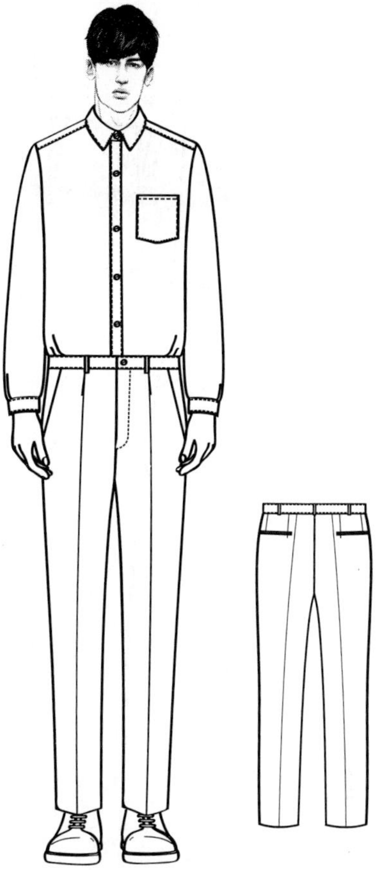

（三）结构制图

男西裤结构制图如图 2-12、图 2-13 所示。

图 2-11　男西裤款式图

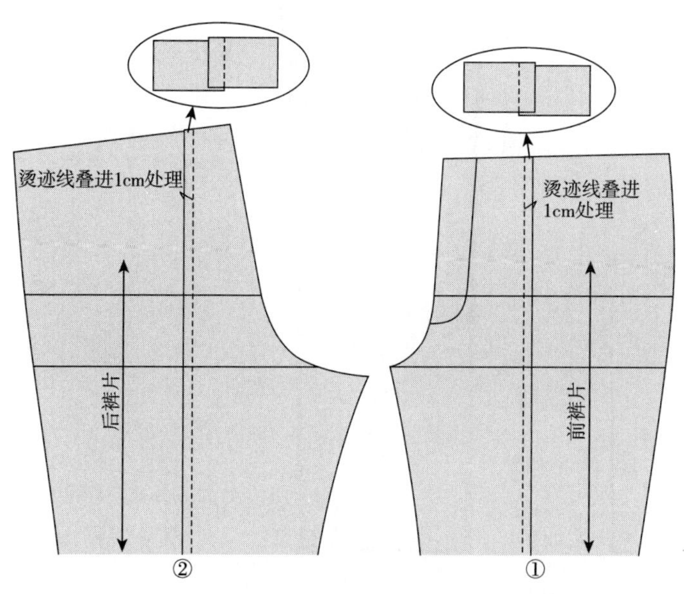

图 2-12　基本型男裤装纸样处理

（四）结构制图说明

男西裤采用基型法结构制图方式，以基本型男裤装纸样为基础纸样，将前、后裤片烫迹线处分别作 1cm 叠进处理，如图 2-12 ①、②所示。

1. 前裤片制图

前裤片制图如图 2-13 ①所示。

（1）作腰围线：基于叠进处理的基本型男裤装前裤片纸样，延腰围线量取 $W/4-1$cm，将腰围剩余量“●”设为前裤片烫迹线处的褶裥量，褶裥倒向侧缝。

（2）作小裆：小裆缩进 0.2cm，画顺小裆弯。

（3）作脚口线：以作叠进处理后的前裤片烫迹线为裤脚口中点，设前裤片脚口 -2cm，作前裤脚口线。

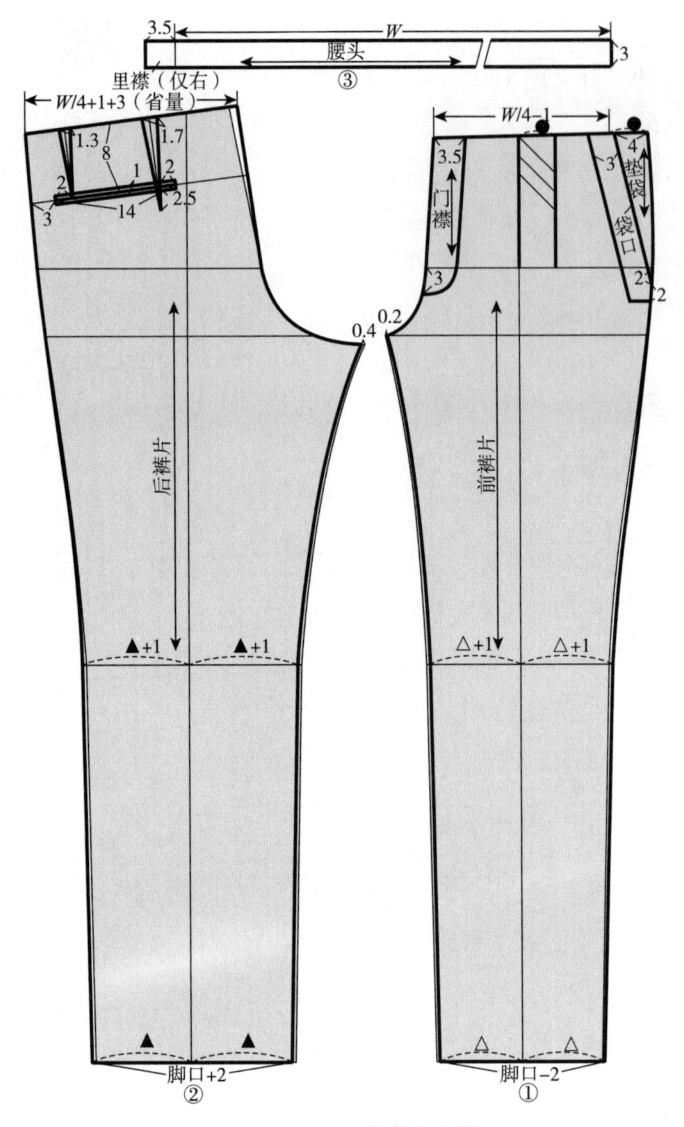

图 2-13　男西裤结构制图

（4）作膝围线：基于基本型男裤装前裤片纸样膝围线，设男西裤膝围等于脚口尺寸两侧各加 1cm。

（5）作内、外侧缝线：连接并画顺前裤片内、外侧缝线。

（6）作袋口线：过腰围线侧缝点向内量取 4cm、侧缝过臀围线向下量取 2cm，连线为斜插袋袋口线，设袋口贴边为 3cm。

（7）作门襟：设门襟宽 3.5cm，长至臀围线下 3cm 处。

2. 后裤片制图

后裤片制图如图 2-13 ②所示。

（1）作腰围线：基于叠进处理的基本型男裤装后裤片纸样，延腰围线量取 W/4+1cm+3cm（省量），重新设定后裆斜线。

（2）作大裆：大裆缩进 0.4cm，画顺大裆弯。

（3）作脚口线：以作叠进处理后的后裤片烫迹线为裤脚口中点，设后裤片脚口 +2cm，作后裤脚口线。

（4）作膝围线：基于基本型男裤装后裤片纸样膝围线，设男西裤膝围等于脚口尺寸两侧各加 1cm。

（5）作内、外侧缝线：连接并画顺后裤片内、外侧缝线。

（6）作双嵌线挖袋：作 8cm 腰围线平行线为双嵌线挖袋袋位线，袋位距侧缝 3cm，设袋口大 14cm，双嵌线袋牙宽 1cm。

（7）作省：过双嵌线挖袋袋口分别向内量取 2cm 设为省位点，分别设省大 1.3cm、1.7cm。

3. **腰头制图**

设腰头宽 3cm，里襟宽 3.5cm，如图 2-13 ③所示。

（五）纸样分解图

男西裤纸样分解图如图 2-14 所示。

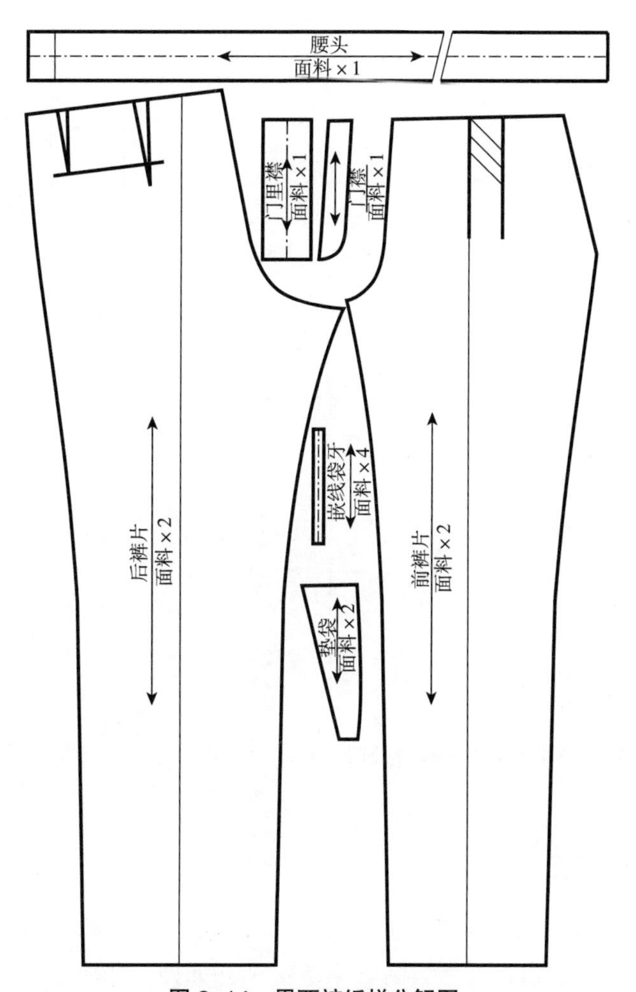

图 2-14　男西裤纸样分解图

二、男休闲裤结构设计

（一）款式特点

男休闲裤的款式特点为外绱腰头，较贴体裤身，直筒造型，裤长及脚踝，前裤身腰口无褶裥，后裤身腰口设单省，前腰侧缝处开斜插袋，后裤片设单嵌线挖袋，如图 2–15 所示。

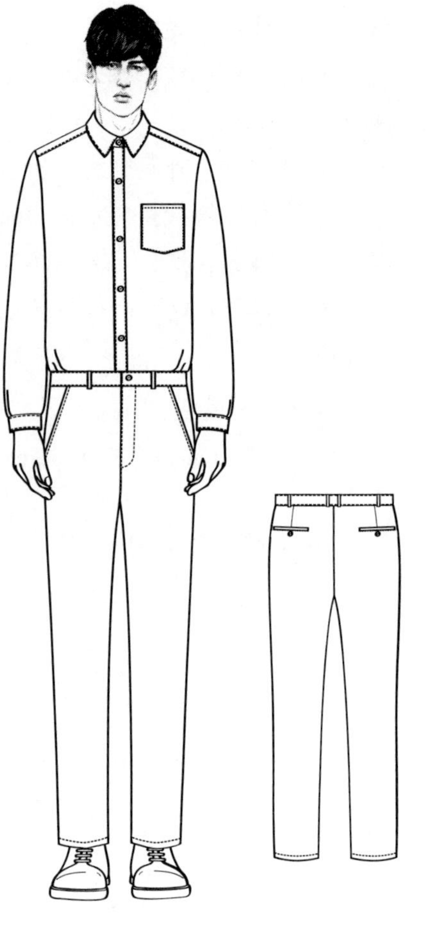

图 2–15　男休闲裤款式图

（二）规格设计

男休闲裤结构设计实例采用 180/84A 号型规格。

（1）裤长：108cm。

（2）腰围（W）：W^*+（0 ～ 2）cm。

（3）臀围（H）：H^*+（6 ～ 12）cm。

（4）上裆长：26cm。

（5）裤脚口宽：22cm。

（三）结构制图

男休闲裤结构制图如图 2–16、图 2–17 所示。

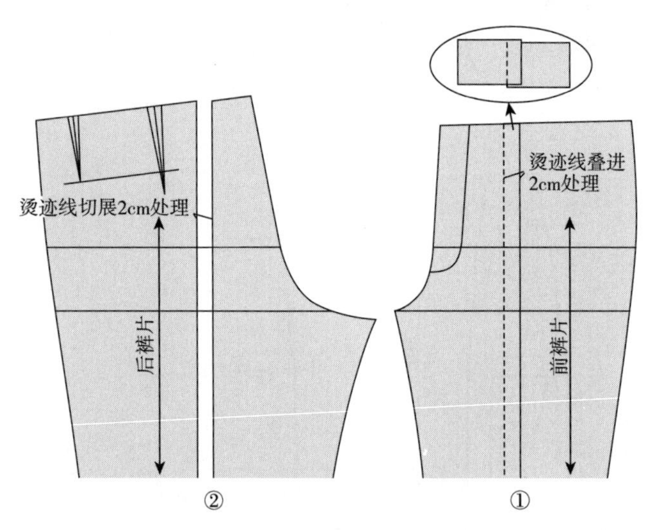

图 2–16　基本型男裤装纸样处理

（四）结构制图说明

男休闲裤采用基型法结构制图方式，以基本型男裤装纸样为基础纸样，将前裤片烫迹线处作 2cm 叠进处理，后裤片烫迹线处作 2cm 展开处理，如图 2–16 ①、②所示。

1. 前裤片制图

前裤片制图如图 2–17 ①所示。

（1）作腰围线：基于叠进处理的基本型男裤装前裤片纸样，前腰中点、前腰侧缝处分别撇进 0.5cm，设前裤片腰围 *W*/4+1cm，将腰围剩余量转至斜插袋袋口处作去除处理。

（2）作脚口线：基于叠进处理的基本型男裤装前裤片纸样裤脚口，内、外侧缝处分别作 0.5cm、1.5cm 撇出处理，过脚口中点作前裤片烫迹线。

（3）作膝围线：基于叠进处理的基本型男裤装前裤片纸样膝围线，内、外侧缝处也分别作 0.5cm、1.5cm 撇出处理。

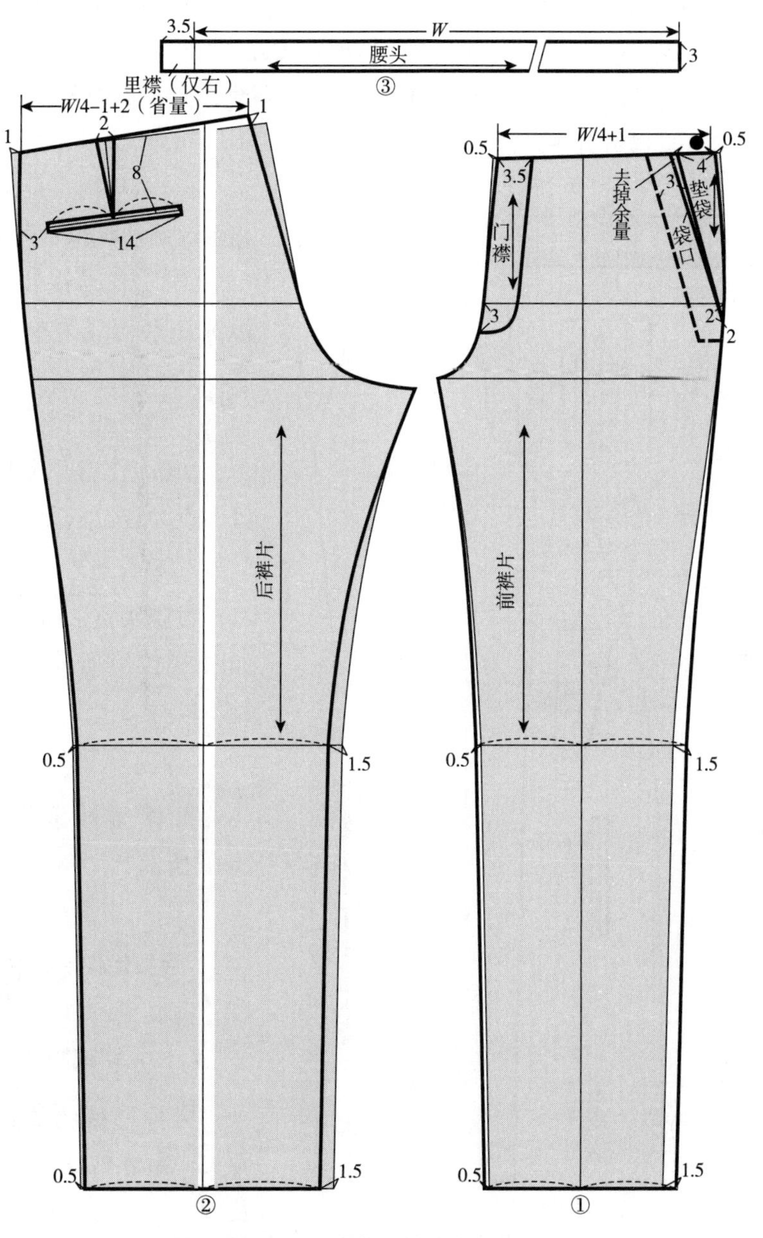

图 2–17　男休闲裤结构制图

（4）作内、外侧缝线：连接并画顺前裤片门襟中线及内、外侧缝线。

（5）作袋口线：过腰围线侧缝点向内量取 4cm、侧缝过臀围线向下量取 2cm，连线为斜插袋袋口线，设袋口贴边 3cm。

（6）作门襟：设门襟宽 3.5cm，长至臀围线下 3cm 处。

2. 后裤片制图

后裤片制图如图 2–17 ②所示。

（1）作腰围线：基于展开处理的基本型男裤装后裤片纸样，后腰侧缝处撇进 1cm，设后裤片腰围 $W/4$–1cm+2cm（省量），后裆起翘追加 1cm，重新设定腰围线及后裆斜线。

（2）作脚口线：基于展开处理的基本型男裤装后裤片纸样裤脚口，内、外侧缝处分别作 1.5cm、0.5cm 撇进处理，过脚口中点作后裤片烫迹线。

（3）作膝围线：基于展开处理的基本型男裤装后裤片纸样膝围线，内、外侧缝处亦分别作 1.5cm、0.5cm 撇进处理。

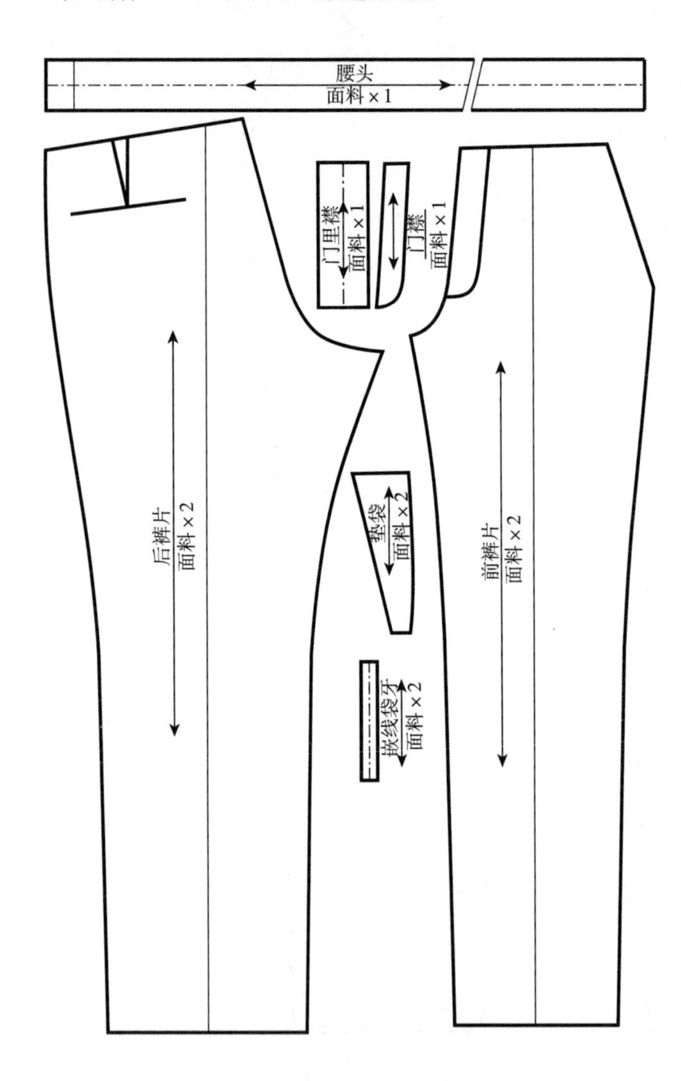

图 2–18　男休闲裤纸样分解图

（4）作内、外侧缝线：连接并画顺后裤片内、外侧缝线。

（5）作单嵌线挖袋：作 8cm 腰围线平行线为单嵌线挖袋袋位线，袋位距侧缝 3cm，设袋口大 14cm，单嵌线袋牙宽 1cm。

（6）作省：设单嵌线挖袋袋口中点为省位点，设省大 2cm。

3. 腰头制图

设腰头宽 3 cm，里襟宽 3.5cm，如图 2–17 ③所示。

（五）纸样分解图

男休闲裤纸样分解图如图 2–18 所示。

三、男牛仔裤结构设计

（一）款式特点

男牛仔裤的款式特点为外绱腰头，贴体裤身，直筒造型，裤长及脚踝，前裤身腰口作无省设计，设曲线挖袋，右侧挖袋内设小贴袋，后裤片作育克分割，设贴袋，如图 2–19 所示。

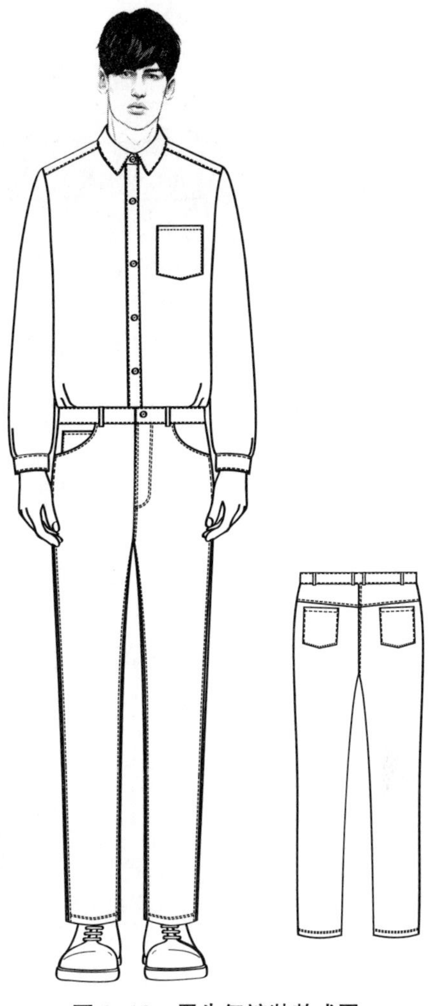

图 2–19 男牛仔裤装款式图

（二）规格设计

男牛仔裤结构设计实例采用 180/84A 号型规格。

（1）裤长：108cm。

（2）腰围（W）：W^*+（0 ~ 2）cm。

（3）臀围（H）：H^*+（4 ~ 6）cm。

（4）上裆长：23cm。

（5）裤脚口宽：21cm。

（三）结构制图

男牛仔裤结构制图如图 2–20、图 2–21 所示。

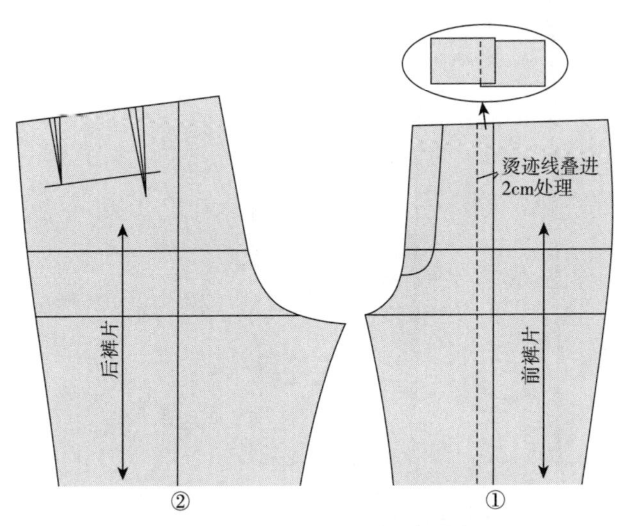

图 2–20 基本型男裤装纸样处理

（四）结构制图说明

男牛仔裤采用基型法结构制图方式，以基本型男裤装纸样为基础纸样，将前裤片烫迹线处作 2cm 叠进处理，后裤片不作处理，如图 2–20 ①、②所示。

1. 前裤片制图

前裤片制图如图 2–21 ①所示。

（1）作腰围线：基于叠进处理的基本型男裤装前裤片纸样，腰节下落 3cm，前腰中点、前腰侧缝处分别撇进 0.7cm、1cm，设前裤片腰围 $W/4$，将腰围剩余量转至曲线插袋袋口处作去除处理。

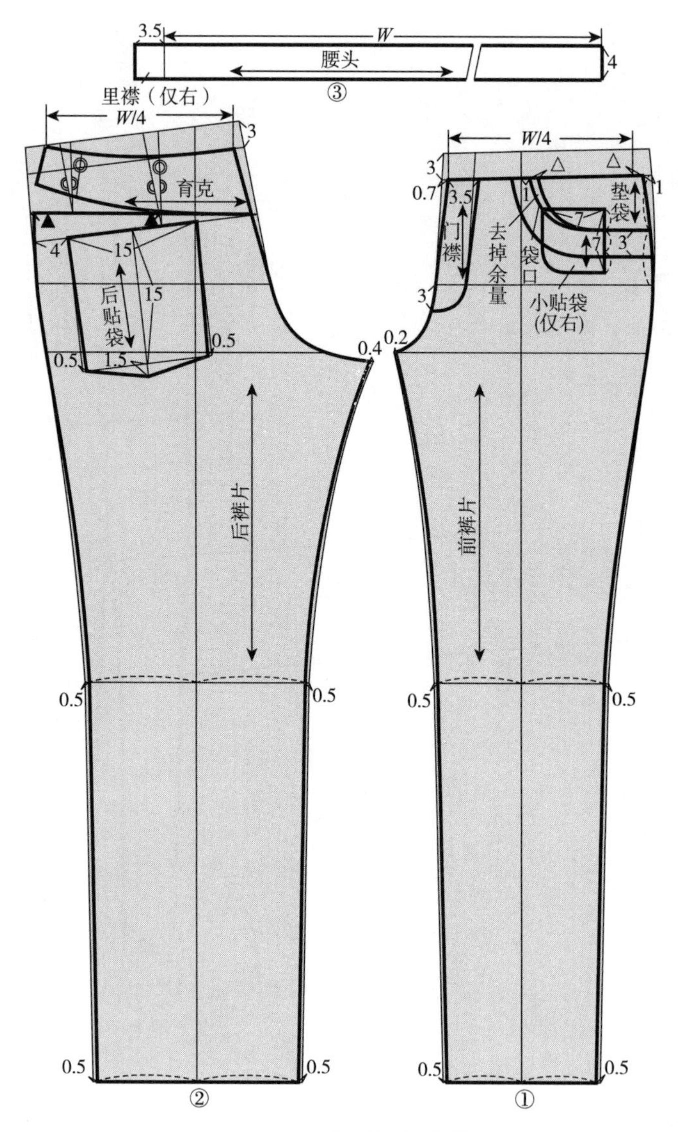

图 2-21　男牛仔裤结构制图

（2）作小裆：小裆缩进 0.2cm，画顺小裆弯。

（3）作脚口线：基于叠进处理的基本型男裤装前裤片纸样裤脚口，内、外侧缝处分别作 0.5cm 撇进处理，过脚口中点作前裤片烫迹线。

（4）作膝围线：基于叠进处理的基本型男裤装前裤片纸样膝围线，内、外侧缝处亦分别作 0.5cm 撇进处理。

（5）作内、外侧缝线：连接并画顺前裤片门襟中线及内、外侧缝线。

（6）作袋口线：过腰围烫迹线中点向右量取 1cm，与侧缝腰围至臀围中点连曲线为袋口线，设袋口贴边 3cm，右侧插袋内设小贴袋。

（7）作门襟：设门襟宽 3.5cm，长至臀围线下 3cm 处。

2. 后裤片制图

后裤片制图如图 2-21 ②所示。

（1）作腰围线：基于基本型男裤装后裤片纸样，腰节下落 3cm，过左侧省尖点作横向育克分割，后裤片育克作合省处理，设后裤片腰围 *W*/4，重新设定腰围线及后裆斜线。

（2）作大裆：大裆缩进 0.4cm，画顺大裆弯。

（3）作脚口线：基于基本型男裤装后裤片纸样裤脚口，内、外侧缝处分别作 0.5cm 撇进处理，过脚口中点作后裤片烫迹线。

（4）作膝围线：基于基本型男裤装后裤片纸样膝围线，内、外侧缝处亦分别作 0.5cm 撇进处理。

（5）作内、外侧缝线：连接并画顺后裤片内、外侧缝线。

（6）作贴袋：设贴袋袋口宽 15cm、袋深 16.5cm，袋口平行基本型后裤片腰口，袋位距侧缝 4cm。

3. **腰头制图**

设腰头宽 4cm，里襟宽 3.5cm，如图 2–21 ③所示。

（五）纸样分解图

男牛仔裤纸样分解图如图 2–22 所示。

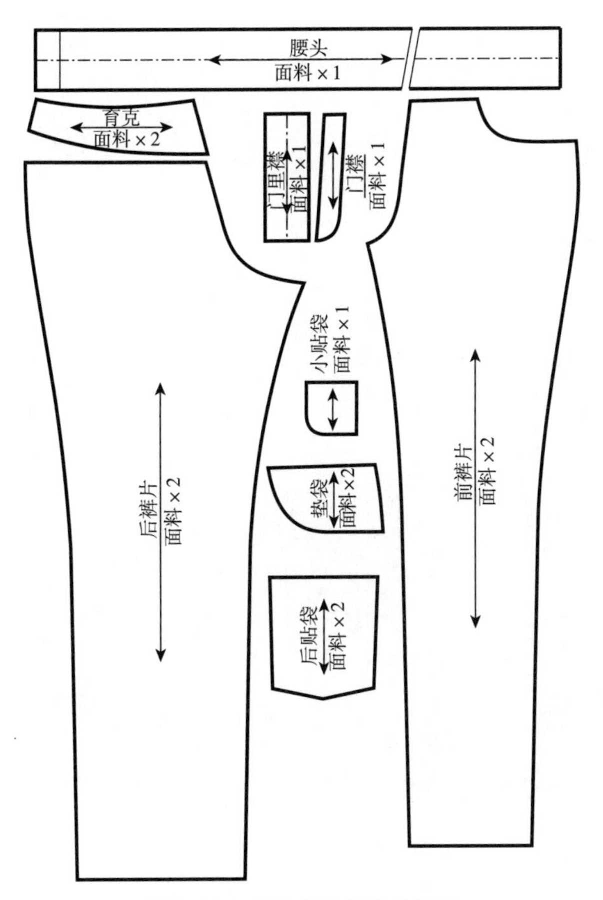

图 2–22　男牛仔裤纸样分解图

四、男锥型裤结构设计

（一）款式特点

男锥型裤的款式特点为外绱腰头，锥型宽松裤身，裤长及脚踝，前裤身腰口收三褶裥，后裤身腰口设双省，前腰侧缝处开斜插袋，后裤片设单嵌线挖袋，如图 2–23 所示。

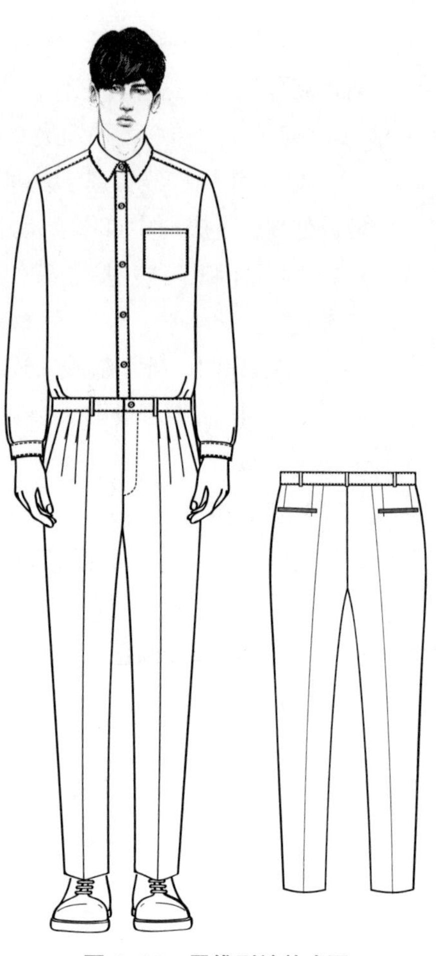

图 2–23　男锥型裤款式图

（二）规格设计

男锥型裤结构设计实例采用 180/84A 号型规格。

（1）裤长：108cm

（2）腰围（W）：W^{*}+（0 ~ 2）cm。

（3）臀围（H）：H^{*}+（6 ~ 12）cm+ 展开量。

（4）上裆长：26cm。

（5）裤脚口宽：16cm。

（三）结构制图

男锥型裤结构制图如图 2–24、图 2–25 所示。

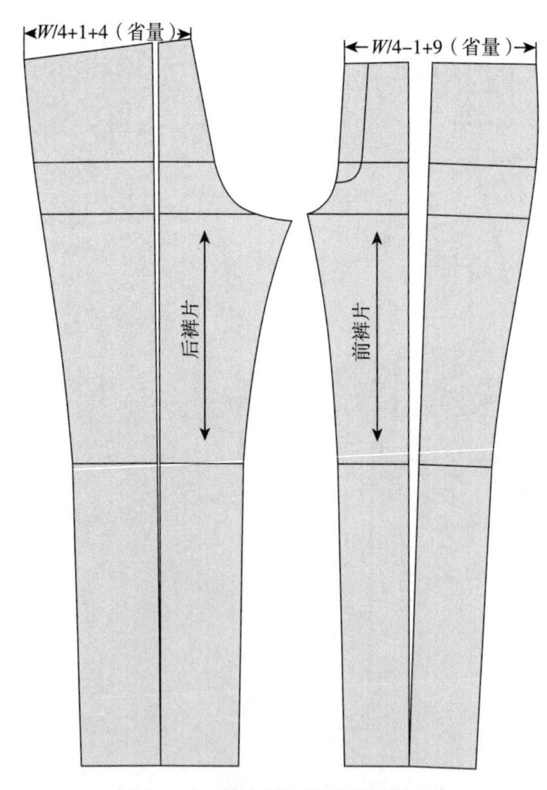

图 2–24　基本型男裤装纸样处理

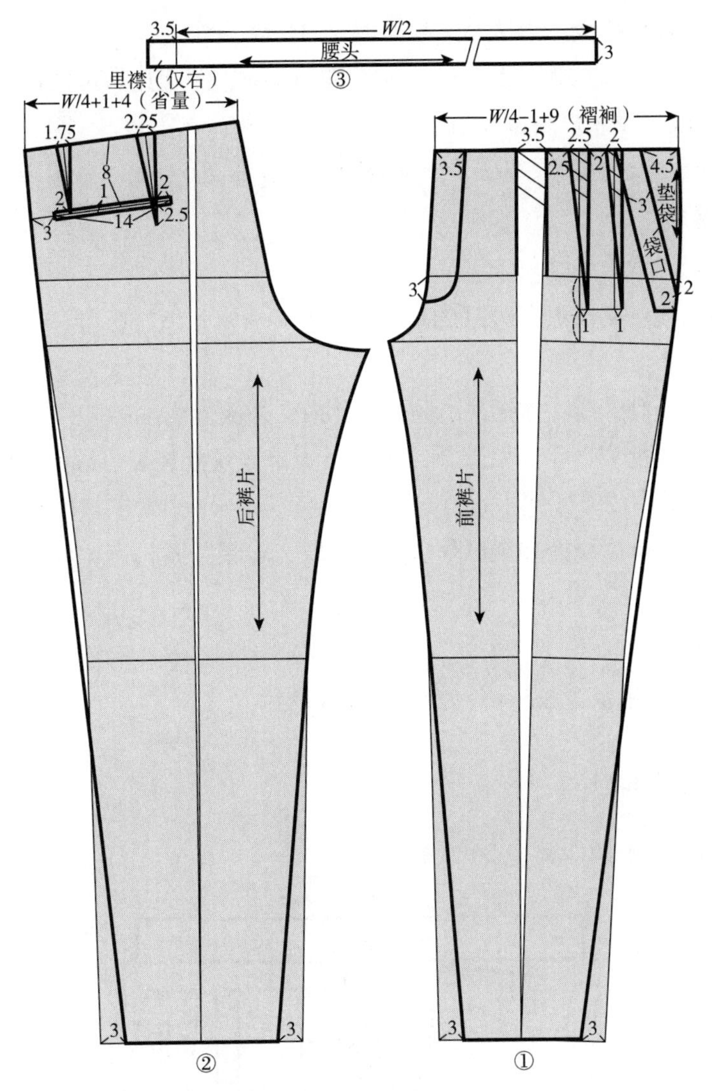

图 2–25　男锥型裤结构制图

（四）结构制图说明

男锥型裤采用基型法结构制图方式，以基本型男裤装纸样为基础纸样，分别设定前腰围 W/4-1cm+9cm（褶裥量）、后腰围 W/4+1cm+4cm（省量），基于前、后裤片烫迹线作纸样展开处理，如图 2–24 所示。

1. 前裤片制图

前裤片制图如图 2–25 ①所示。

（1）作腰围线：基于展开处理的基本型男裤装前裤片纸样，前裤片腰口处以烫迹线为准分别设 3.5cm、2.5cm、2cm 褶裥。

（2）作脚口线：基于展开处理的基本型男裤装前裤片纸样裤脚口，内、外侧缝处分别作 3cm 撇进处理。

（3）作内、外侧缝线：连接并画顺前裤片内、外侧缝线。

（4）作袋口线：过腰围线侧缝点向内量取 4.5cm、侧缝过臀围线向下量取 2cm，连线为斜插袋袋口线，设袋口贴边 3cm。

（5）作门襟：设门襟宽 3.5cm，长至臀围线下 3cm 处。

2. 后裤片制图

后裤片制图如图 2-25 ②所示。

（1）作脚口线：基于展开处理的基本型男裤装后裤片纸样裤脚口，内、外侧缝处分别作 3cm 撇进处理。

（2）作内、外侧缝线：连接并画顺后裤片内、外侧缝线。

（3）作单嵌线挖袋：作 8cm 腰围线平行线为单嵌线挖袋袋位线，袋位距侧缝 3cm，设袋口大 14cm，单嵌线袋牙宽 1cm。

（4）作省：过单嵌线挖袋袋口分别向内量取 2cm 设为省位点，分别设省大 1.75cm、2.25cm。

3. 腰头制图

设腰头宽 3cm，里襟宽 3.5cm，如图 2-25 ③所示。

（五）纸样分解图

男锥型裤纸样分解图如图 2-26 所示。

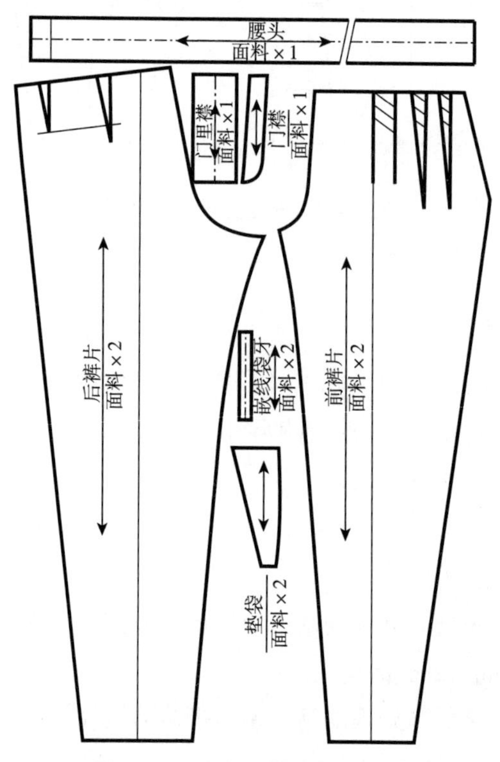

图 2-26　男锥型裤纸样分解图

五、男户外休闲裤结构设计

（一）款式特点

男户外休闲裤的款式特点为外绱腰头，腰头侧缝处有橡筋，宽松型裤身，直筒造型，裤长过脚踝，前裤身设斜插立体贴袋，膝盖作分割并收省，后裤身作育克分割，臀下作弧线分割，设立体带盖贴袋，膝盖作横向分割，小腿处收省，如图 2–27 所示。

（二）规格设计

男户外休闲裤结构设计实例采用 180/84A 号型规格。

（1）裤长：110cm。

（2）腰围（W）：W^*+（0 ~ 2）cm。

（3）臀围（H）：H^*+（12 ~ 18）cm。

（4）上裆长：26cm。

（5）裤脚口宽：24cm。

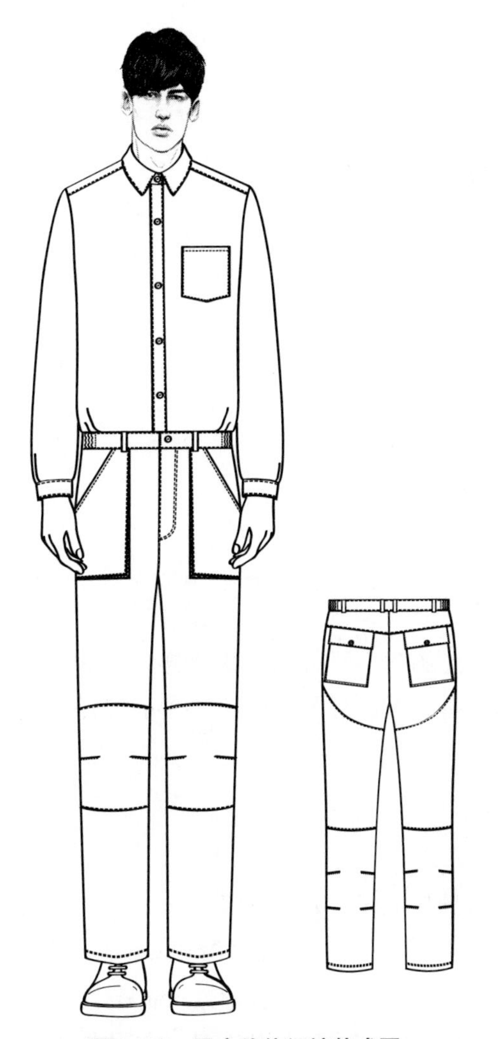

图 2–27　男户外休闲裤款式图

（三）结构制图

男户外休闲裤结构制图如图 2–28、图 2–29 所示。

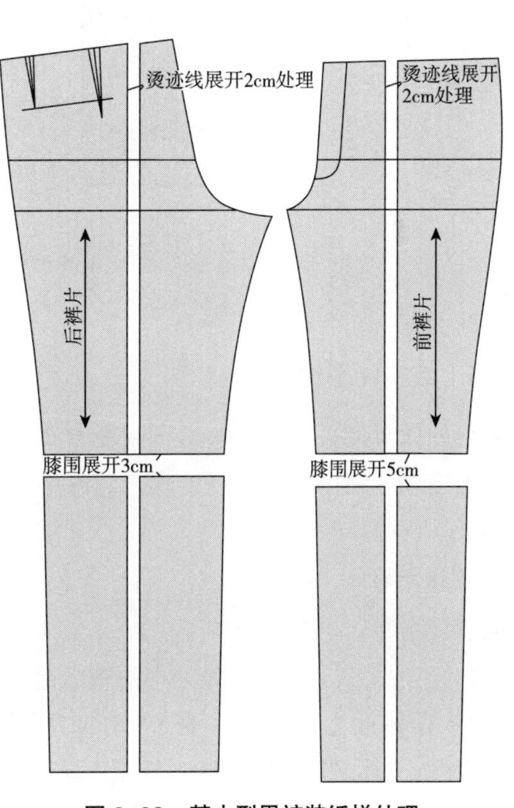

图 2–28　基本型男裤装纸样处理

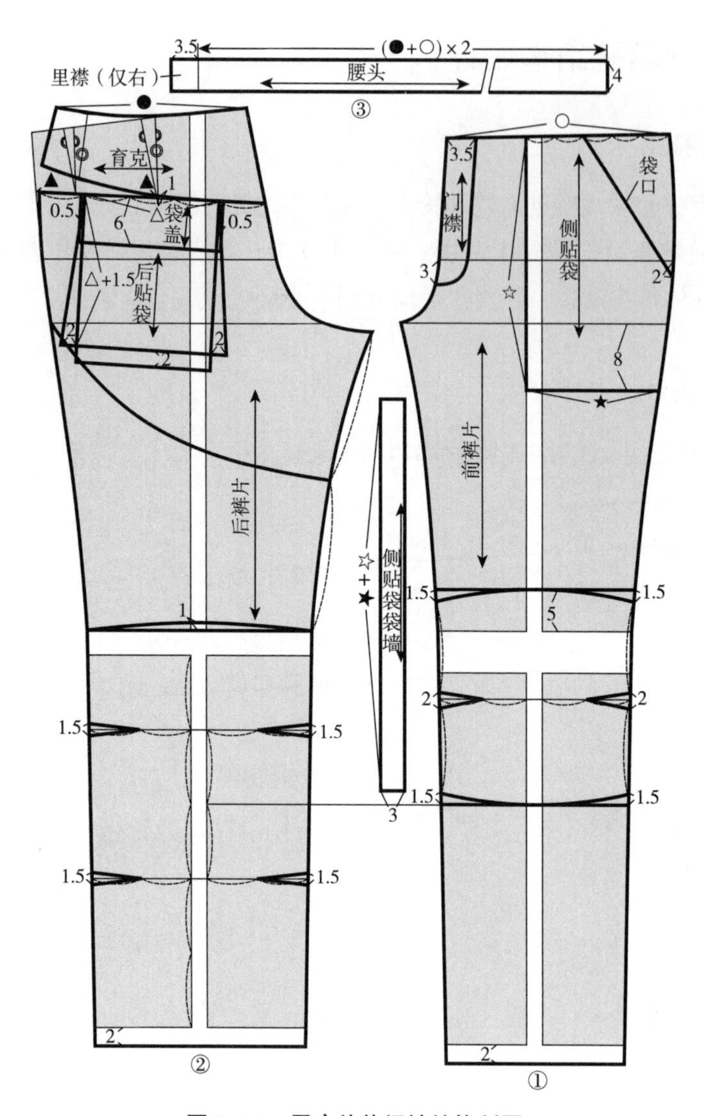

图 2–29　男户外休闲裤结构制图

（四）结构制图说明

男户外休闲裤采用基型法结构制图方式，以基本型男裤装纸样为基础纸样，将前、后裤片烫迹线分别作 2cm 展开处理，前裤片膝围作 5cm 展开，后裤片膝围作 3cm 展开，如图 2–28 所示。

1. 前裤片制图

前裤片制图如图 2–29 ①所示。

（1）追加裤长：基于展开处理的基本型男裤装前裤片纸样，裤长追加 2cm。

（2）作斜插立体贴袋：取 3/5 前裤片腰口侧缝至烫迹线，侧缝过臀围线向下取 2cm，连线为立体侧贴袋袋口线，袋深☆设至横裆下 8cm，立体侧贴袋袋墙宽 3cm。

（3）作膝盖处分割和收省：前裤片膝围上 5cm 处作横向分割，膝围下依后裤片作横向分割，膝围上下分割处两边各收省 1.5cm，上下分割线中点处两边各收省 2cm。

（4）作门襟：设门襟宽 3.5cm，长至臀围线下 3cm 处。

2. 后裤片制图

后裤片制图如图 2-29 ②所示。

（1）追加裤长：基于展开处理的基本型男裤装后裤片纸样，裤长追加 2cm。

（2）作育克：依后裤片省尖点作横向育克分割，后裤片育克作合省处理，将后腰省余量▲转至侧缝处。

（3）作立体带盖贴袋：取中间 3/5 育克分割设后贴袋袋口宽△，袋深等于袋口宽加 1.5cm，贴袋设立体袋墙宽 2cm，贴袋袋盖宽 6cm。

（4）作曲线分割：侧缝横裆处至后裤片内侧缝与膝围线中点作斜向曲线分割。

（5）作膝围处横向分割：后裤片膝围处作横向分割。

（6）作膝下裤腿分割和收省：将后裤片膝围下裤腿作五等分，分别取上 1/5、下 2/5 作收省处理，两边省量各为 1.5cm。

3. 腰头制图

设腰围＝（前裤片腰围○＋后裤片腰围●）×2，腰头宽 4cm，里襟宽 3.5cm，如图 2-29 ③所示。

（五）纸样分解图

男户外休闲裤纸样分解图如图 2-30 所示。

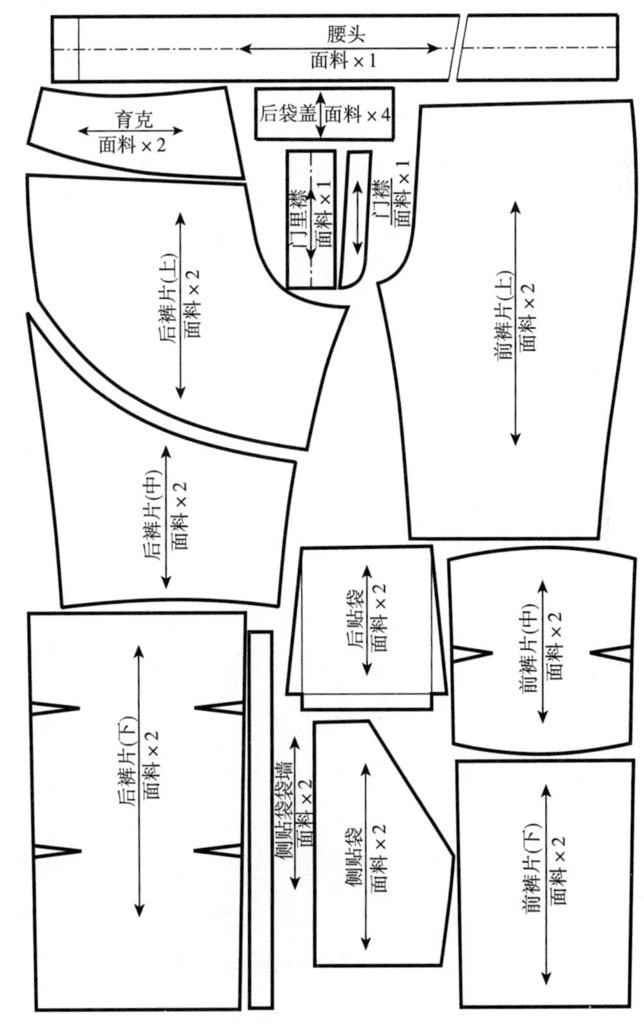

图 2-30　男户外休闲裤纸样分解图

六、男户外运动裤结构设计

（一）款式特点

男户外运动裤款式特点为外绱腰头，罗纹腰头，内穿系绳，宽松型裤身，直筒造型，罗纹裤脚口，裤长及脚踝，前裤片侧缝处开板牙插袋，如图 2-31 所示。

（二）规格设计

男户外运动裤结构设计实例采用180/84A号型规格。

（1）裤长：108cm。

（2）腰围（W）：W^*+（0 ~ 2）cm。

（3）臀围（H）：H^*+（12 ~ 18）cm。

（4）上裆长：26cm。

（5）裤脚口宽：24cm。

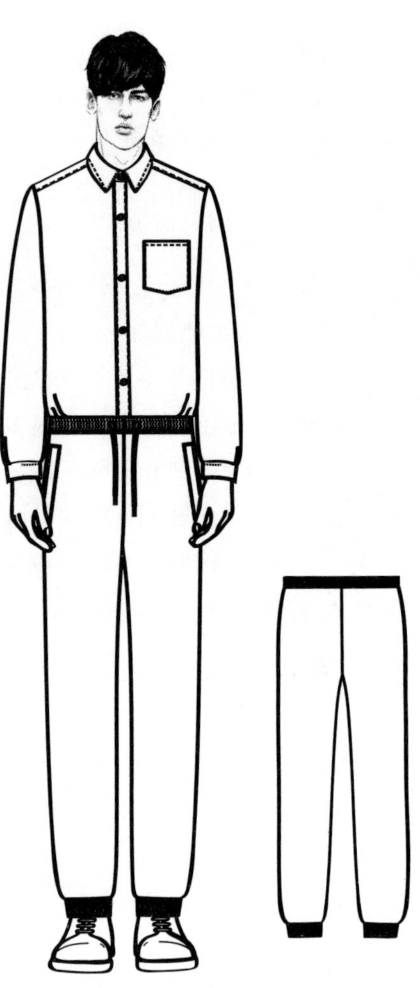

图 2-31　男户外运动裤款式图

（三）结构制图

男户外运动裤结构制图如图 2-32、图 2-33 所示。

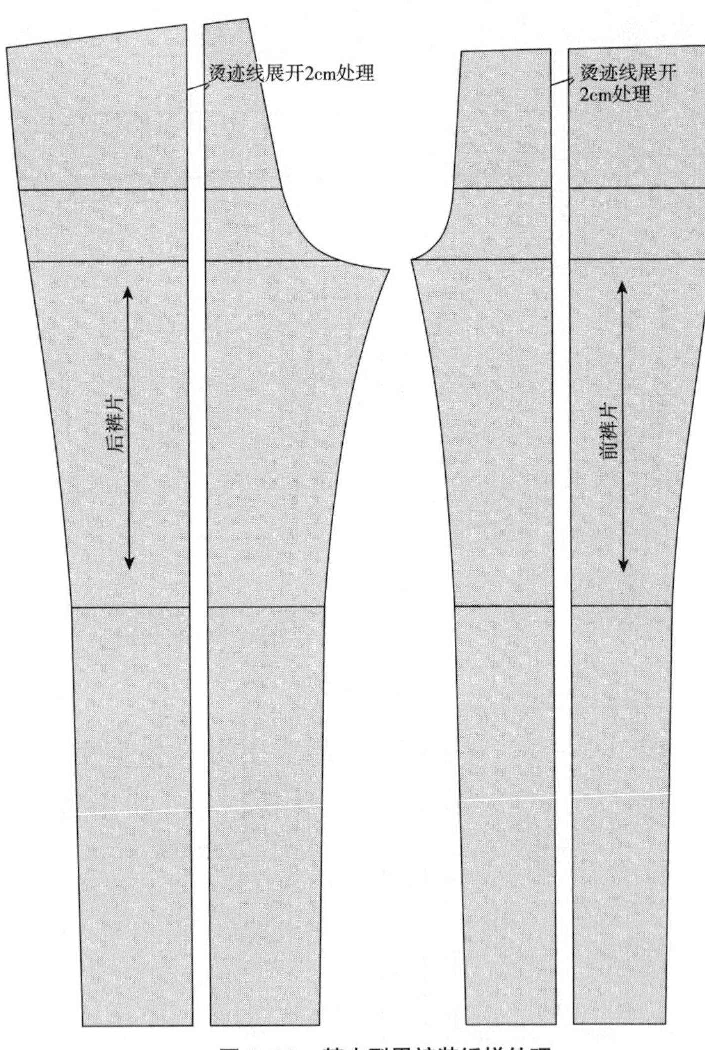

图 2-32　基本型男裤装纸样处理

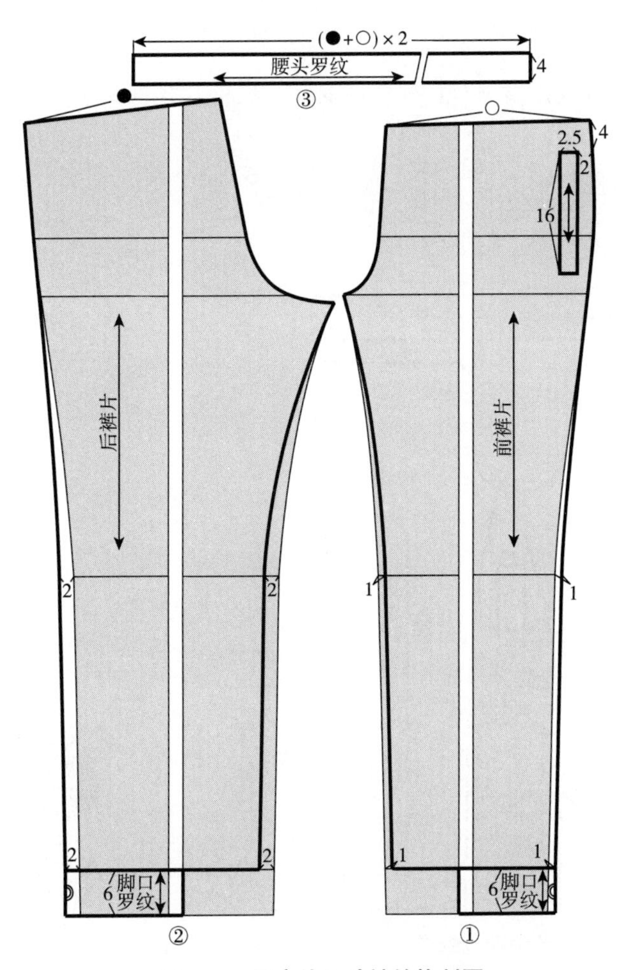

图 2-33　男户外运动裤结构制图

（四）结构制图说明

男户外运动裤采用基型法结构制图方式，以基本型男裤装纸样为基础纸样，将前、后裤片烫迹线处分别作 2cm 展开处理，如图 2-32 所示。

1. 前裤片制图

前裤片制图如图 2-33 ①所示。

（1）作脚口罗纹：基于展开处理的基本型男裤装裤前片纸样，设脚口罗纹宽 6cm。

（2）作侧缝线：前裤片膝围及裤腿脚口两边分别作 1cm 右移处理，并画顺内、外侧缝。

（3）作板牙插袋：前裤片腰围下 4cm 处设板牙插袋，插袋板牙宽 2.5cm、长 16cm，插袋距侧缝 2cm。

2. 后裤片制图

后裤片制图如图 2-33 ②所示。

（1）作脚口罗纹：基于展开处理的基本型男裤装后裤片纸样，设脚口罗纹宽 6cm。

（2）作侧缝线：后裤片膝围及裤腿脚口两边分别作 2cm 左移处理，并画顺内、外侧缝。

3. 腰头制图

设腰头宽 4cm，腰头围度 =（前裤片腰围○ + 后裤片腰围●）×2，如图 2-33 ③所示。

（五）纸样分解图

男户外运动裤纸样分解图如图 2-34 所示。

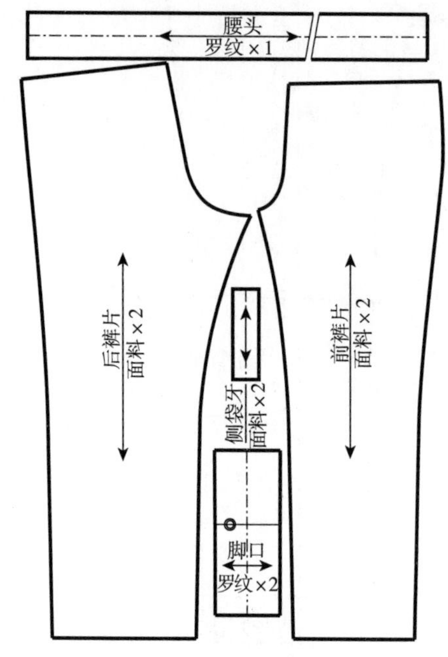

图 2-34　男户外运动裤纸样分解图

七、男户外短裤结构设计

（一）款式特点

男户外短裤款式特点为外绱腰头，较贴体裤身，直筒造型，裤长及膝上，前裤身腰口收单褶裥，前腰侧缝处开斜插袋，后裤身设育克分割，后裤片设加袋盖单嵌线挖袋，如图 2-35 所示。

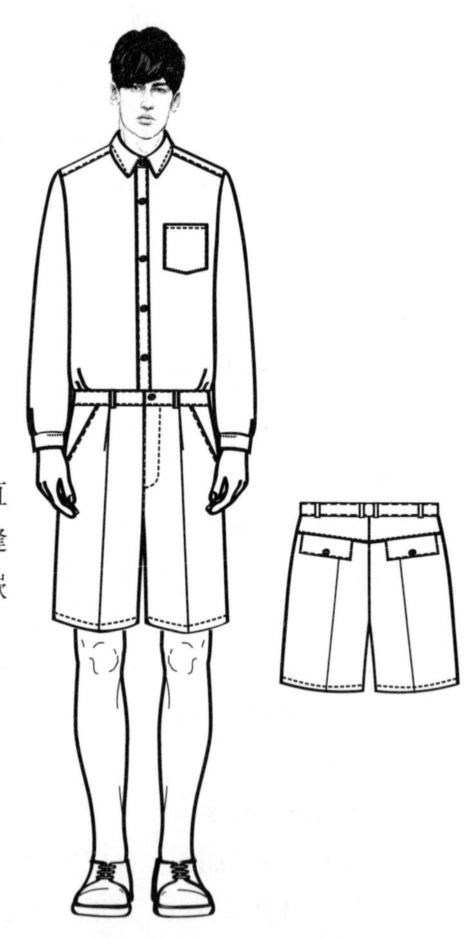

图 2-35　男户外短裤款式图

（二）规格设计

男户外短裤结构设计实例采用 180/84A 号型规格。

（1）裤长：膝围上 5cm。

（2）腰围（W）：W^*+（0 ~ 2）cm。

（3）臀围（H）：H^*+（6 ~ 12）cm。

（4）上裆长：26cm。

（三）结构制图

男户外短裤结构制图如图 2–36 所示。

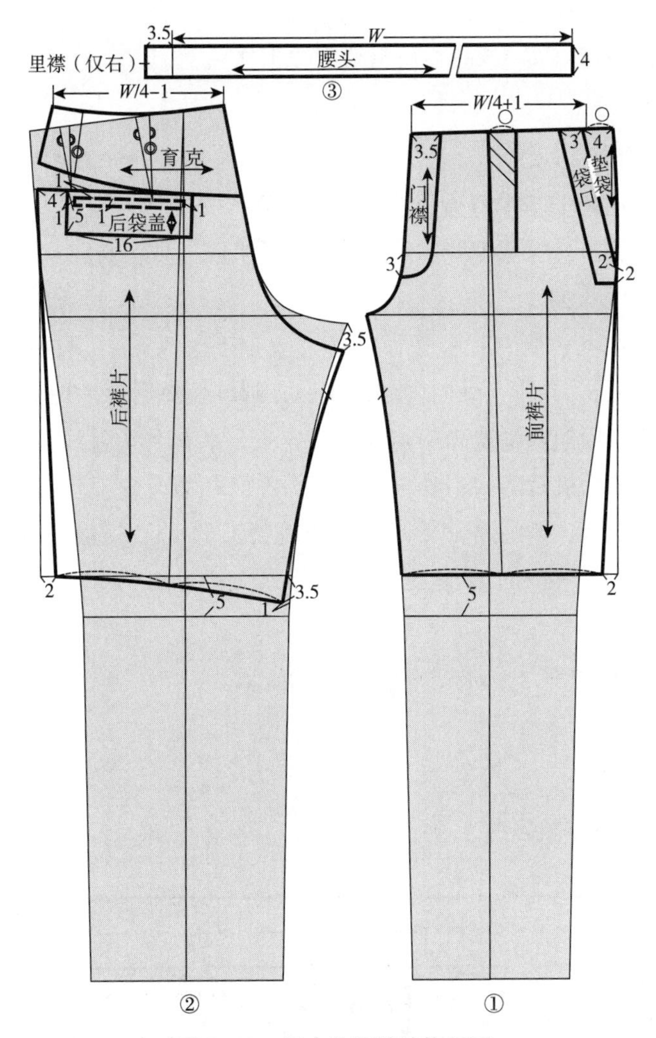

图 2–36　男户外短裤结构制图

（四）结构制图说明

男户外短裤采用基型法结构制图方式，以基本型男裤装纸样为基础纸样。

1. 前裤片制图

前裤片制图如图 2–36 ①所示。

（1）设定裤长：基于基本型男裤装前裤片纸样，设短裤长至膝上 5cm 处。

（2）作裤脚口线和外侧缝线：过臀围侧缝点作垂线至短裤裤脚口处，并向左量取 2cm，连接裤脚口、画顺短裤前裤片外侧缝。

（3）作烫迹线：取短裤裤脚口中点重新设定短裤前裤片烫迹线。

（4）作褶裥：量取 W/4+1cm 设为短裤前裤片腰围，将腰围剩余量“○”设为短裤前裤片烫迹线处的褶裥量，褶裥倒向侧缝。

（5）作袋口线：过腰围线侧缝点向内量取 4cm、侧缝过臀围线向下量取 2cm，连线为斜插袋袋口线，设袋口贴边 3cm。

（6）作门襟：设门襟宽 3.5cm，长至臀围线下 3cm 处。

2. 后裤片制图

后裤片制图如图 2-36 ②所示。

（1）设定裤长：基于基本型男裤装后裤片纸样，设短裤长至膝上 5cm 处。

（2）作外侧缝线：过臀围侧缝点作垂线至短裤裤脚口处，并向右量取 2cm，连接裤脚口、画顺短裤后裤片外侧缝。

（3）作内侧缝线和裤脚口线：短裤后裤片大裆下落 3.5cm，取短裤后裤片内侧缝与短裤前裤片内侧缝等长，裤脚口处向内偏进 1cm，画顺短裤后裤片裤脚口线。

（4）作烫迹线：取短裤裤脚口中点重新设定短裤后裤片烫迹线。

（5）作育克：依后裤片省尖点作横向育克分割，后裤片育克作合省处理。

（6）作单嵌线挖袋：设后裤片单嵌线挖袋袋盖长 16cm、袋盖宽 5cm，袋盖距外侧缝 4cm，单嵌线挖袋袋口长 14cm，袋牙宽 1cm。

3. 腰头制图

设腰头宽 4cm，里襟宽 3.5cm，如图 2-36 ③所示。

（五）纸样分解图

男户外短裤纸样分解图如图 2-37 所示。

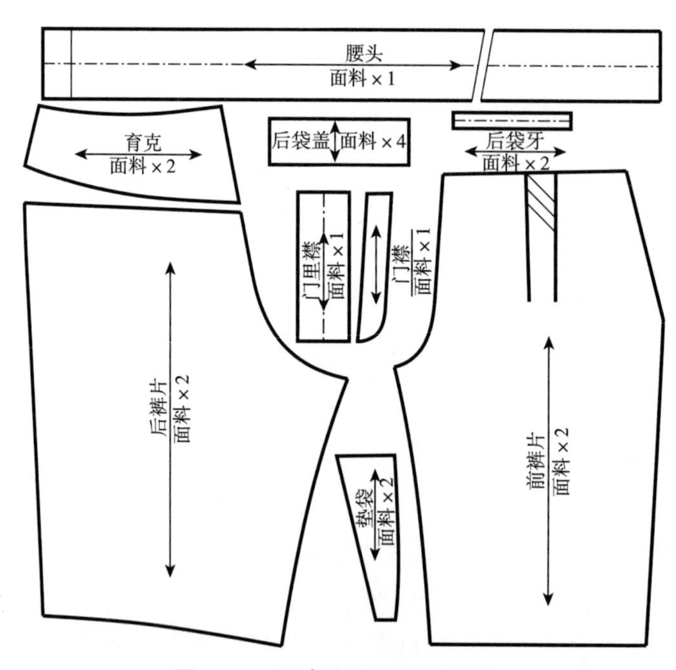

图 2-37　男户外短裤纸样分解图

八、男工装裤结构设计

（一）款式特点

男工装裤款式特点为宽松型裤身，直筒造型，裤长过脚踝；前裤身腰口上方设护胸，加带盖贴袋；后裤身腰口上设护腰，设背带，背带采用魔术贴调节；腰口侧缝处设开襟，前腰侧缝处设斜插贴袋，大腿侧缝设立体贴袋，膝下作横向分割；后裤片设贴袋，大腿处作横向分割；裤脚口设调节裤襻，如图 2–38 所示。

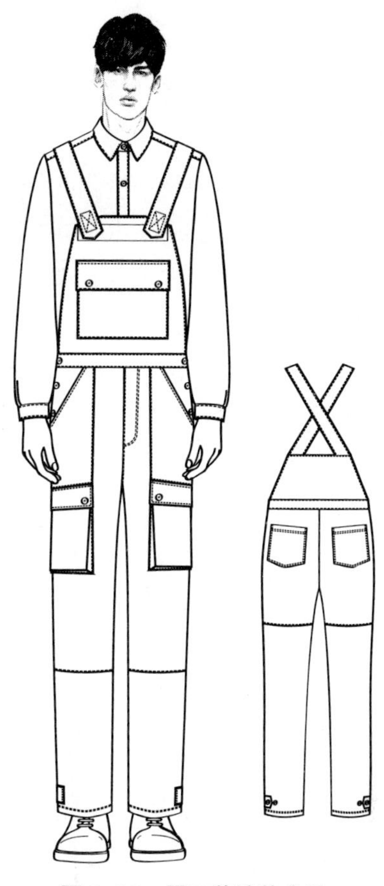

图 2–38　男工装裤款式图

（二）规格设计

男工装裤结构设计实例采用 180/84A 号型规格。

（1）裤长：110cm。

（2）臀围（H）：H^{*}+（12 ~ 18）cm。

（3）上裆长：26cm。

（4）裤脚口宽：24cm。

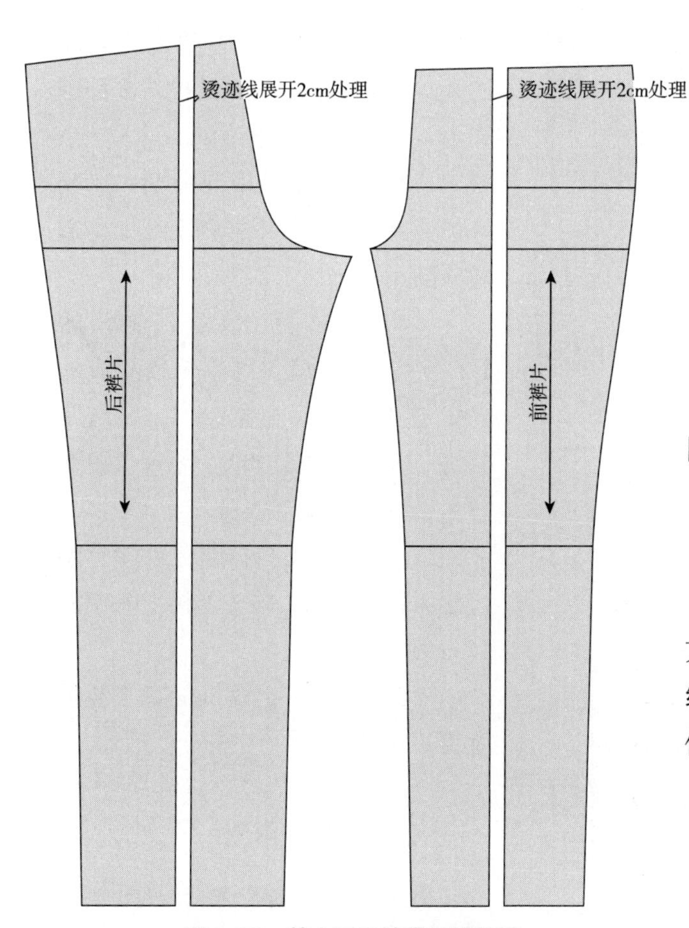

图 2–39　基本型男裤装纸样处理

（三）结构制图

男工装裤结构制图如图 2–39、图 2–40 所示。

（四）结构制图说明

男工装裤采用基型法结构制图方式，以基本型男裤装纸样为基础纸样，将前、后裤片烫迹线处分别作 2cm 展开处理，如图 2–39 所示。

1. 前裤片制图

前裤片制图如图 2–40 ①所示。

（1）追加裤长：基于展开处理

的基本型男裤装前裤片纸样，裤长追加 4cm。

（2）作斜插贴袋：量取 3/5 前裤片腰口侧缝至烫迹线设侧贴袋袋口，袋深设至横裆下 8cm。

（3）作立体贴袋：接侧贴袋袋底设大腿侧立体贴袋，立体贴袋加袋盖，立体贴袋袋口宽 20cm、袋深 25cm，袋盖前宽 7cm、后宽 6cm，立体袋袋墙宽 3cm。

（4）作膝下横向分割：基本型男裤装前裤片纸样膝围线下 10cm 处作横向分割，分割处两边各收省 2cm。

（5）作裤襻：裤脚口处加裤襻。

（6）作门襟：设门襟宽 3.5cm，长至臀围线下 3cm 处。

（7）作腰头与护胸：前裤片腰口接 4cm 宽腰头，腰头上接 30cm 高、15cm 宽前护胸。

（8）设侧开襟：前裤片侧缝处设 4cm 宽开襟，开襟至臀围线下 3cm 处。

2. 后裤片制图

后裤片制图如图 2-40 ②所示。

（1）追加裤长：基于展开处理的基本型男裤装后裤片纸样，裤长追加 2cm。

（2）作膝围处横向分割：在基本型男裤装后裤片纸样膝围线处作横向分割。

（3）作贴袋：取后裆斜线的 1/2、后裤片侧缝臀围线至腰围线的 1/2，连线设为后贴袋袋位，贴袋距侧缝 4cm，贴袋袋口宽 16cm、袋深 17.5cm。

（4）作腰头与护腰：后裤片腰口接 4cm 宽腰头，腰头上接 15cm 高、15cm 宽后护腰。

（5）作背带：设 5cm 宽工装裤背带，背带长 60 ~ 65cm。

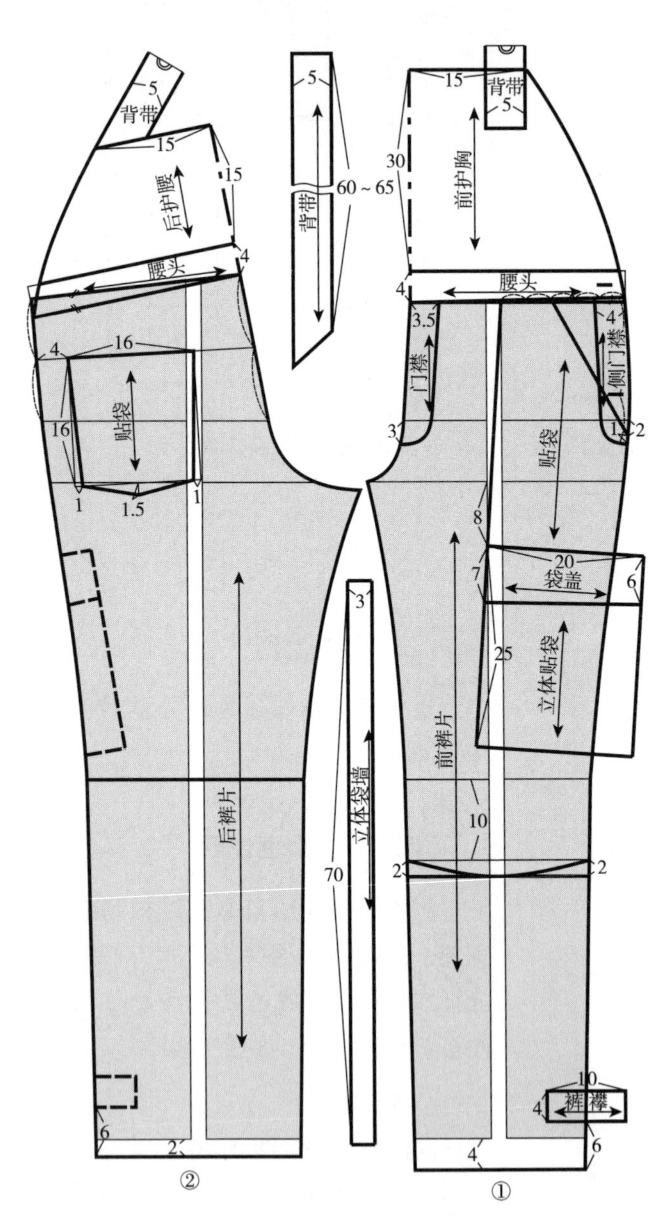

图 2-40 男工装裤结构制图

（五）纸样分解图

男工装裤纸样分解图如图 2-41 所示。

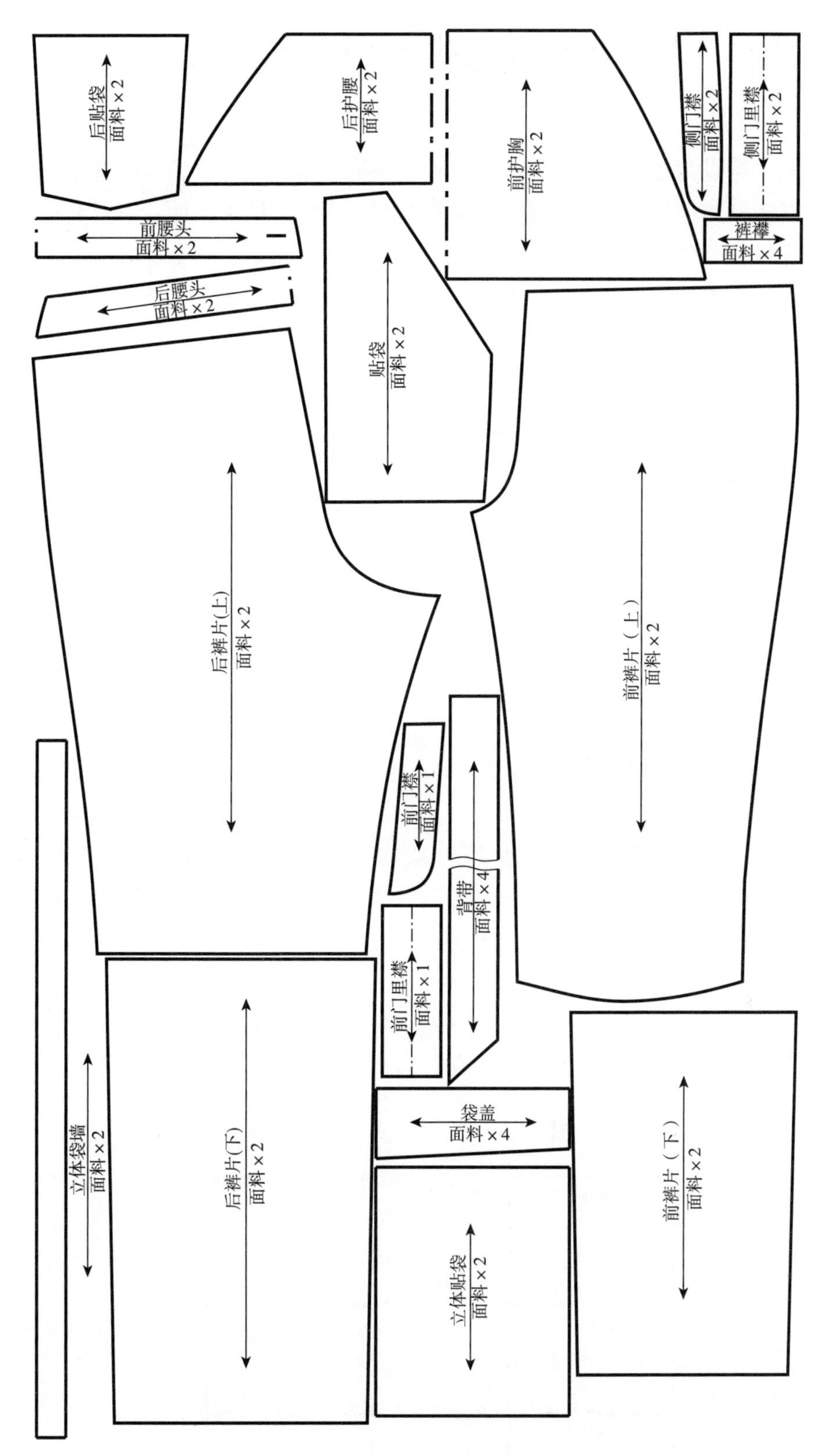

图 2–41　男工装裤纸样分解图

第三章　男上装结构设计原理

男上装结构设计主要包括衣身结构设计、衣袖结构设计和衣领结构设计，其中衣身结构设计是上装整体结构设计的基础，通常衣袖、衣领的结构设计会根据不同的衣身结构而做相应的变化设计。男上装结构设计的复杂性不及女装，这是由男性人体结构特征所决定的，但在功能性设计、程式化要求及结构严谨性等方面则较女装要求更高。

第一节　男上装衣身结构设计原理

男上装衣身结构设计与男性人体体型结构中的胸围、腰围、臀围、颈围、臂根围、肩宽、胸高、背长、腰长等有着紧密关系，也是男上装衣身结构设计是否舒适、合体及款式变化设计的主要部位。

一、男上装衣身结构特点分析

男上装衣身基本是由围拢上身躯干的筒状结构组成。其主要由一个长度（衣长）、两个深度（袖窿深、前后领口深）、三个围度（胸围、腰围、臀围）和四个宽度（领口宽、肩宽、胸宽、背宽）构成，如图 3-1 所示。

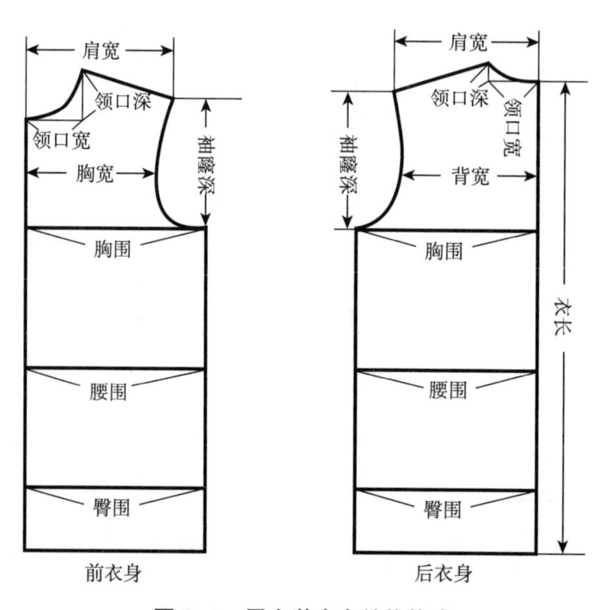

图 3-1　男上装衣身结构构成

男上装衣身主要有前衣身、后衣身、袖窿、领口等主要结构部位，如图 3–2 所示。

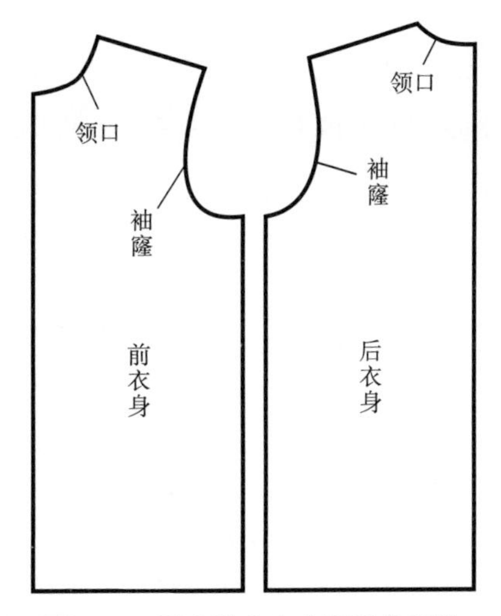

图 3–2　男上装衣身主要结构部位

与人体具有紧密贴合关系的部位主要集中在肩、前胸、后背处，如图 3–3 所示，从正、背、侧三个身位看，胸围至肩部区段、后背肩胛骨至肩部区段为男上装衣身结构设计的主要贴合区位。

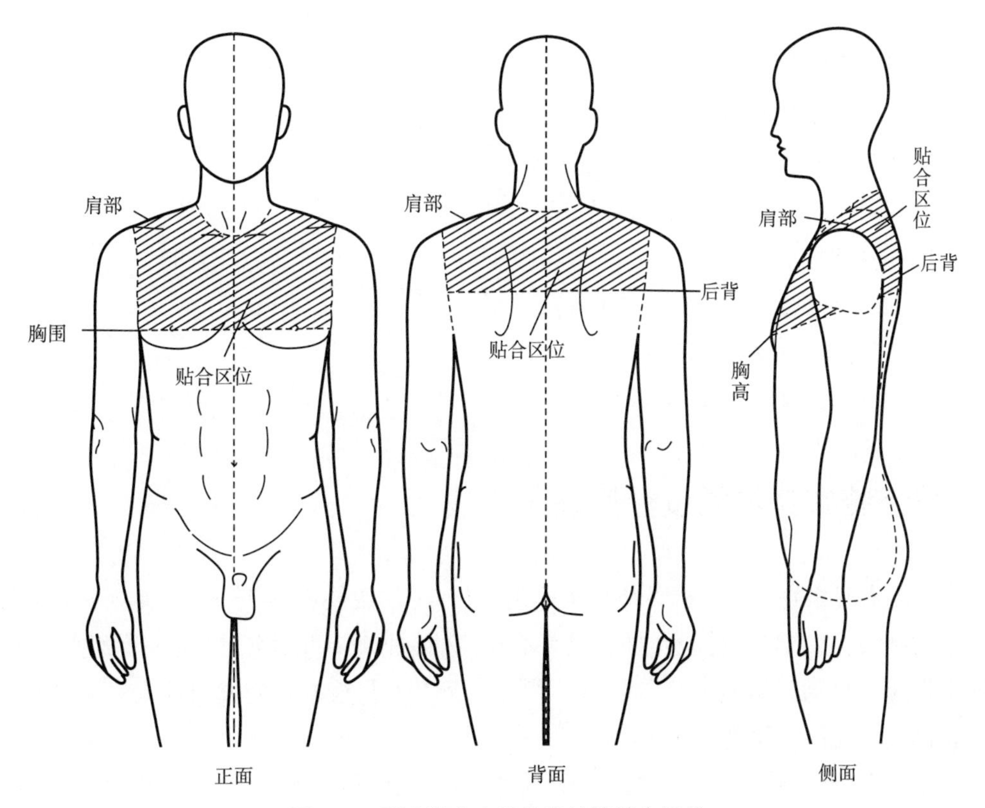

图 3–3　男上装衣身结构设计的贴合区位

二、男上装衣身主要结构形式

（一）按开身结构形式分

男上装衣身结构按开身形式主要有四开身和三开身两种，如图 3–4 所示。其中四开身结构形式采用胸围 /4 计算公式完成结构制图，衣身在整体结构上将胸围围度做四份分割；三开身结构形式采用胸围 /3 计算公式完成结构制图，衣身在整体结构上将胸围围度做三份分割。

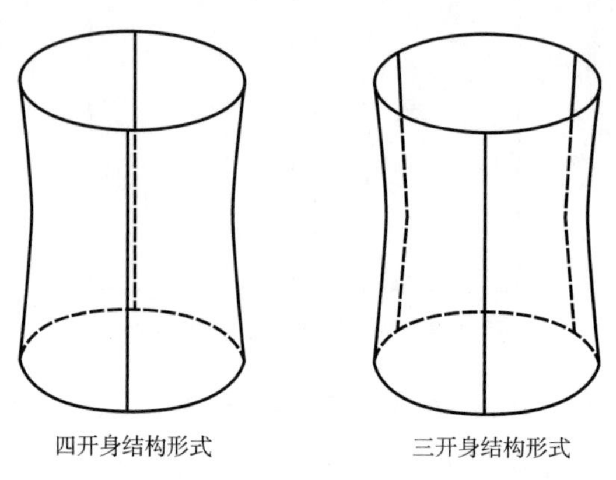

图 3–4　男上装衣身开身结构形式

（二）按廓型分

男上装衣身结构按廓型主要可分为宽身型、较宽身型、较合身型、合身型，不同廓型的变化主要是由胸围围度放量决定的。

其中不同廓型相对应胸围放量设计如下：

（1）宽身型：B^{*}+（≥ 20cm）。

（2）较宽身型：B^{*}+（15 ~ 20cm）。

（3）较合身型：B^{*}+（10 ~ 15cm）。

（4）合身型：B^{*}+（≤ 10cm）。

三、男上装衣身结构设计原理与方法

男上装衣身根据服装款式风格要求采用三开身（如西装）、四开身（如夹克）结构设计，半身结构制图。因男性人体较女性有显著不同，人体曲线转折不突出，尤其胸部并不明显。一般情况下，可通过撇胸，收胸腰省、背省，缩缝工艺等方式完成男性人体上身躯干部位的合体造型设计，如图 3–5 所示。

基于男性人体结构特征，男上装结构设计主要由贴合区和设计区两部分组成，如图3–6所示。

贴合区主要通过撇胸结构设计方式解决上装衣身部分与人体的贴合性；设计区为男上装衣身的造型设计区域，是不同款式造型上装的主要变化设计区。

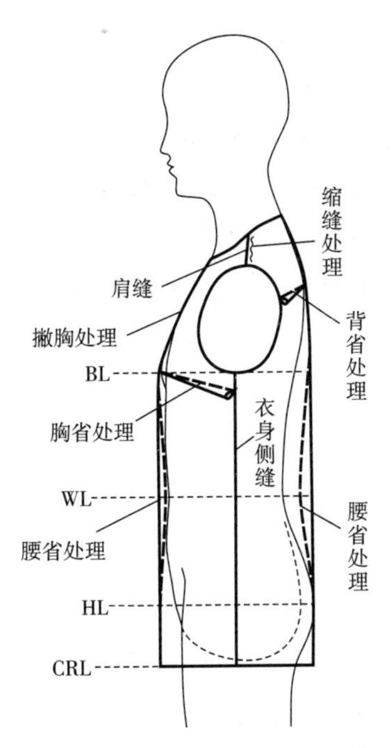

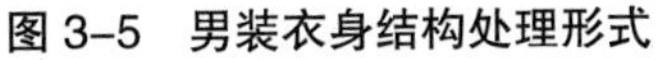
图 3-5　男装衣身结构处理形式

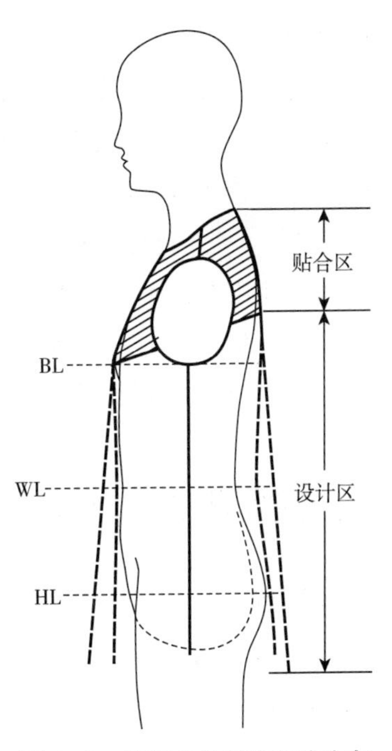

图 3-6　男装衣身设计区域分布

男上装衣身结构的平衡性设计是衣身结构设计的基础和前提，其决定了成衣的最终穿着效果。衣身结构的平衡主要是通过消除因人体胸高、后背肩胛骨凸起等原因而产生的面料浮起余量的解决方式，即通过撇胸，收胸省、背省及省量控制等结构性处理方式，使衣身侧缝垂直、腰围线与人体腰围处于平衡吻合状态，以达到衣身结构的整体平衡稳定，如图 3-7 所示。

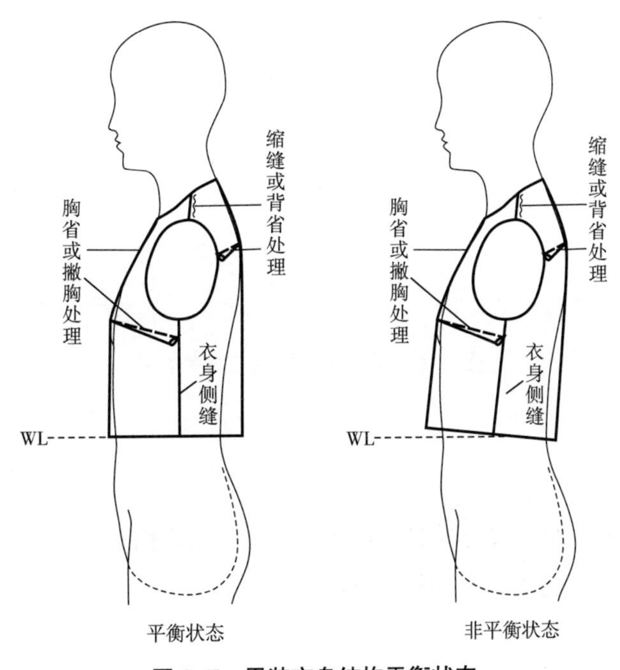

图 3-7　男装衣身结构平衡状态

上装衣身结构设计方法较多，主要有比例法、原型法、基型法等，但无论哪种结构设计方法都要通过公式计算得出相应结构部位的尺寸数据，进而完成结构制图。目前，关于不同衣身结构设计方法的参考书籍较多，这里不做具体介绍，本书结合已有的成熟结构设计方法，提出一种适合实际应用的基本型衣身结构设计方法，基本型衣身覆盖上身躯干胸、腰、臀，衣长及臀沟底线（CRI），衣身松量采用周身净胸围（B^*）+16cm 设计。基本型衣身纸样可作为不同款式上衣结构设计的母板纸样，不同款式上衣在此基础上，通过对衣长、胸围、胸腰差、衣摆围、胸背宽、肩宽、领围、袖窿等细部尺寸作相应增减，即可完成不同款式成衣的纸样设计。

四、男上装基本型衣身结构设计

（一）款式特点

男上装基本型衣身不具有明显的款式风格特征，比较原型衣身的及腰设计，男上装基本型衣身为包裹胸、腰、臀的概括型衣身结构，男上装基本型衣身廓型设计为直身型，前侧缝及后袖窿收省，衣身长及臀底沟处。男上装基本型衣身作为男上装结构设计的母板，更具易用性，如图 3–8 所示。

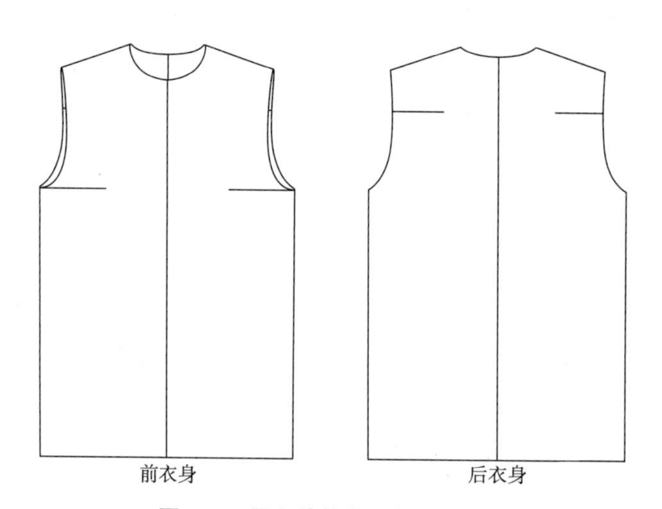

图 3–8　男上装基本型衣身款式图

（二）规格设计

男上装基本型衣身结构设计实例采用 180/96A 号型规格。

（1）衣长：h（身高）×0.4+（6 ~ 8）cm。

（2）胸围（B）：B^*+16cm。

（3）胸宽：1.5B^*/10+5cm。

（4）背宽：1.5B^*/10+6cm。

（5）背长：45cm。

（6）袖窿深：h（身高）/10+9cm。

（7）领宽：$B^*/12+0.5$cm。

（8）胸省：$B^*/40$。

（9）背省：$B^*/40-0.3$cm。

（10）前肩斜度：18°。

（11）后肩斜度：22°。

（三）结构制图

男上装基本型衣身结构制图如图 3–9、图 3–10 所示。

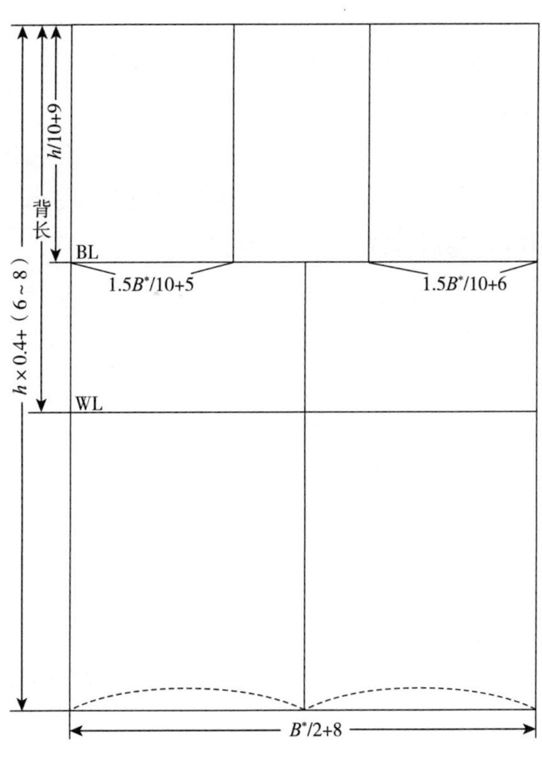

图 3–9　男上装基本型衣身结构框架

（四）结构制图说明

男上装基本型衣身结构设计借鉴东华原型的部分计算公式，采用比例法半身结构制图方式。

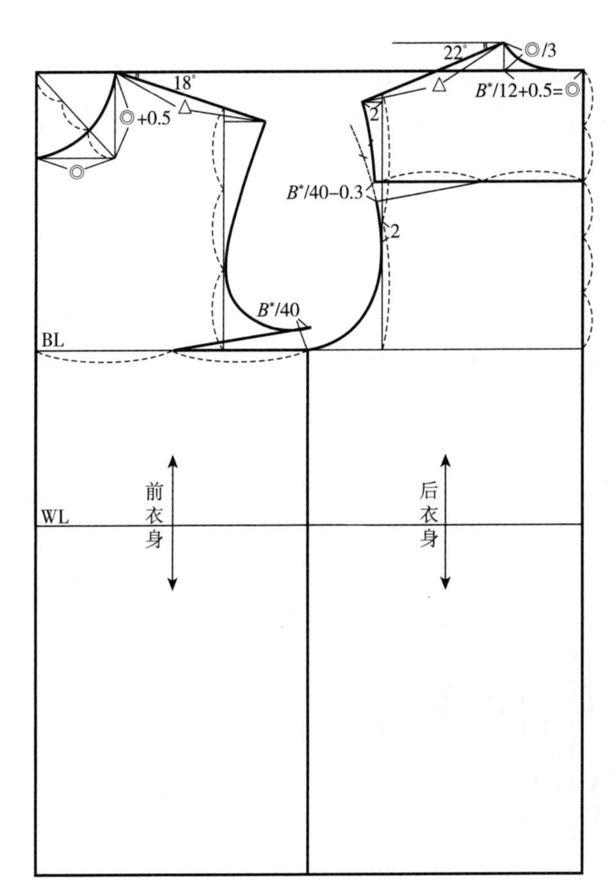

图 3–10　男上装基本型衣身结构制图

1. 男上装基本型衣身结构框架

男上装基本型衣身结构框架如图 3–9 所示。设男上装基本型衣身衣长 $0.4h+$（6~8）cm、胸围 $B^*/2+8$cm、背长 45cm、袖窿深 $h/10+9$cm、胸宽 $1.5B^*/10+5$cm、背宽 $1.5B^*/10+6$cm，完成衣身结构框架设计。

2. 男上装基本型衣身结构制图

男上装基本型衣身结构制图如图 3–10 所示。

（1）作前、后领口：设 $B^*/12+0.5$cm 为前、后领口宽◎，前领深 = ◎ +0.5cm、后领深取◎ /3，画顺前、后领口弧线。

（2）作肩斜线：取前肩斜度为 18°、后肩斜度为 22° 作前、后肩斜线，后肩斜线过背宽线延长 2cm 为后小肩宽“△”，前小肩宽与后小肩宽等长。

（3）作后背省：取 2/5 后领中点至胸围线作背宽横线，背宽横线中点为后背省尖点，设 $B^*/40-0.3$cm 为后背省量，作后背省，画顺后袖窿弧线。

（4）作前胸省：取前胸围中点为前胸省尖点，设 $B^*/40$ 为前胸省量，作前胸省，画顺前袖窿弧线。

（五）纸样分解图

男上装基本型衣身纸样分解如图 3-11 所示。

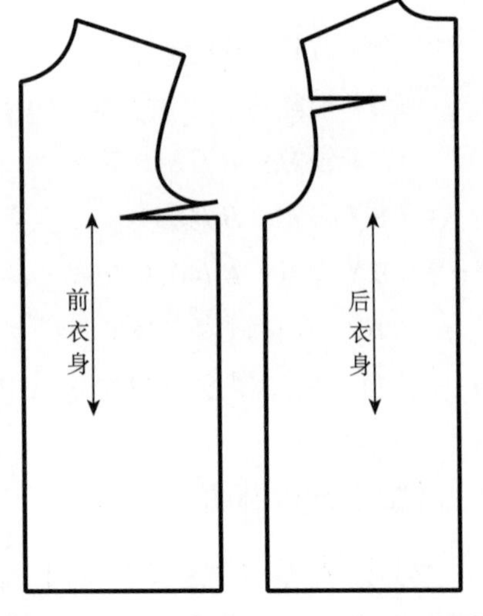

图 3-11　男上装基本型衣身纸样分解图

第二节　男上装衣袖结构设计原理

衣身袖窿与衣袖袖山具有紧密的匹配关系，也是上装结构设计的重点，衣袖结构设计应与衣身结构造型协调，同时，衣袖结构设计也关系到上装衣身结构的外观平衡性与穿着舒适性。

一、男上装衣袖结构特点分析

上装衣袖由袖山、袖身两部分组成，是包裹人体上臂、前臂的筒状结构。其主要由袖山、袖肥、袖长三个结构构成，与衣身袖窿弧具有匹配对应关系。与人体胸围、肩、臂结构具有紧密关系，如图 3-12 所示。

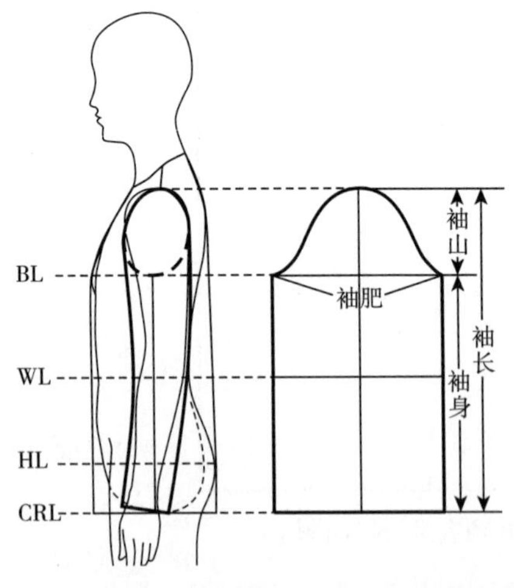

图 3-12　男装衣袖结构与衣身、人体构成关系

衣袖袖山与衣身袖窿有紧密关联性，如图 3-13 所示。

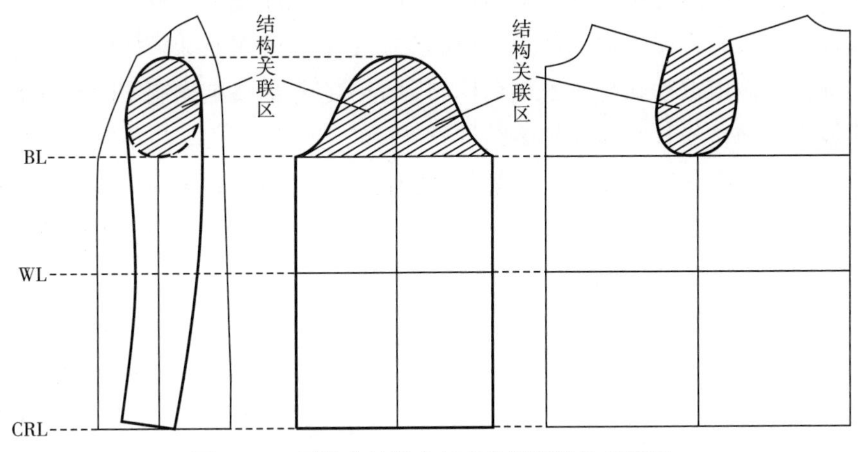

图 3-13　男装衣袖袖山与衣身袖窿结构关联区

二、男上装衣袖主要结构形式

上装衣袖从主要结构形式看，主要有一片袖、两片袖、插肩袖、连身袖，如图 3-14 所示。

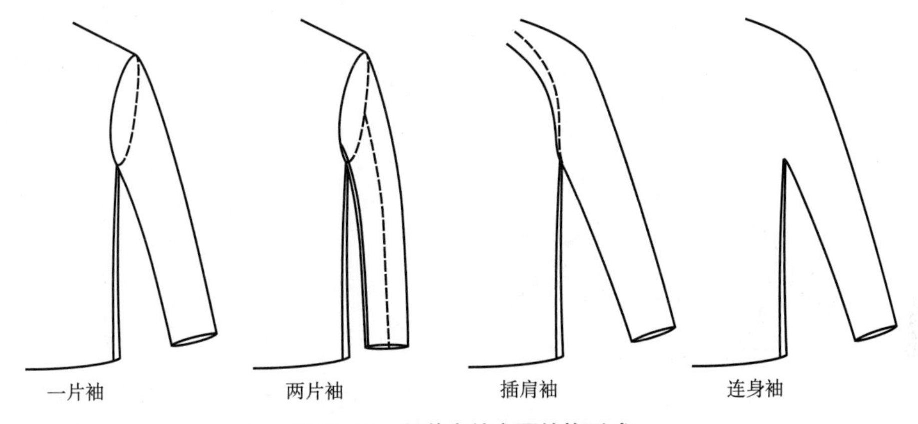

图 3-14　男装衣袖主要结构形式

男上装衣袖从与衣身组合构成关系看，主要有圆装袖和非圆装袖两种，一片袖、两片袖属于圆装袖形式，插肩袖、连身袖属于非圆装袖形式。

男上装衣袖从结构造型看，主要有合体型衣袖、舒适型衣袖和宽松型衣袖，不同结构造型衣袖应与衣身结构造型具有匹配协调关系。

三、男上装衣袖结构设计原理与方法

男上装衣袖结构设计的重点在袖山结构与衣身袖窿的匹配设计，衣身袖窿造型形式及袖窿弧长是衣袖袖山结构设计的前提和依据，主要有利用公式直接制图和依据袖窿配置制图两种。公式制图是运用基于胸围尺寸的计算公式加变量参数的形式完成衣袖结构设计，这种方式具有方便快捷的特点，但需要一定的经验才能准确把握其结构设计的合理性和准确性。而依据袖窿配置衣袖结构制图是在衣身袖窿结构制图的基础上，利用袖窿结构完成衣袖结构设计，对于男装结构设计而言，这种方式首先要完成衣身袖窿省的合并处理，然后依据袖窿造型完成衣袖的结构设计，这种方式无须公式计算，对于袖山与袖窿的匹配处理更加直观、准确。基于依据袖窿配置衣袖结构的技术优势，本书重点介绍此种形式的衣袖结构设计原理和方法。

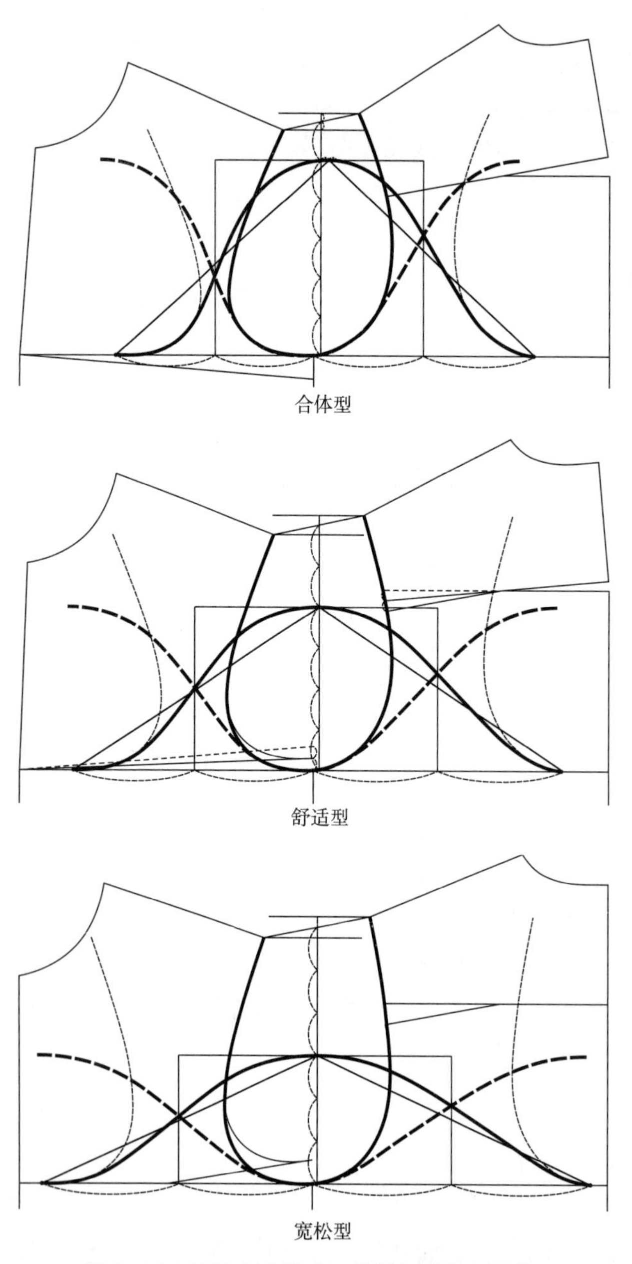

图 3–15　男装衣袖袖山、袖肥与袖窿匹配关系

衣袖结构设计主要涉及袖窿弧长与袖山弧长的匹配、袖山高与袖肥的比例变化、袖型设计与衣身造型的协调关系，设计要素包括袖窿弧长、袖山弧长、袖山高、袖肥、袖长、袖口宽等结构数据。衣袖结构设计的重点部位在袖山，袖山结构设计的依据是衣身袖窿结构造型，不同风格的袖窿结构对衣袖结构设计具有直接的关联性。AH（袖窿弧长）/3作为基本袖型袖山高计算公式，是经过长期实践和理论总结后对袖窿与袖山比进行优化的结果，以此公式计算所得出的袖山与袖肥比所塑造出的袖子造型与衣身袖窿夹角为45° 左右，从人体工程学角度看，能够基本满足人体动、静态对袖子合体度和舒适性方面的需求。但是，对于不同风格袖型而言，此方法需在AH/3公式基础上做经验性调整，这对于初学者具有一定难度。

基于袖窿结构造型配置完成衣袖结构设计，主要是对袖山结构进行造型设计，此方法具有更加直观、准确、匹配度高等特点，如图 3–15 所示。

这种关联性还体现在袖山、袖肥的比例关系变化与合体型、舒适型和宽松型等风格类型衣身袖窿结构的匹配，如匹配合体型袖窿结构，其衣袖袖山增高、袖肥减小；匹配宽松型袖窿结构，其衣袖袖山降低、袖肥加大，衣袖袖山与袖肥具有反比例关系，如图 3–16 所示。

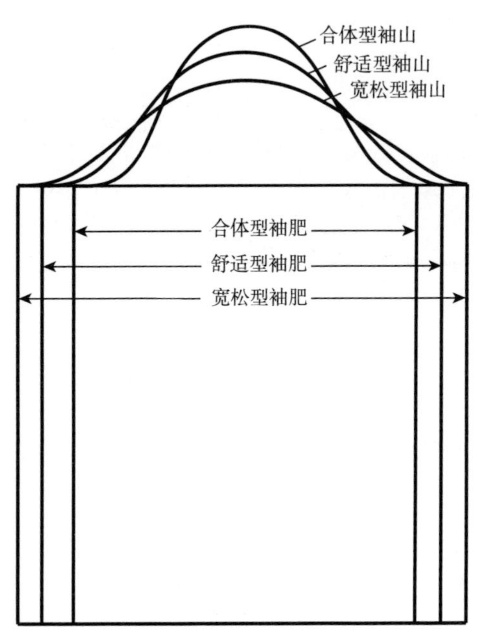

图 3–16　男装衣袖袖山、袖肥的反比例关系

袖山与袖肥的不同比例关系决定了衣袖造型风格的不同。如袖山越高，袖肥越瘦，衣身、衣袖夹角小，衣袖合体度越高，穿着舒适性越低；袖山越低，袖肥越肥，衣身、衣袖夹角大，衣袖合体度降低，穿着舒适性提高，如图 3–17 所示。

一般而言，运动休闲类服装配置低袖山结构衣袖，以增加动态活动的舒适性；礼仪职业类服装配置高袖山结构衣袖，以追求着装的静态合体性。对于如何优化处理穿着合体性和服用舒适性的矛盾关系，也是衣袖结构设计的重点研究课题。

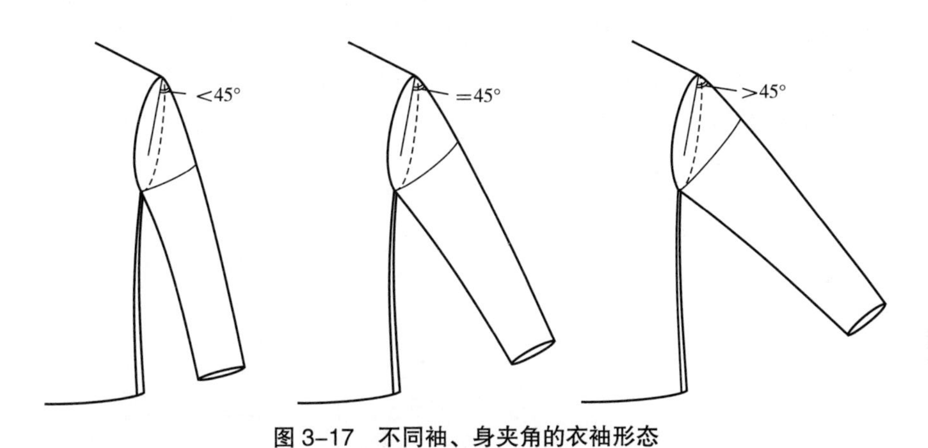

图 3–17　不同袖、身夹角的衣袖形态

四、男上装基本型衣袖结构设计

男上装基本型衣袖包括一片袖、两片袖、插肩袖和连身袖四种基本结构形式。其中一片袖为圆装袖的基础袖型，插肩袖为非圆装袖的基础袖型。

（一）袖山结构设计

袖山是衣袖结构设计的重点，袖山与衣身袖窿具有紧密的关联关系，不同造型的袖

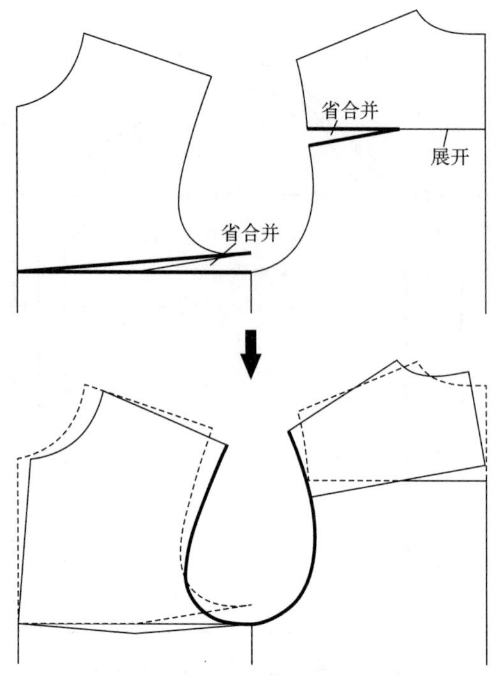

图 3-18　合体型衣身袖窿处理

窿决定着袖山结构的造型形式。同时，不同袖山结构造型形式对穿着舒适性或合体性具有决定性影响。

1. 合体型袖山结构设计

合体型袖山结构设计以衣身袖窿为基础。首先将衣身前胸省、后背省作合并处理，重新画顺前、后袖窿弧线，如图 3-18 所示。

作前、后肩端点之间的水平线，连接前、后肩端点，取前、后肩端点中点作垂线至胸围线，取前、后肩端点落差的 1/2 至胸围线作 6 等分，取 5/6 为合体型袖山高，如图 3-19 所示。

基于合并袖窿省后的袖窿弧，分别量取前、后袖窿弧长（AH），以袖山顶点 *D* 为原点分别取前 AH、后 AH+0.5cm 作袖山斜线至衣身胸围线 *A*、*B* 两点，*A*、*B* 两点间距离即为合体型衣袖袖肥。衣身侧缝线与胸围线交点 *C* 为袖窿底点，分别取前袖肥 *A*–*C*、后袖肥 *B*–*C* 的中点作垂线至袖山顶点水平线，将前、后袖肥中点垂线作 5 等分，再将 5 等分中间区段作 3 等分，其中后袖肥垂线中的上 1/3、前袖肥垂线中的下 1/3 之间的 *E* 区间为袖山弧线转折调整区间，具体合体型衣袖袖山结构制图步骤和方法如图 3-19 所示。

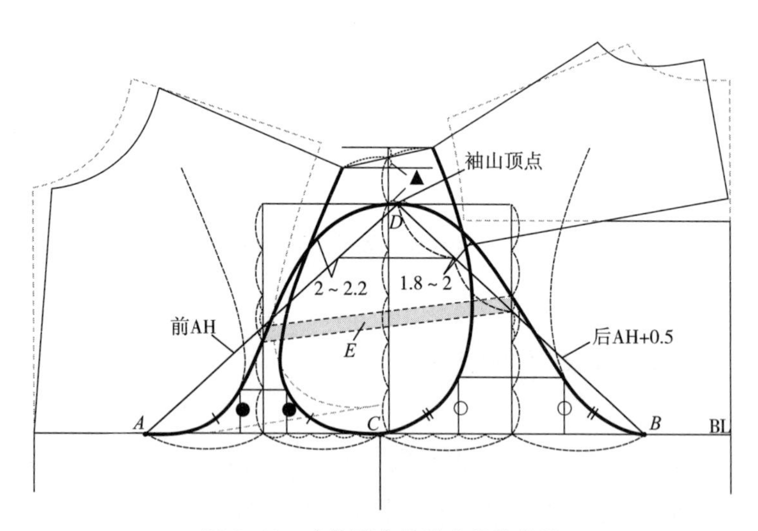

图 3-19　合体型衣袖袖山结构设计

2. 舒适型袖山结构设计

舒适型袖山结构设计以衣身袖窿为基础。首先将衣身前胸省、后背省作 1/2 合并处理，重新画顺前、后袖窿弧线，如图 3–20 所示。

作前、后肩端点之间的水平线，连接前、后肩端点，取前、后肩端点中点作垂线至胸围线，取前、后肩端点落差的 1/2 至胸围线作 6 等分，取 4/6 为舒适型袖山高，如图 3–21 所示。

基于合并袖窿省后的袖窿弧，分别量取前、后袖窿弧长（AH），以袖山顶点 D 为原点分别取前 AH–0.5cm、后 AH 作袖山斜线至衣身胸围线 A、B 两点，A、B 两点间距离即为舒适型衣袖袖肥。衣身侧缝线与胸围线交点 C 为袖窿底点，分别取前袖肥 A–C、后袖肥 B–C 的中点作垂线至袖山顶点水平线，将前、后袖肥中点垂线作 5 等分，再将 5 等分中间区段作 3 等分，其中后袖肥垂线中的上 1/3、前袖肥垂线中的下 1/3 之间的 E 区间为袖山弧线转折调整区间，具体舒适型衣袖袖山结构制图步骤和方法如图 3–21 所示。

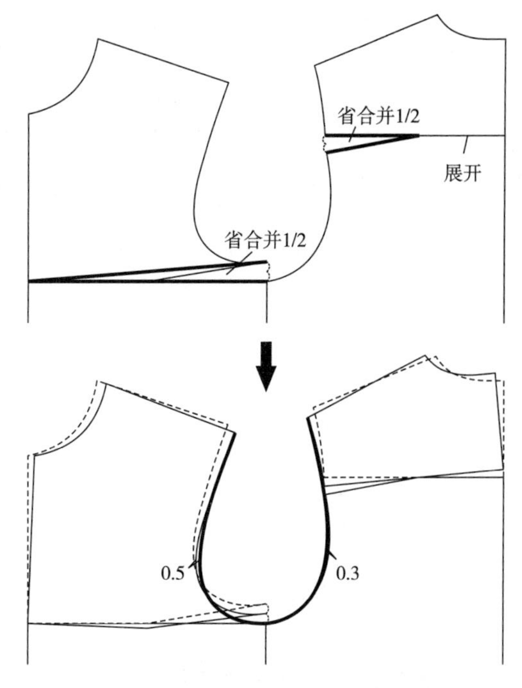

图 3–20　舒适型衣身袖窿处理

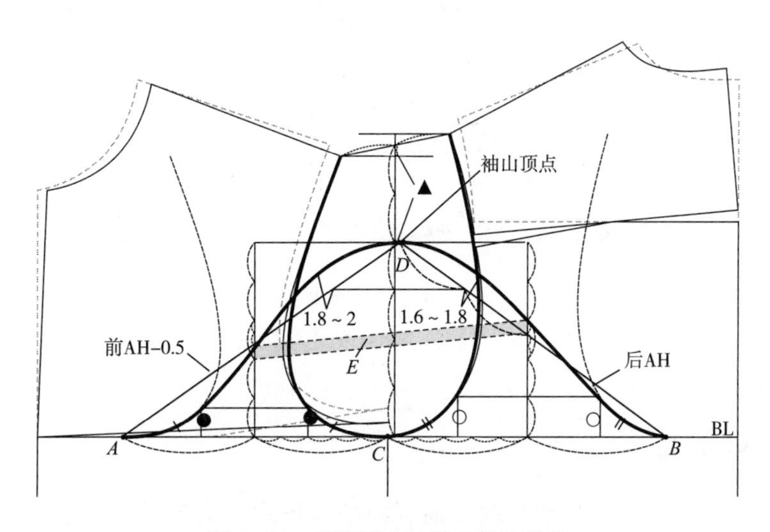

图 3–21　舒适型衣袖袖山结构设计

3. 宽松型袖山结构设计

宽松型袖山结构设计以衣身袖窿为基础。将衣身前胸省、后背省作融入袖窿弧处理，重新画顺前、后袖窿弧线，如图 3–22 所示。

作前、后肩端点之间的水平线，连接前、后肩端点，取前、后肩端点中点作垂线至胸围线，取前、后肩端点落差的 1/2 至胸围线作 6 等分，取 3/6 为宽松型袖山高，如图 3–23

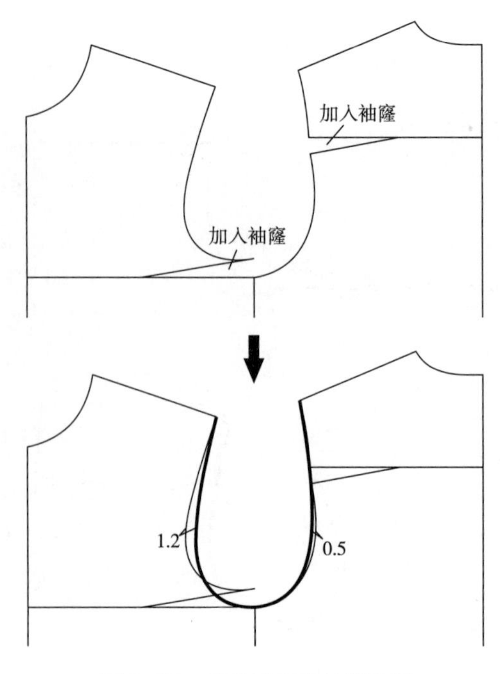

图 3-22　宽松型衣身袖窿处理

所示。

基于重新画顺的袖窿弧，分别量取前、后袖窿弧长（AH），以袖山顶点 *D* 为原点分别取前 AH–1cm、后 AH–0.5cm 作袖山斜线至衣身胸围线 *A*、*B* 两点，*A*、*B* 两点间距离即为宽松型衣袖袖肥。衣身侧缝线与胸围线交点 *C* 为袖窿底点，分别取前袖肥 *A–C*、后袖肥 *B–C* 的中点作垂线至袖山顶点水平线，将前、后袖肥中点垂线作 5 等分，再将 5 等分中间区段作 3 等分，其中后袖肥垂线中的上 1/3、前袖肥垂线的中间 1/3 之间的 *E* 区间为袖山弧线转折调整区间，具体宽松型衣袖袖山结构制图步骤和方法如图 3–23 所示。

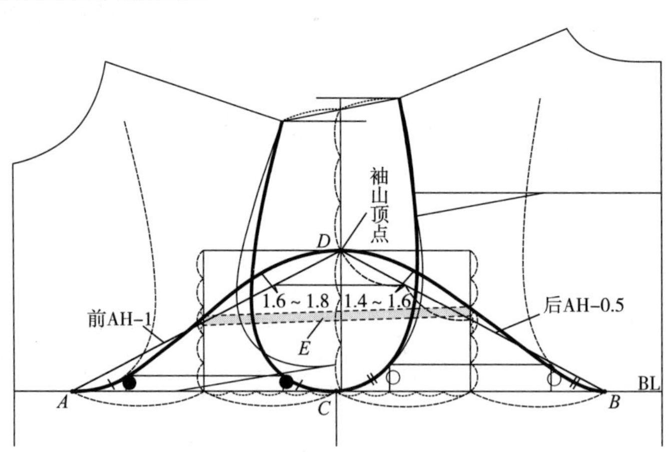

图 3–23　宽松型衣袖袖山结构设计

（二）袖身结构设计

袖身从结构上可分为一片袖和两片袖两种结构形式，从造型上可分为直身袖和弯身袖两种造型形式。一般而言，直身袖造型的袖子采用一片袖结构形式，而弯身袖则需在一片袖的基础上作纵向分割并完成弯势造型设计，再转换为两片袖结构形式，以实现袖身的弯势造型需要，如图 3–24 所示。

1. 直身型一片袖袖身结构设计

直身型一片袖袖身结构设计可以舒适型袖山结构为基础，袖长设定以实际号型尺寸为准。分别过 *A*、*B* 袖肥点作垂线至袖口线（CWL），过前袖肥 *AC* 中点作垂线至袖口线（CWL）、

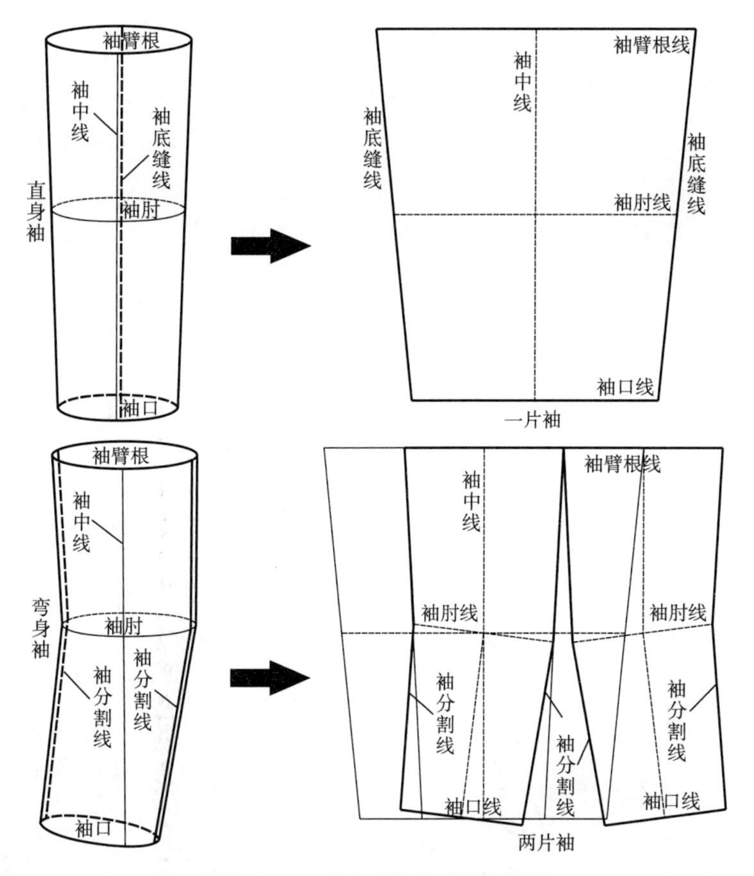

图 3-24　袖身结构与造型形式

过后袖肥 BC 中点作垂线至袖口线（CWL），分别取前、后两垂线间的1/2点 A'–B' 为袖口宽，连线 A–A'、B–B' 为直身型一片袖袖底缝线，如图 3-25 所示。

直身型一片袖纸样分解图如图 3-26 所示。

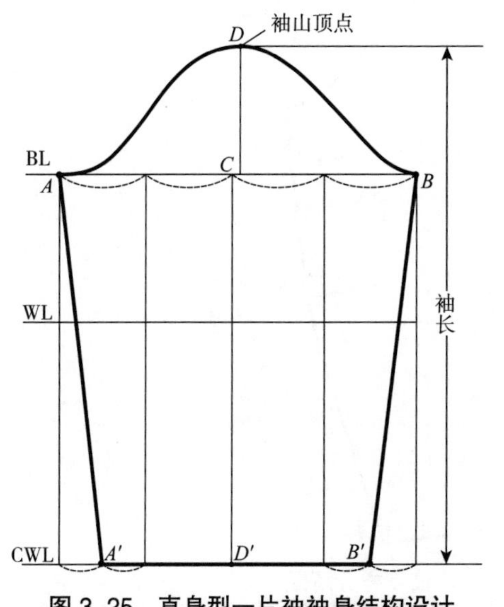

图 3-25　直身型一片袖袖身结构设计

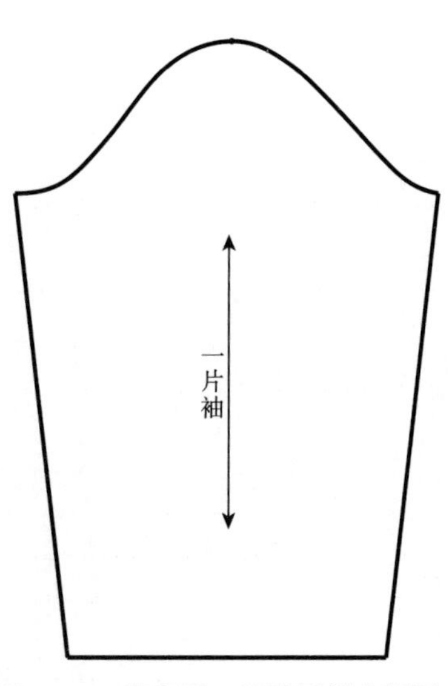

图 3-26　直身型一片袖纸样分解图

2. 弯身型一片袖袖身结构设计

以直身型一片袖袖身作为弯身型一片袖袖身结构设计的基础。将直身型一片袖袖身*ABCD*以*O*点为原点旋转至*A'B'C'D'*，将直身型一片袖袖身*BEFC*以*B*点为原点旋转至*B'E'F'C''*，如图3–27①所示。

画顺弯身型一片袖袖身的袖底缝线及袖口线，后袖肘处设袖肘省△，如图3–27②所示。

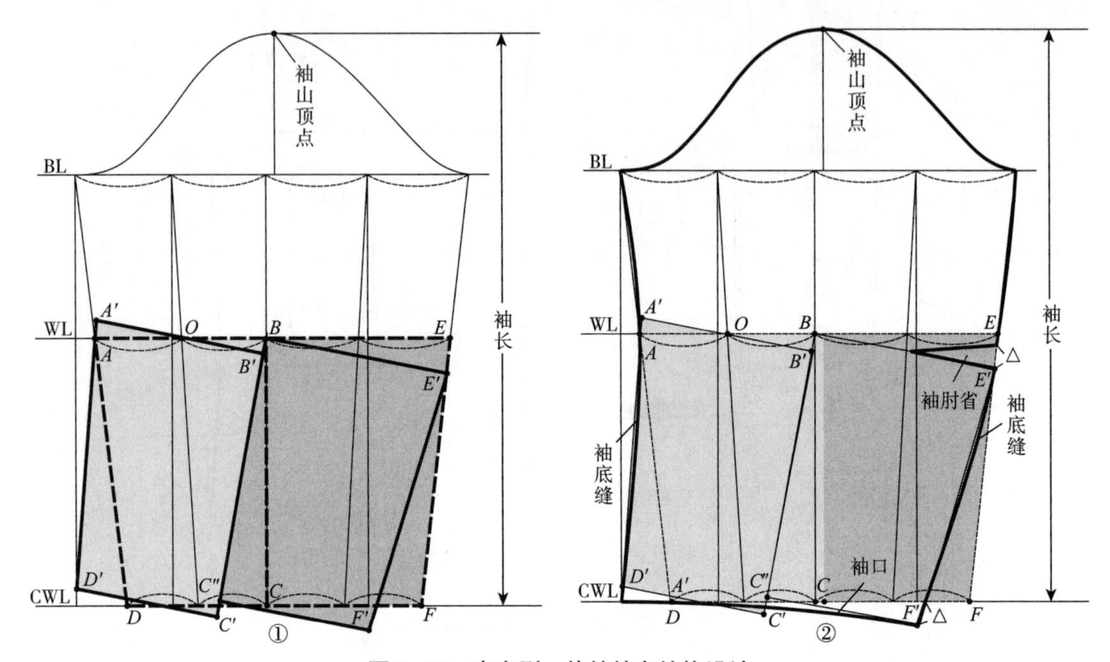

图3–27 弯身型一片袖袖身结构设计

弯身型一片袖纸样分解图如图3–28所示。

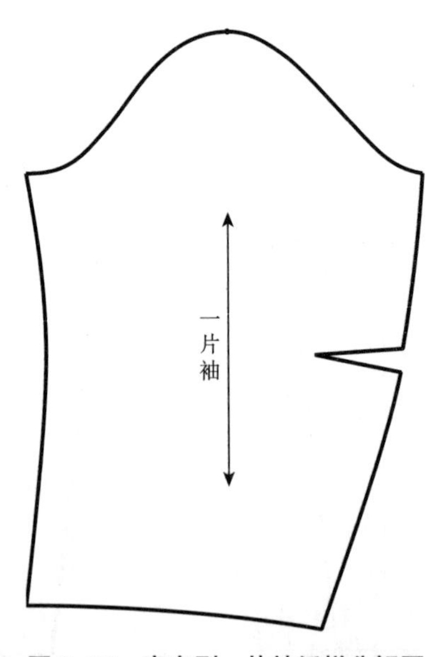

图3–28 弯身型一片袖纸样分解图

3. 弯身型两片袖袖身结构设计

弯身型两片袖袖身是西装等制服类服装的基本袖型，衣袖由大、小两个袖片构成，合体、修身是两片袖的基本特征，衣袖弯势、前势、靠势是两片袖结构设计的重点。

弯身型两片袖袖身结构设计以合体型袖山结构为基础。取一片袖前、后袖肥中点作垂线分别为两片袖大、小袖片分割的基准线，基于前袖肥分割基准线作 2.5cm 大、小袖前偏袖线，袖肘处缩进 1.5cm 作袖身弯势。后偏袖线设计以后袖肥分割线为基准，基于后袖山斜线取 0.7cm 为大、小袖片袖山弧线分割点，结构设计图中 0.5cm 为可变量参数。袖口宽以 2/3 半袖肥为基本参数，袖口线分别垂直于前、后袖偏袖线。弯身型两片袖袖身结构设计具体步骤和方法如图 3–29 所示。

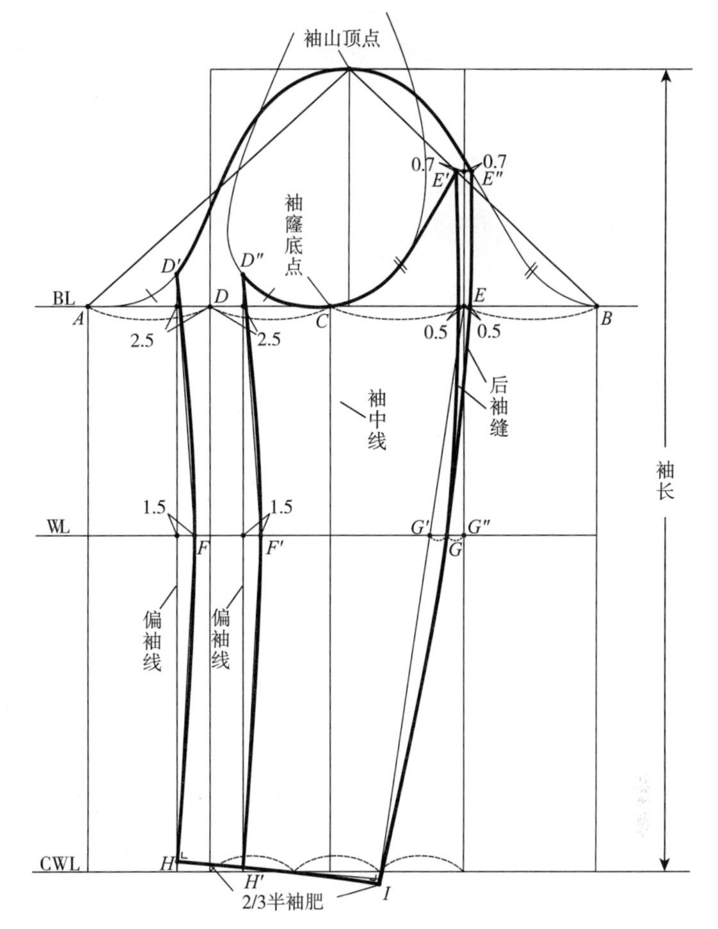

图 3–29　弯身型两片袖袖身结构设计

弯身型两片袖纸样分解图如图 3–30 所示。

（三）插肩袖结构设计

插肩袖是一种典型的非圆装袖结构形式，在休闲、运动类服装中应用比较广泛，其袖、身在形式上虽为分属状态，但从结构上看仍为袖、身连属的连身袖结构形式。袖山高低与袖中线倾角决定了插肩袖的结构造型变化，袖山高、倾角小，插肩袖舒适性降低、合体度提高；袖山低、倾角大，插肩袖舒适性提高、合体度降低。

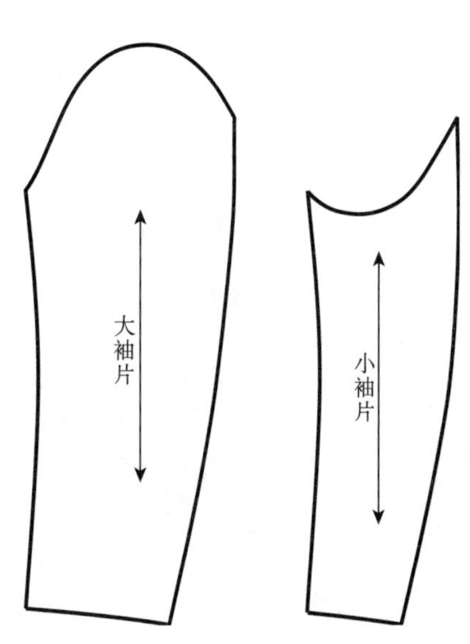

图 3–30　弯身型两片袖纸样分解图

插肩袖结构设计仍以衣身袖窿为设计基础，根据插肩袖造型要求，对前胸省、后背省可做预处理，以宽松型插肩袖为例，衣身前胸省、后背省可不做合并处理，如图 3-31 ①所示。

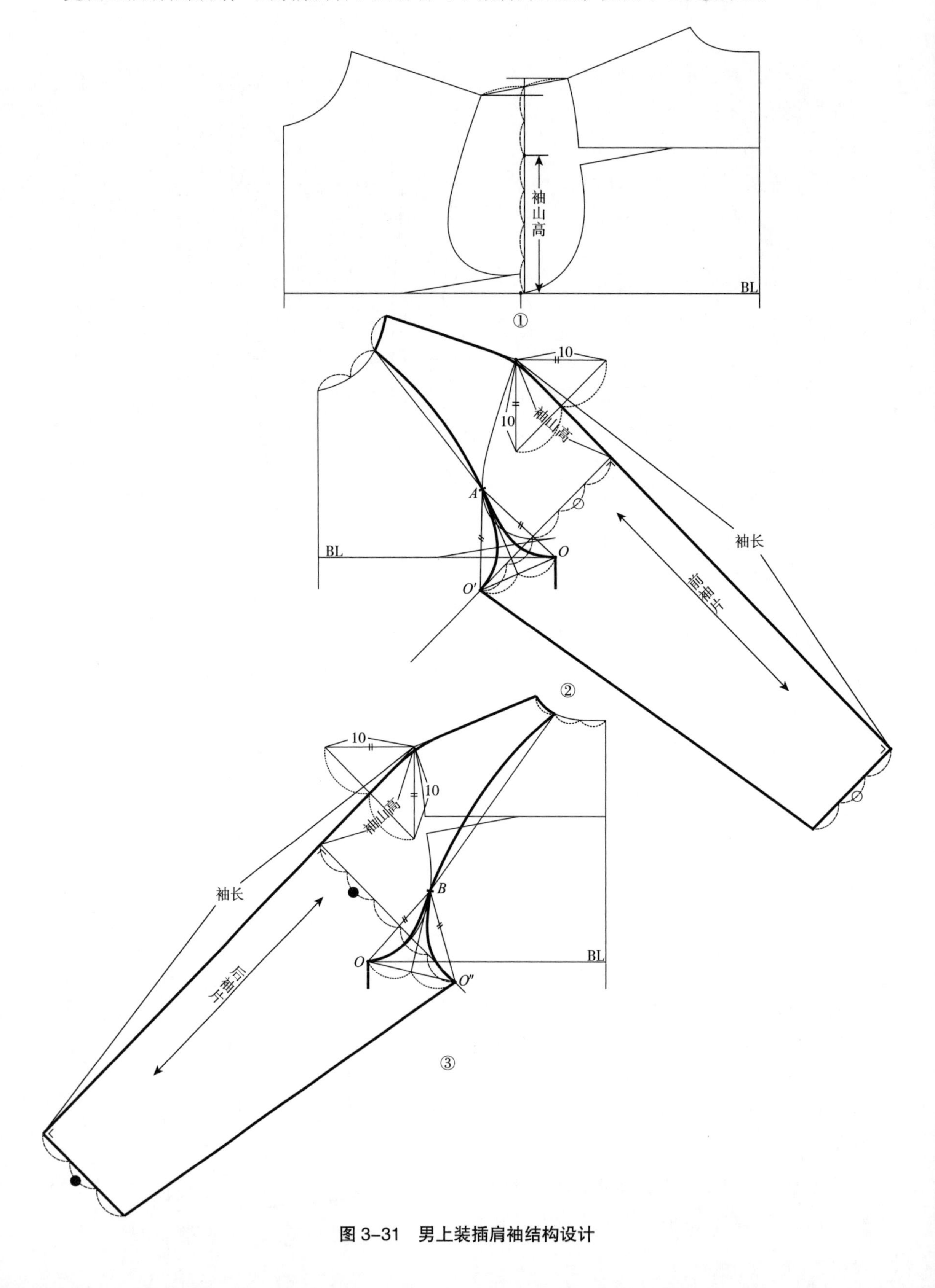

图 3-31　男上装插肩袖结构设计

过前、后肩端点作 10cm 等腰三角形，取三角形斜边中点设定前、后插肩袖袖中线倾角，过前、后肩端点沿袖中线量取袖山高，作袖肥线，如图 3–31 ②、③所示。

取前衣身袖窿省省边点 *A* 为前袖、身对位符合点，过 *A* 点连直线至衣身袖窿底点 *O*，量取 *AO*，设 *AO* 等于 *AO′*，*AO′* 交于袖肥线上，画顺插肩袖分割线及袖窿、袖山底弧线，如图 3–31 ②所示。

取后衣身袖窿弧线 *B* 点为后袖、身对位符合点，过 *B* 点连直线至衣身袖窿底点 *O*，量取 *BO*，设 *BO* 等于 *BO″*，*BO″* 交于袖肥线上，画顺插肩袖分割线及袖窿、袖山底弧线，如图 3–31 ③所示。

前、后插肩袖袖口宽分别取其袖肥的 3/5，连接袖底缝，设插肩袖纱向平行于袖中缝线，如图 3–31 ②、③所示。

插肩袖纸样分解如图 3–32 所示。

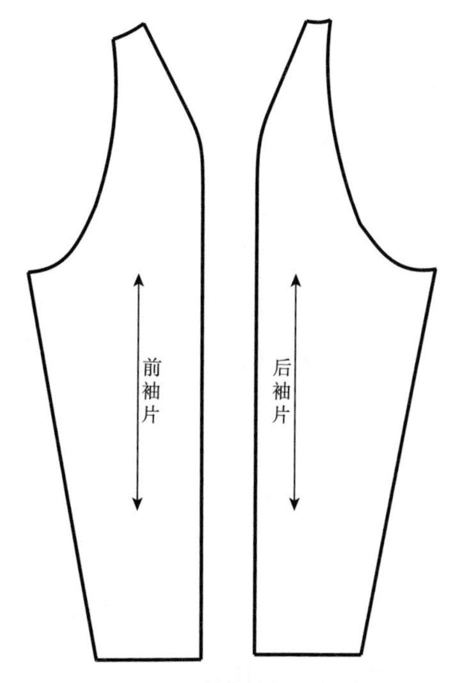

图 3–32　男上装插肩袖纸样分解图

（四）连身袖结构设计

连身袖为袖、身连属结构形式。连身袖结构制图以插肩袖结构设计为基础，连身袖可概况为两种形式，即衣身分割形式和衣袖分割形式，具体结构制图步骤与方法如图 3–33、图 3–35 所示。

1. 衣身分割形式

衣身分割形式连身袖结构设计如图 3–33 所示，纸样分解如图 3–34 所示。

2. 衣袖分割形式

衣袖分割形式连身袖结构设计如图 3–35 所示，纸样分解如图 3–36 所示。

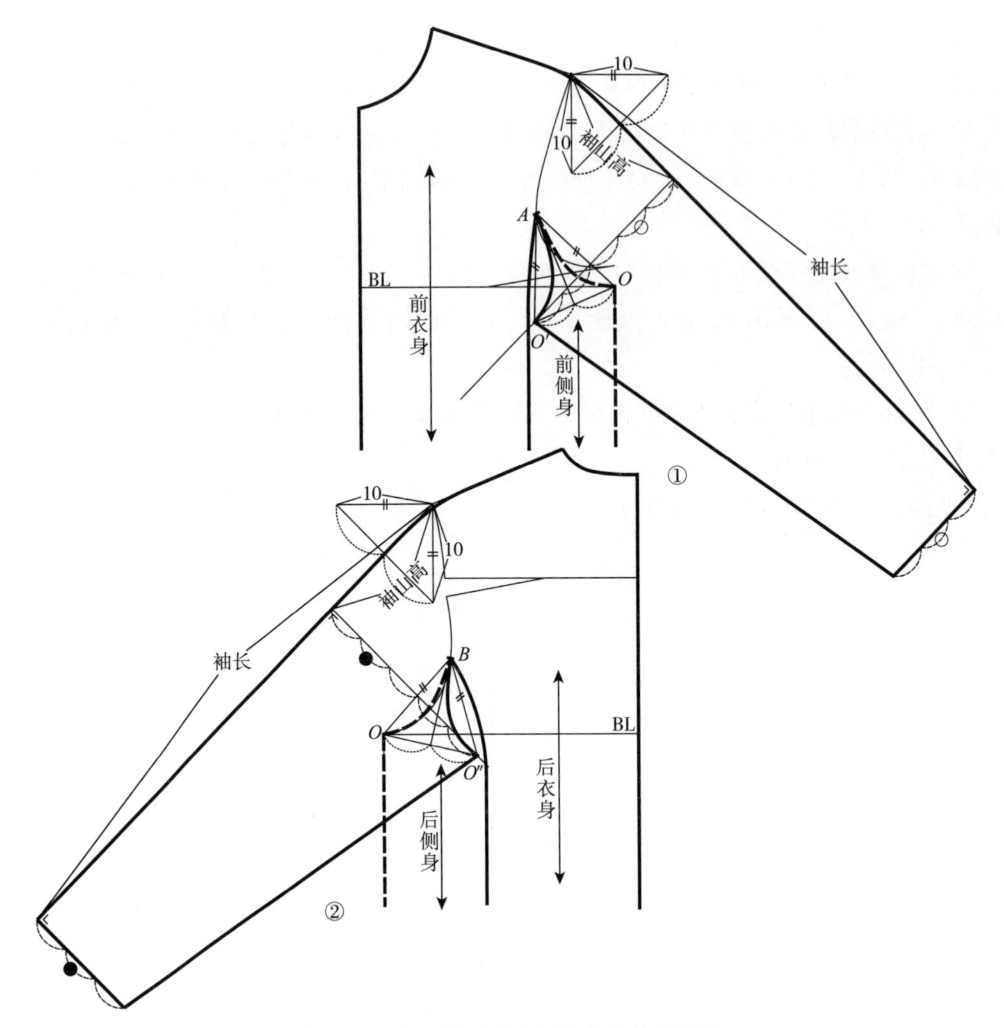

图 3-33　男上装衣身分割连身袖结构设计

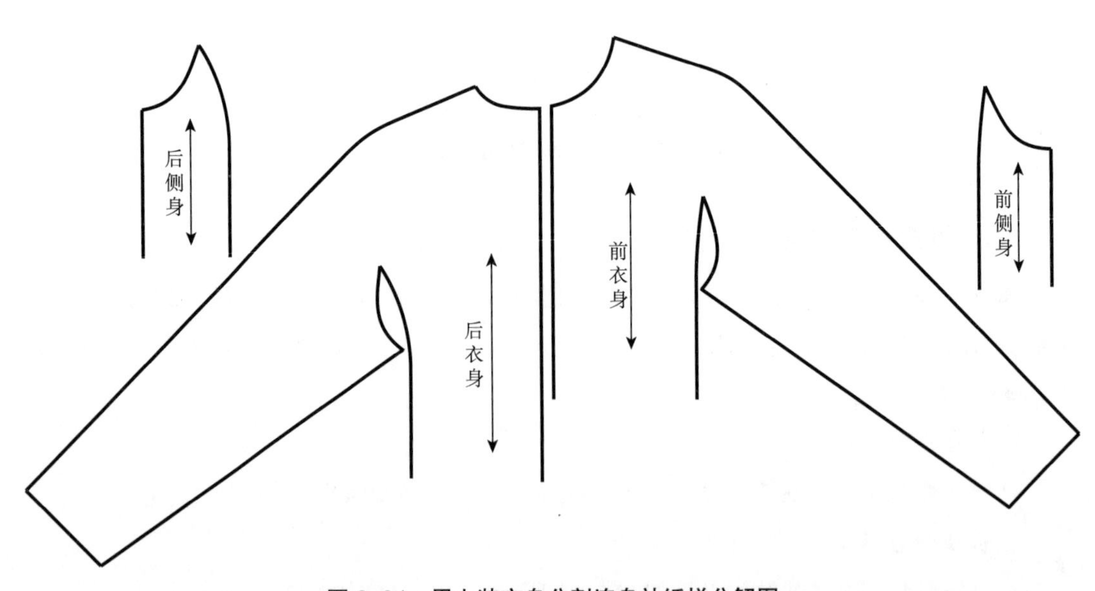

图 3-34　男上装衣身分割连身袖纸样分解图

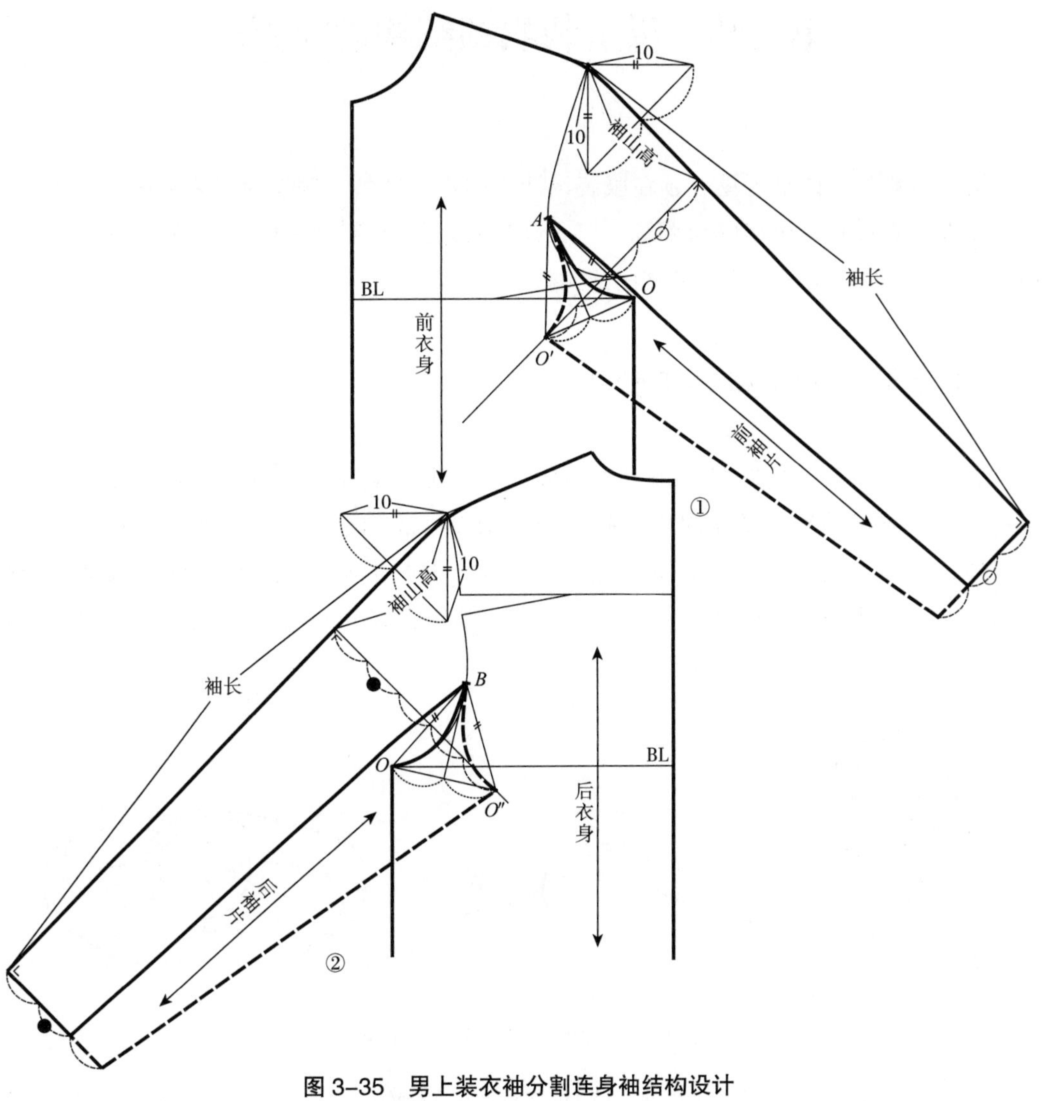

图 3-35　男上装衣袖分割连身袖结构设计

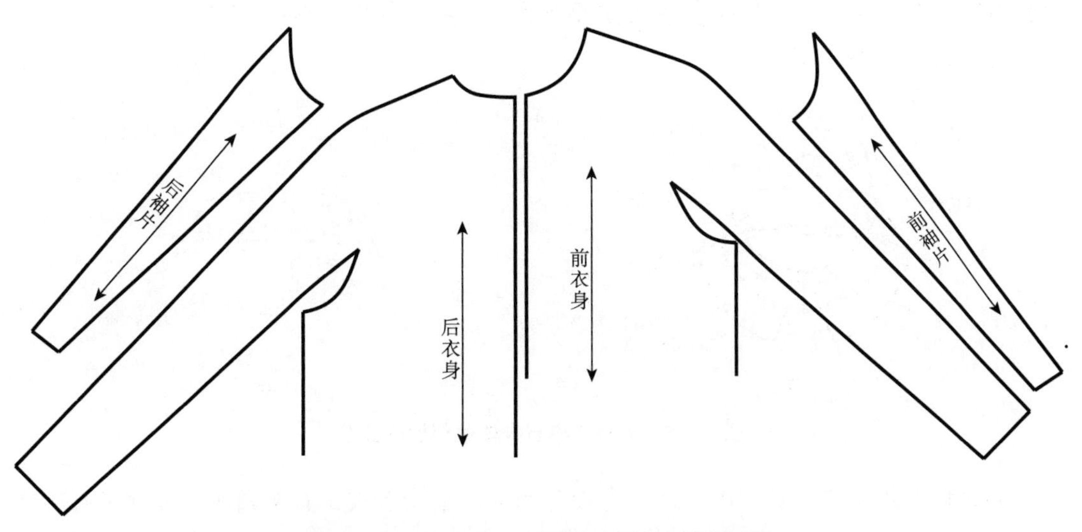

图 3-36　男上装衣袖分割连身袖纸样分解图

第三节　男上装衣领结构设计原理

从"领袖"一词足可见衣领在服装设计中的重要性，衣领作为服装结构部件之一，主要体现于衣身款式风格的协调统一。衣领与人体颈部结构特征具有紧密关联性，同时在结构上与衣身领口具有不可忽视的连属关系。

一、男上装衣领结构特点分析

上装衣领结构包括领口、领身两部分，领口虽然从属于衣身，但同袖窿与衣袖的关系一样，衣身的领口结构对衣领的领身结构设计起到至关重要的作用。衣领结构造型多样，针对不同的领型，其结构也有所不同，但归纳起来无不与人体颈部结构特征关系紧密，人体颈部的前倾柱状形态决定了衣领领身部分的基本造型形态，如图 3–37 所示。

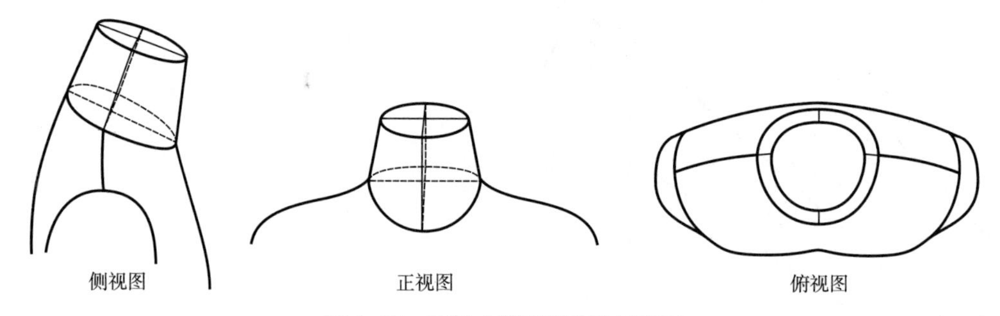

图 3–37　男性人体颈部结构示意图

男上装衣领主要由领口、领座、翻领等结构要素构成，其中衣领的下口线与衣身领口具有匹配对应关系，领座是包裹人体颈部的主要结构部件，翻领是衣领的主要变化设计要素，如图 3–38 所示。

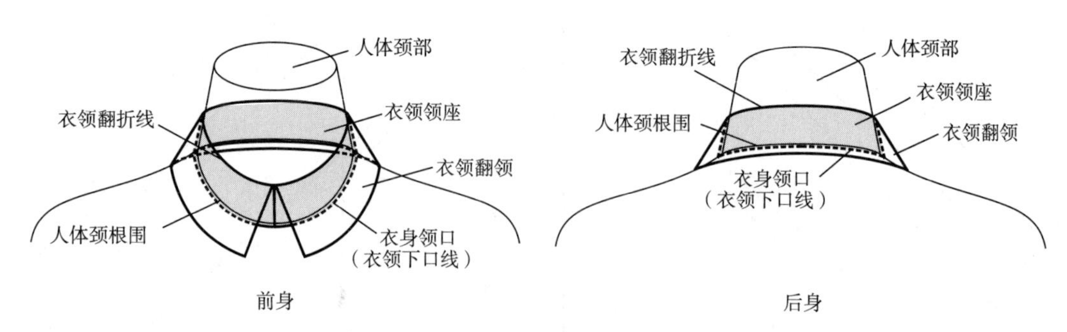

图 3–38　衣领结构与人体颈部构成关系

如果将衣领领座、翻领由立体状态展开为平面结构形式，衣领领座与翻领具有反翘对应关系，这是由人体颈部上、下围度差异决定的，如图 3–39 所示。

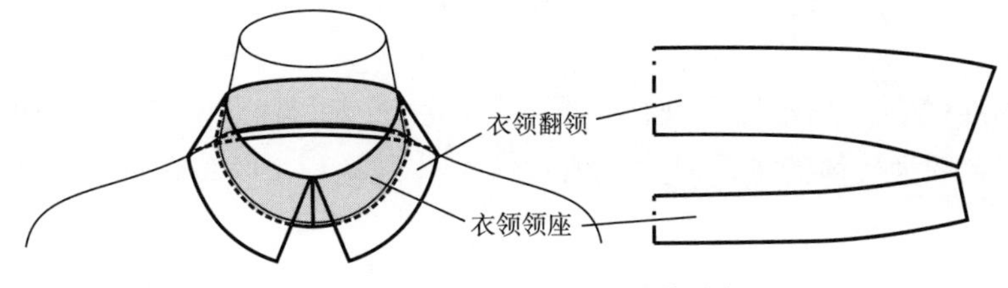

图 3–39　衣领领座、翻领结构分解

二、男上装衣领主要结构形式

衣领造型变化丰富，从结构形式上看，可归纳为无领、立领、立翻领、连翻领和驳领等几个大类，如图 3–40 所示。

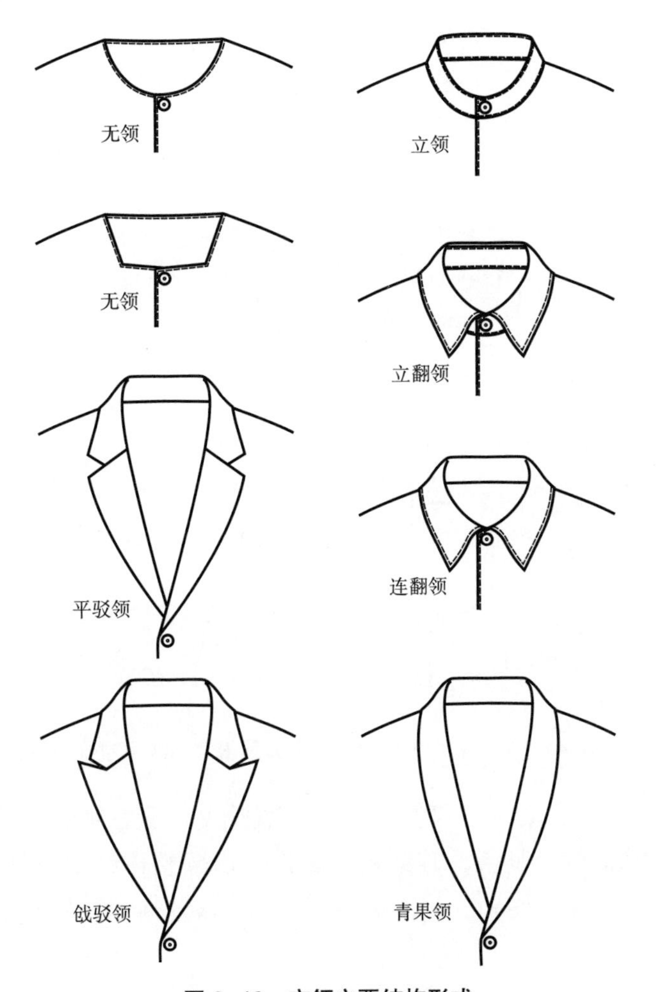

图 3–40　衣领主要结构形式

无领为没有领身结构的特殊领型，仅需借助衣身领口完成造型设计。

立领是一种结构造型简单且仅有领座的衣领结构形式，立领与人体颈部具有紧密的关联性。

立翻领和连翻领是翻领的两种结构形式，都由领座和翻领两部分结构组成，其中立翻领是领座与翻领为分体的结构形式，如衬衫领；连翻领是领座与翻领为连属的结构形式，如夹克领。

驳领的主要形式有平驳领、戗驳领和青果领，主要应用于西装类服装，由领座、翻领和驳头三部分结构组成，驳领不仅与衣身领口结构关系紧密，而且与衣身前门襟结构也具有关联性。

三、男上装衣领结构设计原理与方法

衣领结构设计依托于衣身领口结构。衣身前、后领口宽及前、后领口深的差量变化是由人体颈根部结构决定的，将衣身前、后衣片小肩拼合，我们会看到衣身领口呈闭合状态，如图 3-41 所示。清晰认识和了解衣身领口的结构特点及衣身领口结构与人体颈根部的对位关系，将为衣领结构设计提供必要技术依据。

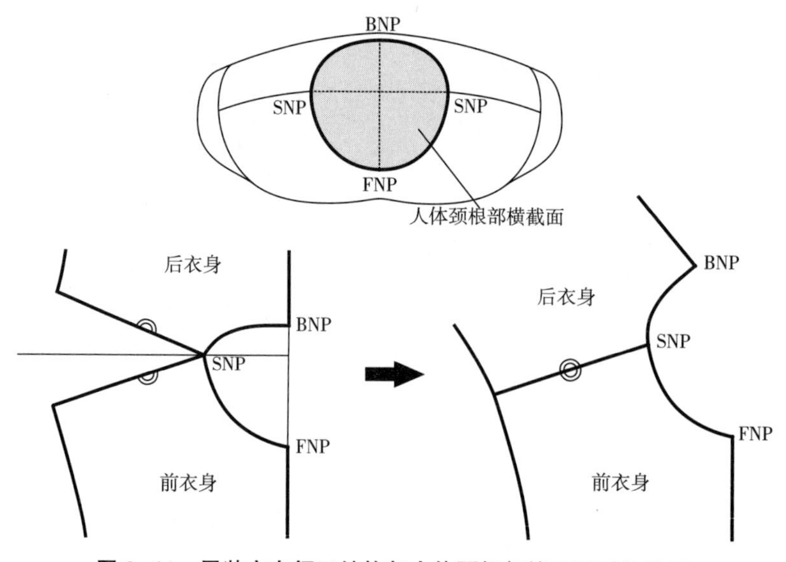

图 3-41　男装衣身领口结构与人体颈根部的匹配对位关系

在衣领结构设计中，立领不仅作为一种领型形式，还是翻领、驳领的领座部分，与人体颈部构成关系最为紧密，其结构也可作为衣领整体结构设计的基础。立领肩部的倾斜角度，即衣领侧倾角，对立领造型和立领展开后的平面翘势结构具有直接影响。

衣领侧倾角不仅是由人体颈部结构特征决定的，而且与衣领的造型设计有关。当衣领侧倾角大于 90° 时，立领贴近颈部，为内倾合体造型；衣领侧倾角等于 90° 时，立领为近似竖直造型；衣领侧倾角小于 90° 时，立领则呈外倾造型。从立领平面展开结构看，衣领侧倾角大于 90° 时，立领为上翘结构造型；衣领侧倾角等于 90° 时，立领为平直结构造型；衣领侧倾角小于 90° 时，立领为下翘结构造型。这种不同侧倾角的立领结构造型规律对翻领、驳领等结构设计具有理论指导意义，如图 3-42 所示。

衣领侧倾角决定了衣领翘势结构，但也存在合理的设计区间，从服装人体工程学角度看，正常情况下人体静态时侧颈部的水平夹角≤ 96° ，肩斜度≤ 23° ，肩、颈夹角区间为 119° 。因此，除特殊体型外，当衣领侧倾角大于96° 时会对颈部产生压迫感，视为不合理的结构设计；当衣领侧倾角等于肩斜 23° 时，衣领则由立领结构形式变为坦领结构形式，如图 3-43 所示。

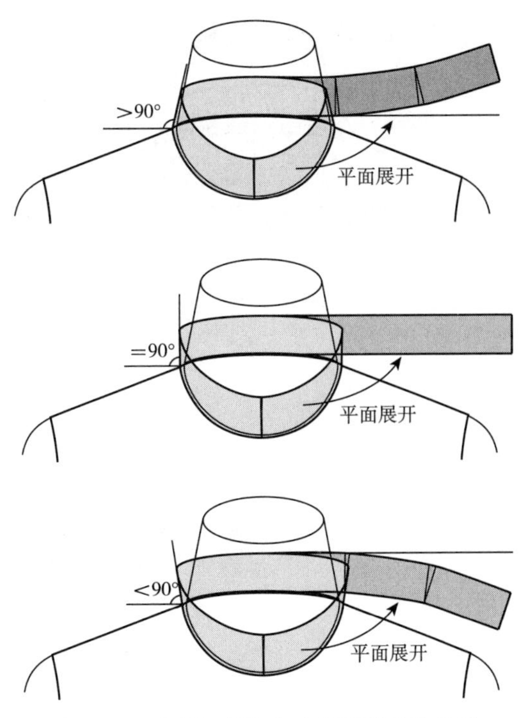

图 3-42 衣领侧倾角与立领翘势结构关系

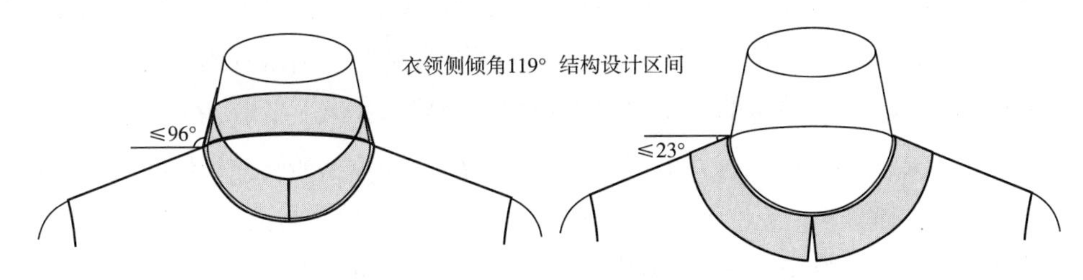

图 3-43 衣领侧倾角的结构设计区间

在衣领结构设计中，翻领作为重要的变化设计要素，其合理、准确的结构设计对衣领的整体造型效果起到至关重要的作用。翻领结构设计的重点在翻领松量的设计，如图 3-44、图 3-45 所示，翻领外口线与衣身存在匹配关系，即翻领外口自然落在衣身肩部时会与衣身领口存在一定的间隙量，其间隙量与翻领外口弧长呈正比关系，翻领外口弧长与衣身领口线的差量即为翻领松量。翻领松量的大小与翻领侧倾角、翻领和领座的宽度差、前领口的开深量等具有直接的关联性。通过实验证明，当领座宽度不变时，翻领宽度增加，翻领和领座的宽度差增大，翻领侧倾角角度增大，翻领外口弧长增长，翻领外口弧长与衣身领口线的差量增大，即翻领松量增加，翻领倾角、翻领和领座的宽度差与翻领松量呈正比例关系；而当领口开深量增加时，领口弧线、衣领翻折线、翻领外口线被拉长，其弧度变小，翻领外口线与领口弧线的差量亦相应变小，即翻领松量减小，因此前领口开深量与翻领松量呈反比例关系。这一变化规律对于翻领、驳领的结构设计具有重要的理论指导意义。

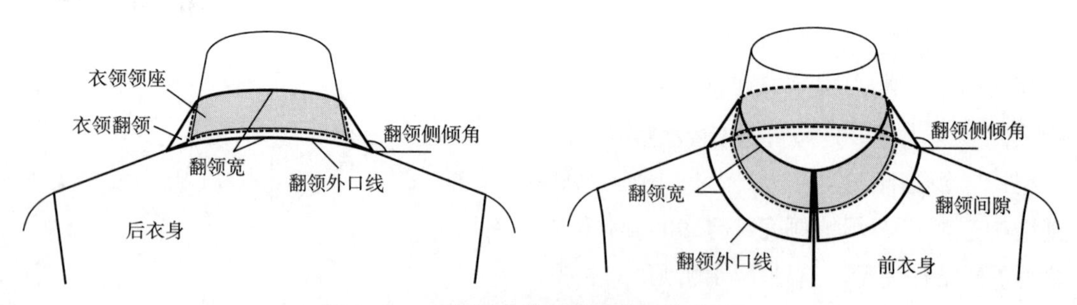

图 3–44　翻领结构与衣身肩部的构成关系

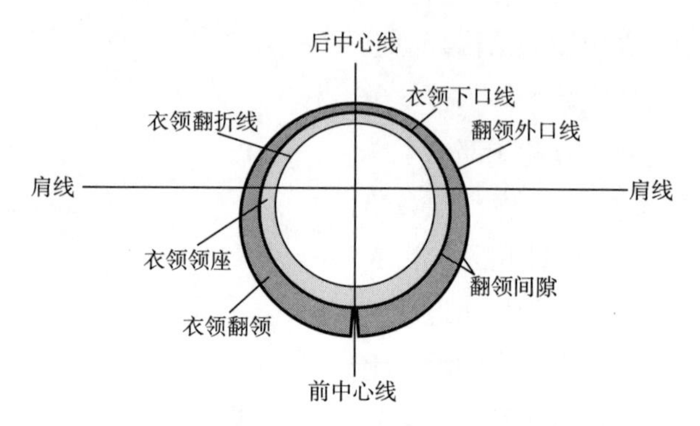

图 3–45　衣领领座、翻领结构组合关系俯视图

翻领松量，即翻领外口线弧长与翻领间隙的变量关系，是翻领、驳领结构设计的核心关键参数，其基础理论数据可通过构建衣身领口结构模型并利用圆周率公式计算获得。

如图 3–46 所示，将合并后的衣身领口重新构建为扇形 AOC、扇形 $BO'C$ 两个圆弧结构，即可得到扇形 AOC 结构中的$\overset{\frown}{AC}$为 1/4 圆弧，设为 L_1；扇形 $BO'C$ 结构中的 $\overset{\frown}{BC}$ 为近似 1/8 圆弧，设为 L_2；作圆弧 L_1' 平行于 L_1，作圆弧 L_2' 平行于 L_2，平行间距设为☆。

利用圆周率公式计算扇形 AOC 结构中的 L_1' 与☆变量的关系：

$$L_1=2\pi r/4$$

$$L_1'=2\pi（r+☆）/4$$

$$L_1'-L_1=2\pi（r+☆）/4-2\pi r/4=1.57☆\approx 1.6☆$$

即可得，扇形 AOC 结构区间内翻领间隙每增加☆时，其外口线弧长 L_1' 的增加量为 1.6☆。

利用圆周率公式计算扇形 $BO'C$ 结构中的 L_2' 与☆变量的关系：

$$L_2=2\pi r/8$$

$$L_2'=2\pi（r+☆）/8$$

$$L_2'-L_2=2\pi（r+☆）/8-2\pi r/8=0.785☆\approx 0.8☆$$

即可得，扇形 $BO'C$ 结构区间内翻领间隙每增加☆时，其外口线弧长 L_2' 的增加量为 0.8☆。

将两个结构区间公式计算结果相加：

$$（L_1'-L_1）+（L_2'-L_2）=1.57☆+0.785☆=2.355☆\approx 2.4☆$$

即可得到，半身结构制图中翻领外口线弧长与翻领间隙的变量系数为 2.4 ☆。

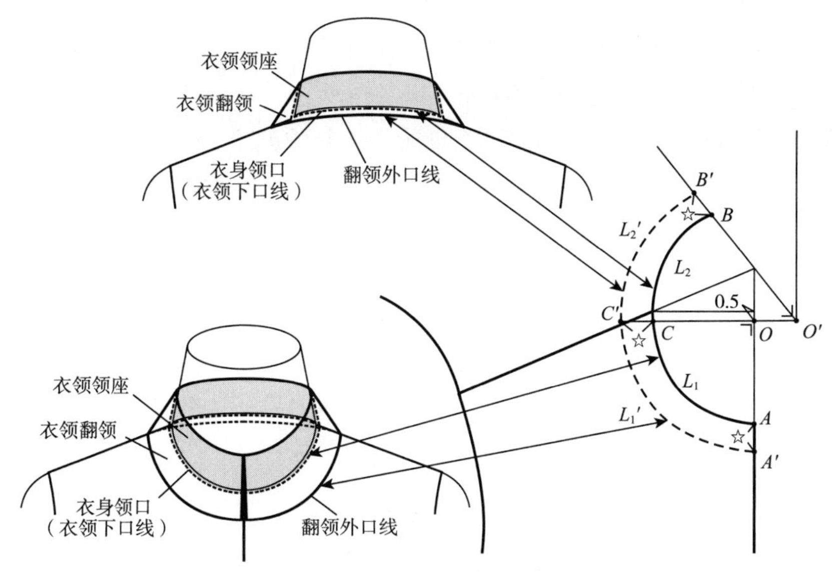

图 3–46　翻领松量计算理论结构模型

综上所述，1.6 ☆可视为翻领松量在前领口区间的变量计算系数，0.8 ☆为翻领松量在后领口区间的变量计算系数，翻领松量的变量计算总系数为 2.4 ☆，但这是近似理想状态下的翻领外口线弧长与翻领间隙的变量关系。如图 3–47、图 3–48 所示，由于人体颈肩部、颈背部、颈胸部具有多维度的转折关系，且不同部位的倾角也有所不同，因此翻领外领口落在衣身肩、胸、背的弧线形状不会呈现理想化的状态。

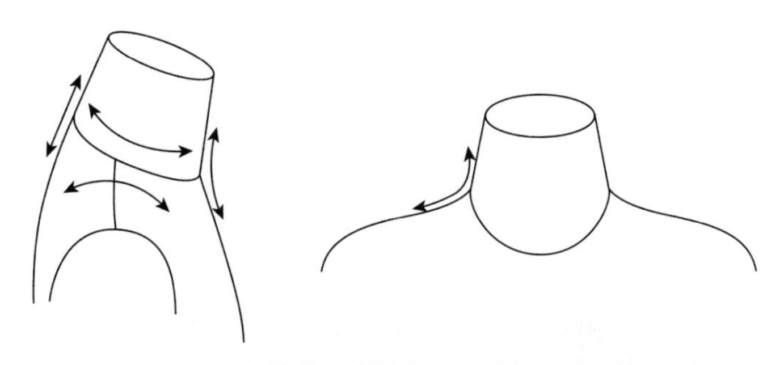

图 3–47　人体颈肩部、颈背部、颈胸部多维度转折关系

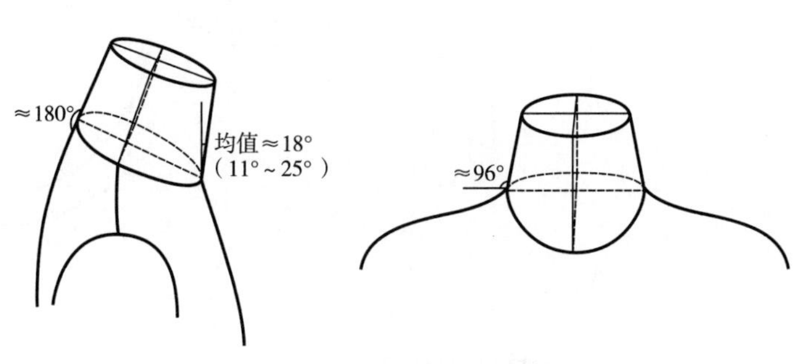

图 3–48　人体颈根不同部位倾角

基于翻领松量的理论计算公式，利用计算机辅助设计工具分别采集前后领口 FNP、SNP、BNP 位置相关数据，构建翻领松量计算的客观结构模型如下：

如图 3–49 ①所示，合并前衣身侧缝省，使前衣身中心线基本保持与人体胸部倾斜状态相一致，为测量 FNP 相关数据做好准备。

以领座高 n=3cm、翻领宽 m=4cm、测量所得前胸颈夹角 157.10°、颈肩倾角 96°、后颈背 180°、前肩斜 22°、后肩斜 18°为例，分别测得 FNP 处△ =1.06cm、SNP1 处▼ =1.59cm、SNP2 处▽ =1.69cm、BNP 处▲ =1cm，如图 3–49 ②~⑤所示。

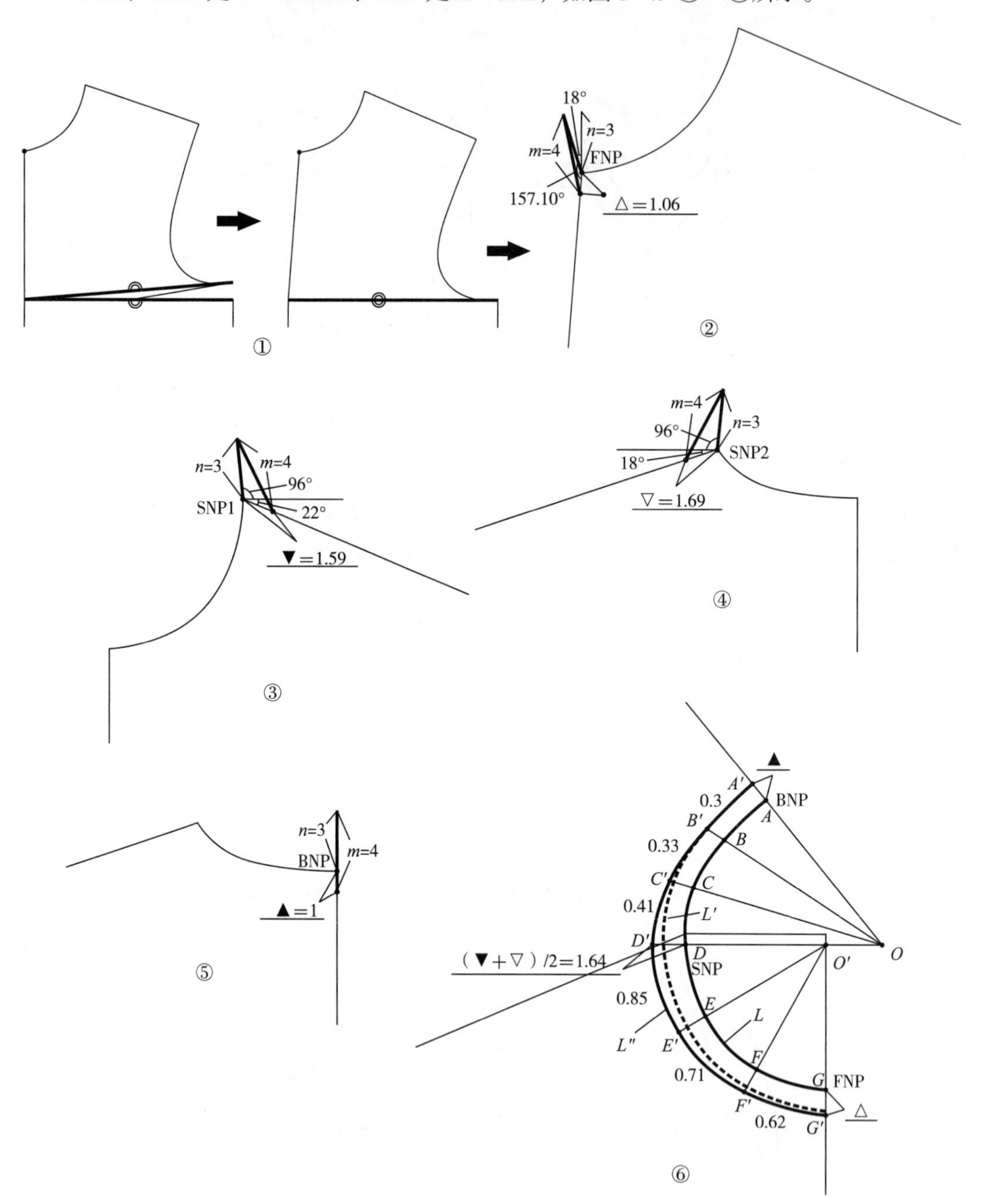

图 3–49　男装翻领松量计算理论与客观结构模型比较

以图 3–49 翻领松量计算的理论结构模型为基础，设 BNP 处 AA'= ▲、SNP 处 DD'=（▼ + ▽）/2、FNP 处 GG'= △，画顺 L'' 线，即翻领外口线在衣身上的实际位置线，如图 3–49 ⑥所示。因衣身前、后肩斜度的不同，所测得的 SNP 处▼、▽数据也不同，在构建翻领松量计算的客观结构模型时，将此处数据作平均处理。

将翻领松量计算的理论结构模型与客观结构模型进行比较，即图 3–49 ⑥中 L' 线（理论位置线）与 L'' 线（实际位置线）比较发现，因人体颈肩部的形态特征及衣领的立体结构造型，L'' 线（实际位置线）比 L' 线（理论位置线）要略长，且为非正弧线，BNP 处 AA' 间隙、SNP 处 DD' 间隙、FNP 处 GG' 间隙也有所不同，其中$\overset{\frown}{C'D'}$和$\overset{\frown}{D'E'}$两个区间的差量变化最为明显。

$\overset{\frown}{C'D'}$和$\overset{\frown}{D'E'}$两个差量变化区间与颈肩转折作为衣领弯折主要区域的客观实际基本吻合，如图 3–50 所示。分别将$\overset{\frown}{A'D'}$区间翻领松量的理论变量计算系数 0.8 和$\overset{\frown}{D'G'}$区间翻领松量的理论变量计算系数 1.6 作三等分，可得$\overset{\frown}{C'D'}$和$\overset{\frown}{D'E'}$区间翻领松量的理论变量计算系数为 0.8。变量系数与衣领翻折线的曲线造型有紧密关系，尤其在翻领领形设计区域，当翻领领形设计区域的衣领翻折线为曲线造型时，则应在 0.8 的基础上适当增加变量系数值。

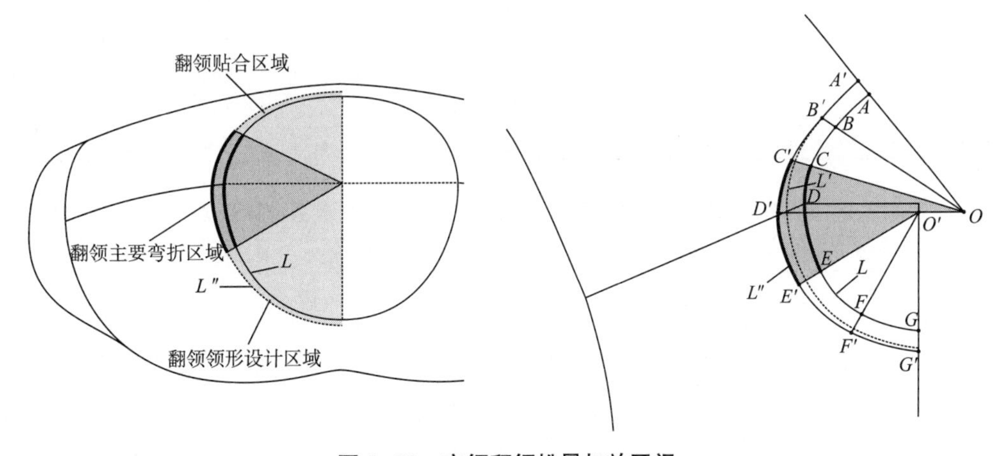

图 3–50 衣领翻领松量加放区间

基于理论结构模型的翻领松量计算原理，翻领间隙量是计算翻领松量的另一重要数据，翻领间隙量的大小与领倾角、肩斜度及翻领宽减领座高的差值有直接关联性，数据可通过实验测量获得，但在实际操作过程中过于复杂。为便于实际操作，本书利用翻领与领座差值加变量系数的方式计算翻领间隙量，通过实验验证，这种方法可应用于不同领型的翻领松量计算，简便且易于操作。

表 3–1~ 表 3–6 为基于 96° 颈侧倾角和 90° 颈侧倾角状态下，3cm、2.5cm、2cm 领座高以 0.5cm 差量分别对应 8 个翻领宽的翻领间隙量与翻领松量变化的实验统计数据表。

表 3-1　颈部侧倾角 96°、领座高 3cm 翻领间隙量统计数据　　单位：cm

颈部侧倾角 96°，前肩斜度 22°，后肩斜度 18°，颈部前倾角 18°，前颈胸夹角 157.10°										
翻领宽（m）	领座高（n）	$m-n$	BNP	SNP1	SNP2	FNP	平均值	平均近似值	松量系数	松量
3.5	3	0.5	0.50	0.88	0.96	0.54	0.72	1.00	0.80	0.80
4	3	1	1.00	1.59	1.69	1.06	1.34	1.50	0.80	1.20
4.5	3	1.5	1.50	2.23	2.35	1.58	1.92	2.00	0.80	1.60
5	3	2	2.00	2.83	2.96	2.10	2.47	2.50	0.80	2.00
5.5	3	2.5	2.50	3.41	3.55	2.61	3.02	3.00	0.80	2.40
6	3	3	3.00	3.98	4.12	3.12	3.56	3.50	0.80	2.80
6.5	3	3.5	3.50	4.53	4.67	3.63	4.08	4.00	0.80	3.20
7	3	4	4.00	5.07	5.22	4.14	4.61	4.50	0.80	3.60

表 3-2　颈部侧倾角 96°、领座高 2.5cm 翻领间隙量统计数据　　单位：cm

颈部侧倾角 96°，前肩斜度 22°，后肩斜度 18°，颈部前倾角 18°，前颈胸夹角 157.10°										
翻领宽（m）	领座高（n）	$m-n$	BNP	SNP1	SNP2	FNP	平均值	平均近似值	松量系数	松量
3	2.5	0.5	0.50	0.86	0.93	0.53	0.71	1.00	0.80	0.80
3.5	2.5	1	1.00	1.54	1.64	1.06	1.31	1.50	0.80	1.20
4	2.5	1.5	1.50	2.17	2.27	1.58	1.88	2.00	0.80	1.60
4.5	2.5	2	2.00	2.76	2.86	2.09	2.43	2.50	0.80	2.00
5	2.5	2.5	2.50	3.33	3.43	2.60	2.97	3.00	0.80	2.40
5.5	2.5	3	3.00	3.88	3.99	3.11	3.50	3.50	0.80	2.80
6	2.5	3.5	3.50	4.42	4.53	3.62	4.02	4.00	0.80	3.20
6.5	2.5	4	4.00	4.94	5.07	4.12	4.53	4.50	0.80	3.60

表 3-3　颈部侧倾角 96°、领座高 2cm 翻领间隙量统计数据　　单位：cm

颈部侧倾角 96°，前肩斜度 22°，后肩斜度 18°，颈部前倾角 18°，前颈胸夹角 157.10°										
翻领宽（m）	领座高（n）	$m-n$	BNP	SNP1	SNP2	FNP	平均值	平均近似值	松量系数	松量
2.5	2	0.5	0.50	0.83	0.89	0.53	0.69	1.00	0.80	0.80
3	2	1	1.00	1.49	1.57	1.06	1.28	1.50	0.80	1.20
3.5	2	1.5	1.50	2.08	2.17	1.57	1.83	2.00	0.80	1.60
4	2	2	2.00	2.66	2.75	2.08	2.37	2.50	0.80	2.00
4.5	2	2.5	2.50	3.20	3.30	2.59	2.90	3.00	0.80	2.40
5	2	3	3.00	3.74	3.84	3.10	3.42	3.50	0.80	2.80
5.5	2	3.5	3.50	4.27	4.37	3.60	3.94	4.00	0.80	3.20
6	2	4	4.00	4.79	4.91	4.11	4.45	4.50	0.80	3.60

表 3-4　颈部侧倾角 90°、领座高 3cm 翻领间隙量统计数据　　单位：cm

颈部侧倾角 90°，前肩斜度 22°，后肩斜度 18°，颈部前倾角 0°，前颈胸夹角 175.09°										
翻领宽（m）	领座高（n）	$m-n$	BNP	SNP1	SNP2	FNP	平均值	平均近似值	松量系数	松量
3.5	3	0.5	0.50	1	1.1	0.50	0.78	1.00	0.80	0.80
4	3	1	1.00	1.75	1.88	1.00	1.41	1.50	0.80	1.20
4.5	3	1.5	1.50	2.42	2.55	1.50	2.00	2.00	0.80	1.60
5	3	2	2.00	3.03	3.18	2.00	2.56	2.50	0.80	2.00
5.5	3	2.5	2.50	3.62	3.77	2.50	3.10	3.00	0.80	2.40

续表

颈部侧倾角 90°，前肩斜度 22°，后肩斜度 18°，颈部前倾角 0°，前颈胸夹角 175.09°										
翻领宽（*m*）	领座高（*n*）	*m*–*n*	BNP	SNP1	SNP2	FNP	平均值	平均近似值	松量系数	松量
6	3	3	3.00	4.19	4.35	3.00	3.64	3.50	0.80	2.80
6.5	3	3.5	3.50	4.75	4.91	3.50	4.17	4.00	0.80	3.20
7	3	4	4.00	5.30	5.46	4.00	4.69	4.50	0.80	3.60

表 3–5　颈部侧倾角 90°、领座高 2.5cm 翻领间隙量统计数据　　单位：cm

颈部侧倾角 90°，前肩斜度 22°，后肩斜度 18°，颈部前倾角 0°，前颈胸夹角 175.09°										
翻领宽（*m*）	领座高（*n*）	*m*–*n*	BNP	SNP1	SNP2	FNP	平均值	平均近似值	松量系数	松量
3	2.5	0.5	0.50	0.97	1.06	0.50	0.76	1.00	0.80	0.80
3.5	2.5	1	1.00	1.69	1.79	1.00	1.37	1.50	0.80	1.20
4	2.5	1.5	1.50	2.33	2.44	1.50	1.95	2.00	0.80	1.60
4.5	2.5	2	2.00	2.92	3.05	2.00	2.49	2.50	0.80	2.00
5	2.5	2.5	2.50	3.50	3.63	2.50	3.03	3.00	0.80	2.40
5.5	2.5	3	3.00	4.05	4.19	3.00	3.56	3.50	0.80	2.80
6	2.5	3.5	3.50	4.60	4.74	3.51	4.09	4.00	0.80	3.20
6.5	2.5	4	4.00	5.14	5.28	4.01	4.61	4.50	0.80	3.60

表 3–6　颈部侧倾角 90°、领座高 2cm 翻领间隙量统计数据　　单位：cm

颈部侧倾角 90°，前肩斜度 22°，后肩斜度 18°，颈部前倾角 0°，前颈胸夹角 175.09°										
翻领宽（*m*）	领座高（*n*）	*m*–*n*	BNP	SNP1	SNP2	FNP	平均值	平均近似值	松量系数	松量
2.5	2	0.5	0.50	0.93	1	0.50	0.73	1.00	0.80	0.80
3	2	1	1.00	1.61	1.70	1.00	1.33	1.50	0.80	1.20
3.5	2	1.5	1.50	2.22	2.32	1.50	1.89	2.00	0.80	1.60
4	2	2	2.00	2.80	2.90	2.00	2.43	2.50	0.80	2.00
4.5	2	2.5	2.50	3.35	3.46	2.50	2.95	3.00	0.80	2.40
5	2	3	3.00	3.90	4.00	3.00	3.48	3.50	0.80	2.80
5.5	2	3.5	3.50	4.43	4.54	3.50	4.00	4.00	0.80	3.20
6	2	4	4.00	4.96	5.07	4.00	4.50	4.50	0.80	3.60

从上述实验采集数据可以看出，颈部侧倾角和领座高对翻领间隙的影响甚微，而翻领、领座差值，即 *m*–*n* 的数据与 BNP、SNP、FNP 位置以及翻领间隙平均值具有紧密的关联性。通过对系列实验数据进行比对分析和近似归纳整理可以得出基本参考公式为：翻领间隙量 =*m*–*n*+（0.3 ~ 0.5）cm，公式中 *m* 为翻领宽，*n* 为领座高，0.3 ~ 0.5cm 为变量参数。变量参数的使用可根据所用面料的可塑性而定，可塑性强的面料可使用 0.3cm 作为变量参数，可塑性差的面料可使用 0.5cm 作为变量参数，0.4cm 可作为中间值使用。

翻领松量不仅与翻领、领座差值具有关联性，还会影响翻领的翘势变化。如图 3–51 所示，运用翻领翘势参数与翻领、领座差值的变化对应关系对立翻领结构制图也具有一定的参考价值。

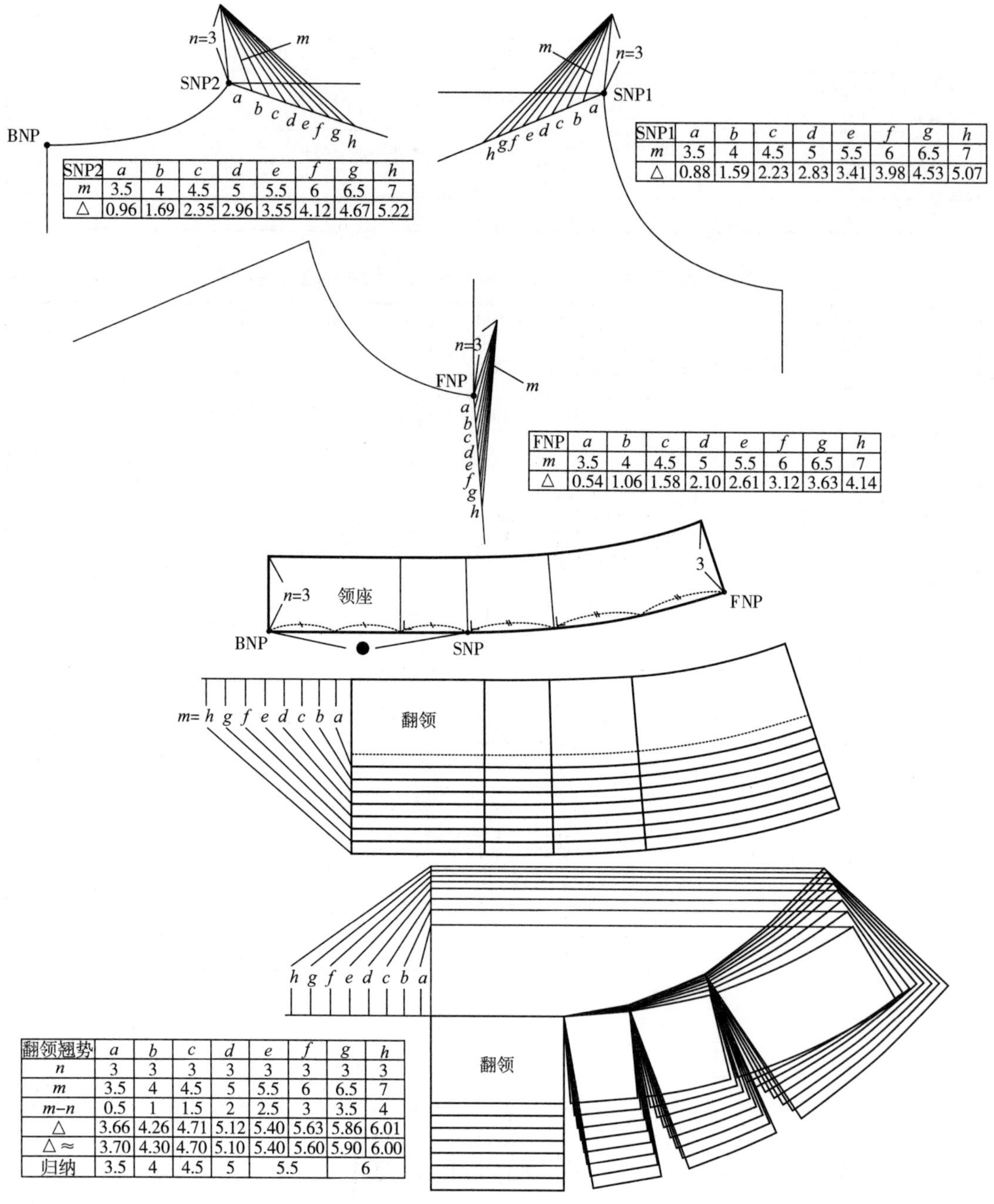

SNP2	a	b	c	d	e	f	g	h
m	3.5	4	4.5	5	5.5	6	6.5	7
△	0.96	1.69	2.35	2.96	3.55	4.12	4.67	5.22

SNP1	a	b	c	d	e	f	g	h
m	3.5	4	4.5	5	5.5	6	6.5	7
△	0.88	1.59	2.23	2.83	3.41	3.98	4.53	5.07

FNP	a	b	c	d	e	f	g	h
m	3.5	4	4.5	5	5.5	6	6.5	7
△	0.54	1.06	1.58	2.10	2.61	3.12	3.63	4.14

翻领翘势	a	b	c	d	e	f	g	h
n	3	3	3	3	3	3	3	3
m	3.5	4	4.5	5	5.5	6	6.5	7
m−n	0.5	1	1.5	2	2.5	3	3.5	4
△	3.66	4.26	4.71	5.12	5.40	5.63	5.86	6.01
△≈	3.70	4.30	4.70	5.10	5.40	5.60	5.90	6.00
归纳	3.5	4	4.5	5	5.5		6	

图 3-51　男装衣领翻领松量与领座、翻领差量、翻领翘势的变化关系

四、男上装基本型衣领结构设计

男上装基本型衣领包括立领、立翻领、连翻领、平驳领、戗驳领和青果领。其中立领即为一种独立领型，也是其他领型的基础结构部位，立翻领和连翻领为翻领的两种形式，平驳领、戗驳领和青果领同属于驳领范畴。

（一）立领结构设计

立领结构制图以衣身领口为基础，量取衣身领口弧线中点，过领口弧线中点 O 作领口弧线切线，取 OA= 领口弧长 OD，取 OB= 前领口弧长○ + 后领口弧长●，过 A 点作垂线 AC，设 AC=1.5cm 作为立领前起翘量，取 OC'=OD，画顺弧线，过 B 点作垂线 BB'，设 BB'=0.5cm 作为立领后起翘量，画顺 OB' 弧线，分别过 B'、C' 作 3cm 垂线设为立领高，画顺立领上口线，如图 3–52 所示。

立领纸样分解如图 3–53 所示。

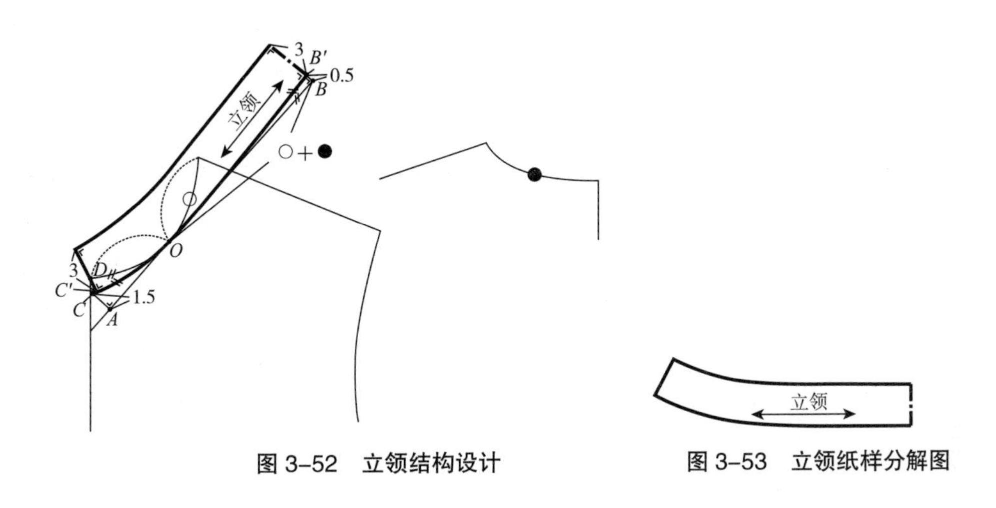

图 3–52　立领结构设计　　图 3–53　立领纸样分解图

（二）立翻领结构设计

立翻领为分体式翻领结构形式，领座部分的制图方法同立领结构设计。翻领部分的结构设计以领座为基础，设翻领宽为 4cm，如图 3–54 所示，将翻领作切展处理，展开量设为（m–n+0.5cm）× 0.8=1.2cm，画顺翻领上口线和翻领外口造型线。其中领座高、翻领宽和翻领外口造型线可视为立翻领造型风格进行灵活设计。

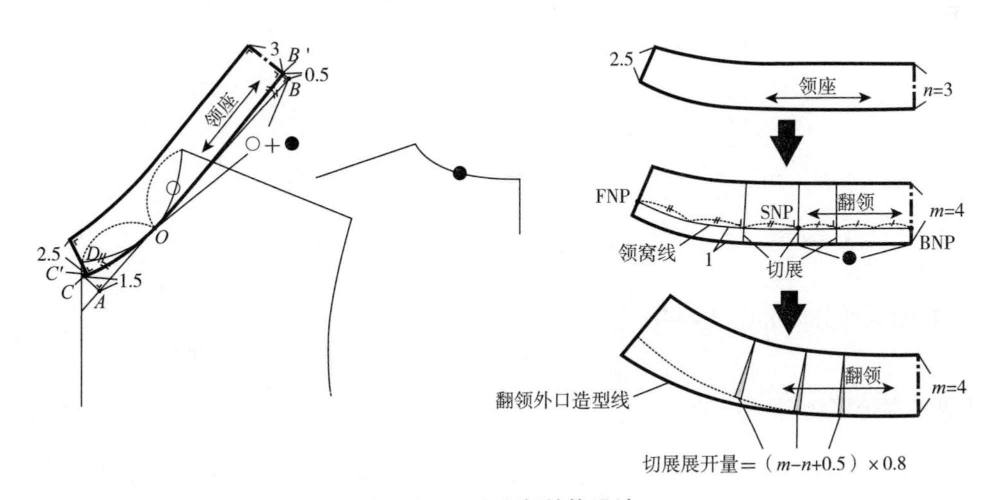

图 3–54　立翻领结构设计

立翻领纸样分解如图 3–55 所示。

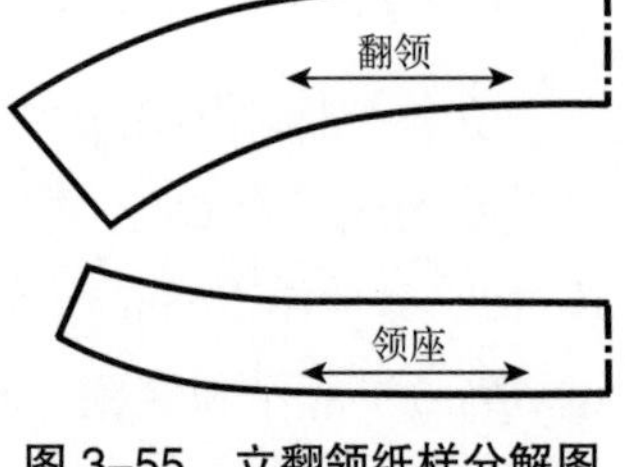

图 3–55　立翻领纸样分解图

（三）连翻领结构设计

连翻领是衣领领座和翻领连属的一种翻领结构形式，连翻领结构制图以衣身领口为基础。

以合体型衣领造型为例，首先预设衣领领座颈侧倾角为 96°、领座高 n=3cm、翻领宽 m=4.5cm。如图 3–56 ①所示，以衣身领口 B 点为起点作水平线，过 B 点作水平线 96° 夹角线 AB，线段 AB 即为领座高 n=3cm，过 A 点向肩斜线作引线 AC，线段 AC 即为翻领宽 m=4.5cm，延长线段 CB 至 D 点，设线段 $CD=CA$。以前领口中点 E 为翻领点，连接 ED 为衣领翻折线。

如图 3–56 ②所示，作 ED 延长线至 F，设 $DF=m$，过 D 点作 $DF'=DF$，设 $FF'=(m-n+0.5\text{cm})\times0.8$，即为连翻领的翻领松量。过 B 点作 DF' 的平行线 BG，设 BG 等于后领口弧长●，过 G 点作 BG 的垂线 $GH=m+n$，分别过 H、E 点作垂直线段相交于 I。如图 3–56 ②所示，画顺连翻领的领下口线、翻领外口线及翻领领角、翻折线。

从图 3–56 ②可见，设置 FF' 为翻领松量，并以 BG 倾倒量的形式完成了将 F_1F_1' 的翻领松量的位置转移，这种翻领松量的设计方法同样适用于驳领的结构设计。

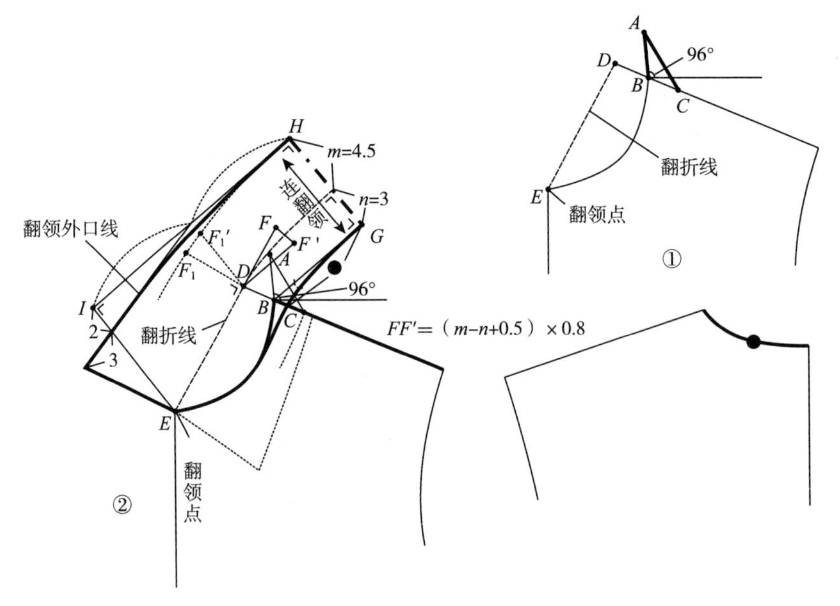

图 3–56　连翻领结构设计

连翻领纸样分解如图 3–57 所示。

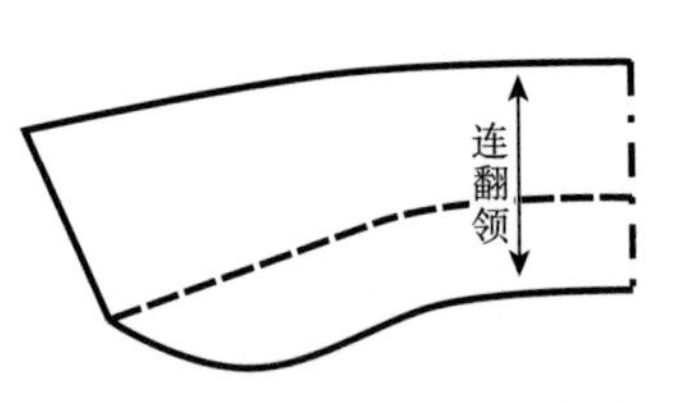

图 3–57　连翻领纸样分解图

（四）平驳领结构设计

平驳领是驳领的基本领型，由翻领和衣身前门襟的驳头两部分组成，平驳领结构制图以衣身领口为基础。

以合体型衣领造型为例，预设衣领领座颈侧倾角为 96°、领座高 n=3cm、翻领宽 m=4cm。如图 3–58 ①所示，以衣身领口 B 点为起点作水平线，过 B 点作水平线 96° 夹角线 AB，线段 AB 即为领座高 n=3cm，过 A 点向肩斜线作引线 AC，线段 AC 即为翻领宽 m=4cm，延长线段 CB 至 D 点，设线段 CD=CA。驳领翻驳点的设置对驳领造型有直接的影响，一般会以胸围线或腰围线作为翻驳点预设的参考位置，本例以腰围线为基准，设 2.5cm 搭门宽，翻驳点位于腰围线处的 E 点，连接 ED 为衣领和驳头的翻折线。

如图 3–58 ②所示，作 ED 延长线至 F，设 DF=m，过 D 点作 DF'=DF，设 FF'=（m–n+0.5cm）×

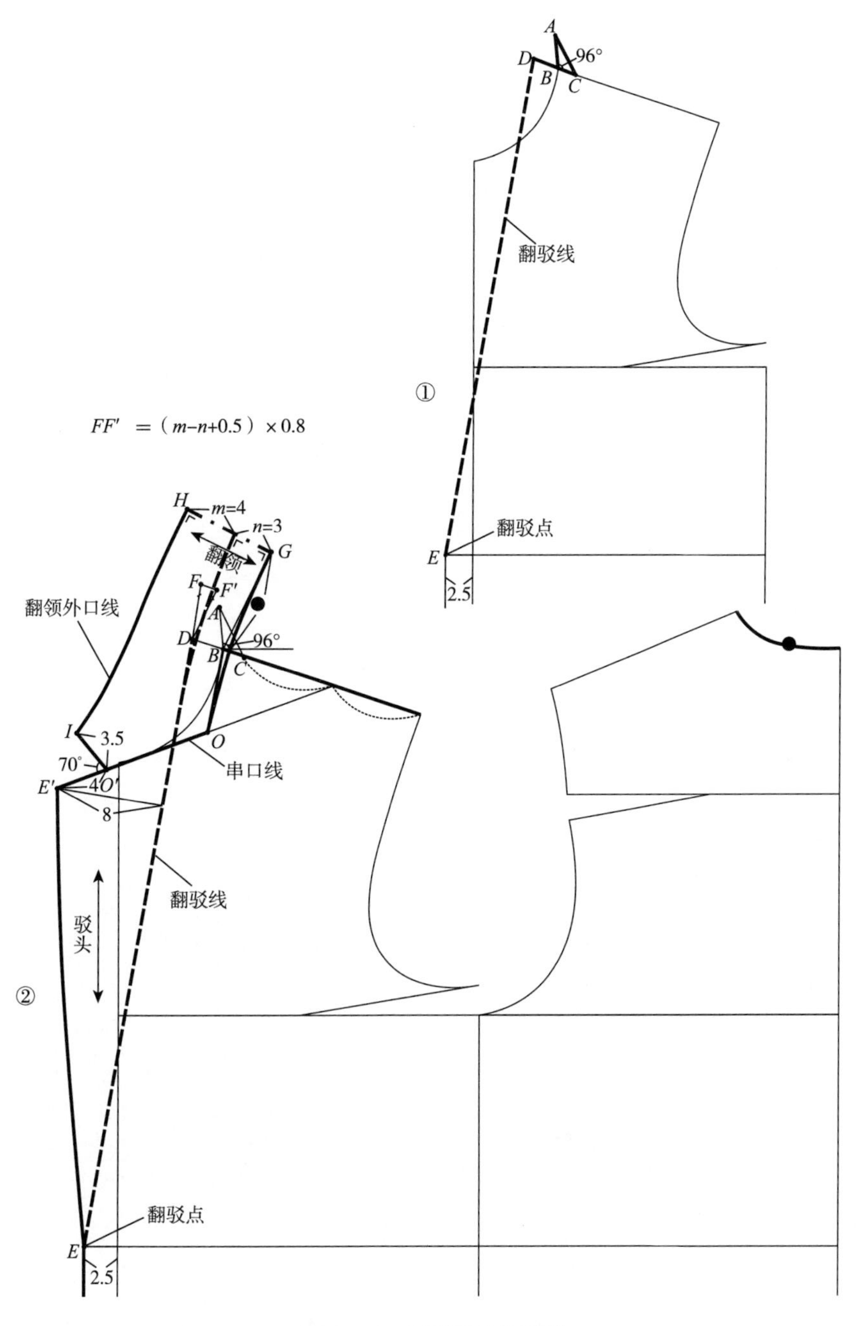

图 3–58　平驳领结构设计

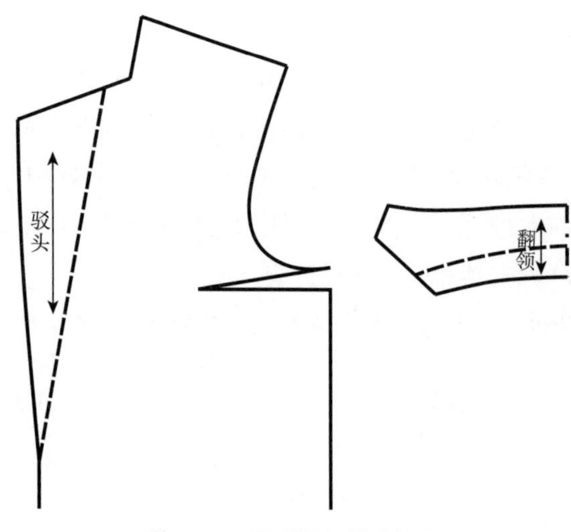

图 3–59　平驳领纸样分解图

0.8，即为平驳领的翻领松量。过 *B* 点作 *DF′* 的平行线 *BG*，设 *BG* 等于后领口弧长●，过 *G* 点作 *BG* 的垂线 *GH*=*m*+*n*。过肩斜线中点作衣身领口弧线的切线为领口串口线的基础线，作领口斜线 *OB* 平行于翻折线 *DE*，设驳头宽为 8cm。领缺嘴角度设计为 70°（也可根据造型需要做灵活设计），设 *O′E′*=4cm、*O′I*=3.5cm。如图 3–58②所示，画顺翻领的领下口线、外口线、翻折线及驳头外口线。

平驳领纸样分解如图 3–59 所示。

（五）戗驳领结构设计

戗驳领是驳领的另一基本领型，也由翻领和衣身前门襟的驳头两部分组成，与平驳领的不同之处主要在尖领嘴的造型形式上，且戗驳领多与双排扣衣身搭配。戗驳领结构制图步骤和方法与平驳领基本相同，如图 3–60 所示。

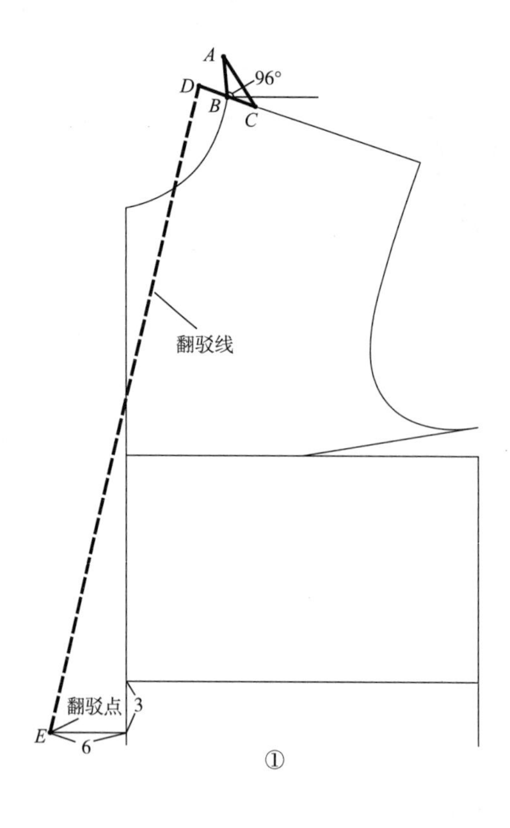

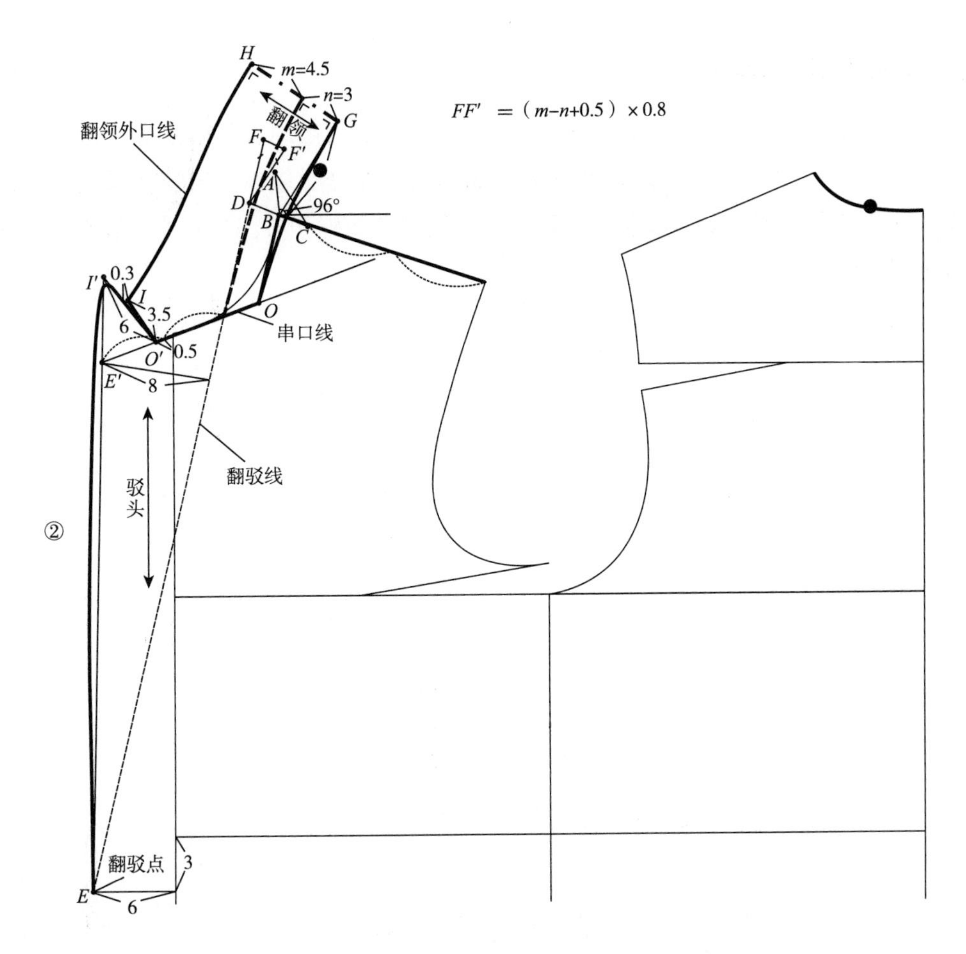

图 3-60　戗驳领结构设计

戗驳领纸样分解如图 3-61 所示。

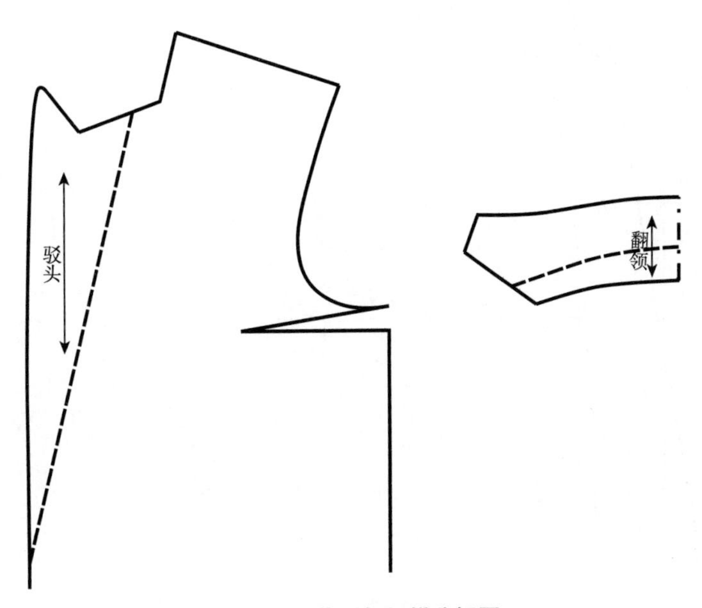

图 3-61　戗驳领纸样分解图

（六）青果领结构设计

青果领是驳领的一种特殊领型，也由翻领和衣身前门襟的驳头两部分组成，无领缺嘴和领角结构，青果领挂面与翻领部分为连属结构，在挂面领口位置需作横向分割，这是青果领区别于其他驳领的主要特点。青果领结构制图步骤和方法与其他驳领基本相同，如图 3-62 所示。

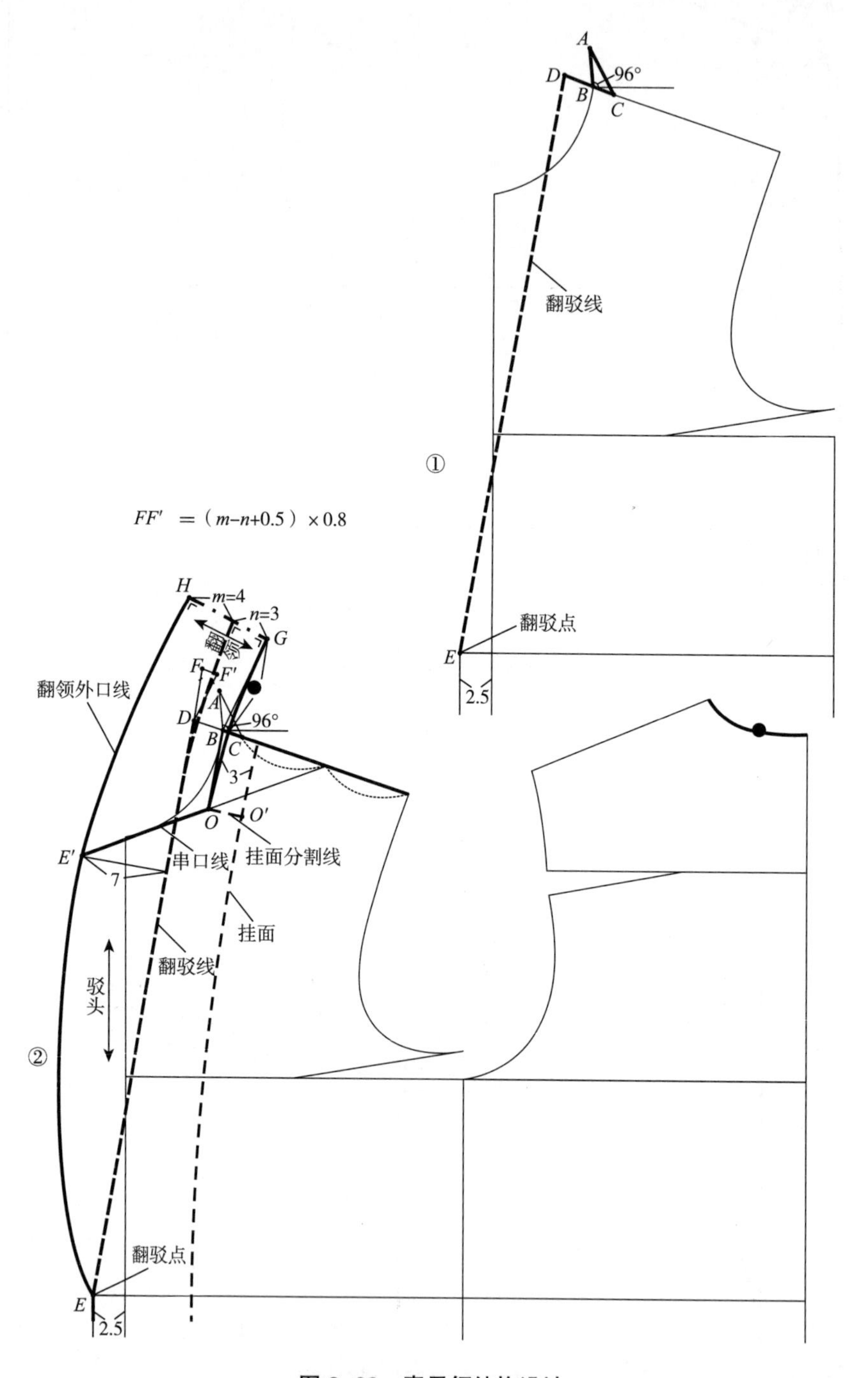

图 3-62 青果领结构设计

青果领纸样分解如图 3–63 所示。

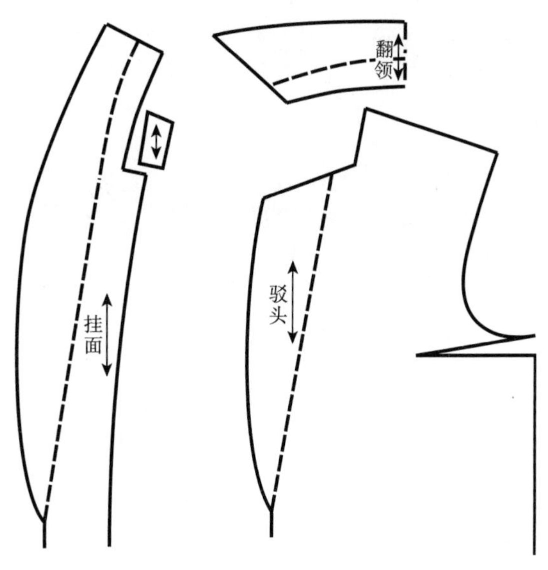

图 3–63　青果领纸样分解图

（七）反翘型连翻领结构设计

反翘型连翻领为连翻领的一种变化形式，比较而言，其领座部分在肩颈部的合体度不及立翻领和连翻领，呈略外倾造型。

结构制图以衣身领口为基础，首先预设衣领领座颈侧倾角≤ 90° 、领座高 n=3cm、翻领宽 m=3.5cm。如图 3–64 ①所示，以衣身领口 B 点为起点作水平线，过 B 点作水平线≤ 90° 夹角线 AB，线段 AB 即为领座高 n=3cm，过 A 点向肩斜线作引线 AC，线段 AC 即为翻领宽 m=3.5cm，延长线段 CB 至 D 点，设线段 $CD=CA$。过 D 点向前中线引直线 DE，设 DE 等于前领口弧线。

如图 3–64 ②所示，作 ED 延长线至 F，设 $DF=m$，过 D 点作 $DF'=DF$，设 FF'=（$m-n$+0.5cm）× 0.8，即为反翘型连翻领的翻领松量。延长 DF' 至 H 点，设 DH 等于后领口弧长●，过 H 点作 DH 垂线 $HG=m+n$，分别过 G、E 点作相交垂直线。如图 3–64 ②所示，画顺反翘型连翻领的领下口线、翻领外口线及翻领领角、翻折线。

反翘型连翻领纸样分解如图 3–65 所示。

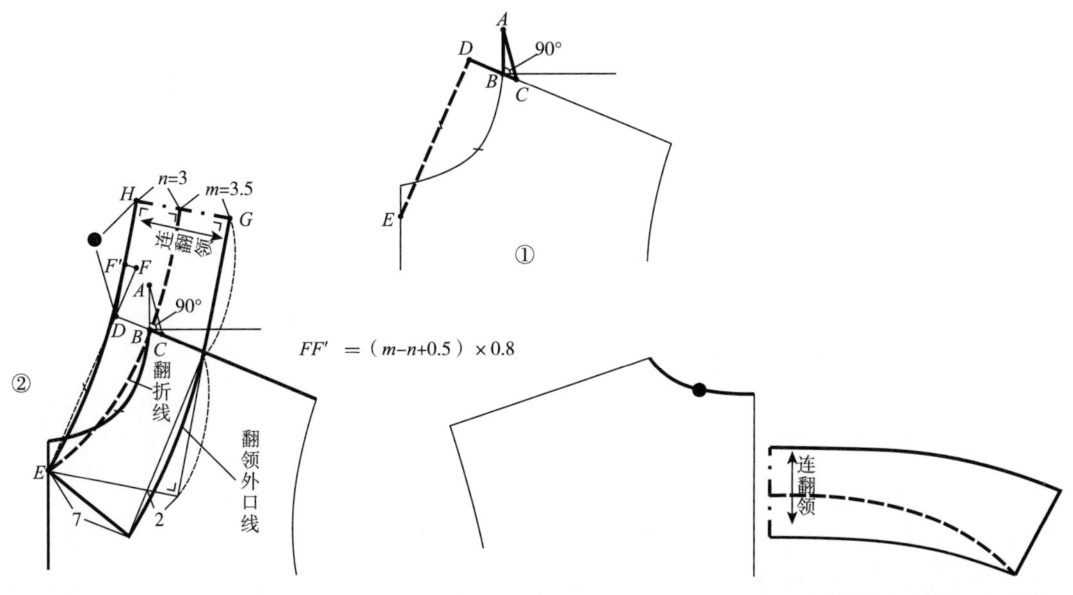

图 3–64　反翘型连翻领结构设计　　图 3–65　反翘型连翻领纸样分解图

第四章　男上装结构设计应用

第一节　男西装结构设计应用

男西装因受程式化影响，其结构形式变化不如女装丰富，但在结构设计的严谨程度方面要求更高。男西装的结构组成主要有衣身、衣领、衣袖三部分，衣身结构有三开身和四开身两种主要形式，从衣身廓型结构看，有直身型、修身型、宽松型三种基本形式；衣袖结构以两片袖结构形式为主；衣领结构主要有平驳领、戗驳领、青果领、立翻领、连翻领等。

一、平驳领男西装结构设计

（一）款式特点

平驳领男西装款式特点为修身型衣身结构，平驳领，单排两粒扣，圆形摆角，衣长过臀至臀底沟，三开身衣身结构，设腰省、肋下省，腰节下约 8cm 位置设加袋盖双嵌线挖袋，合体两片袖结构形式，后袖口处设袖开衩，如图 4–1 所示。

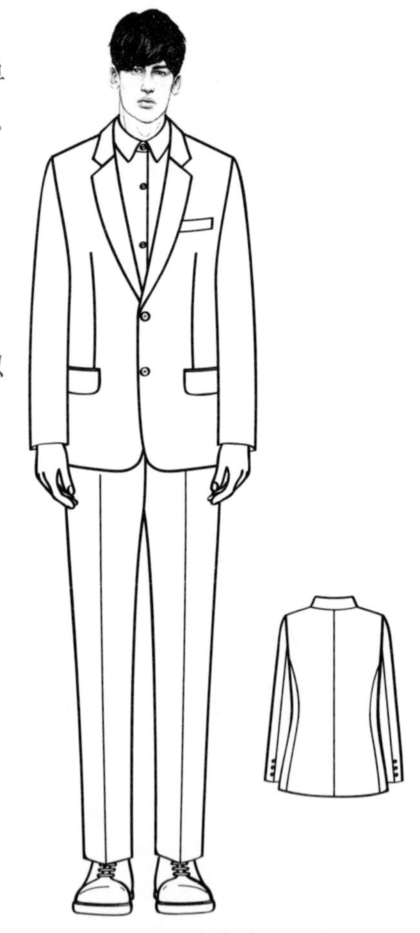

图 4–1　平驳领男西装款式图

（二）规格设计

平驳领男西装结构设计实例采用 180/96A 号型规格，以男上装基本型衣身规格设计为基础。

（1）衣长：$h \times 0.4+$（6 ~ 8）cm。

（2）胸围（B）：B^{*}+16cm+4cm。

（3）腰围（W）：B–18cm。

（4）袖长：臂长 +1.5cm。

（5）胸宽：$1.5B^{*}/10$+5cm。

（6）背宽：$1.5B^{*}/10$+6cm+0.7cm。

（7）背长：45cm。

（8）袖窿深：$h/10$+9cm。

（9）领宽：$B^{*}/12$+0.5cm+0.8cm。

（10）胸省：$B^{*}/40$。

（11）背省：$B^{*}/40$–0.3cm。

（三）结构制图

平驳领男西装结构制图如图 4–2~ 图 4–4 所示。

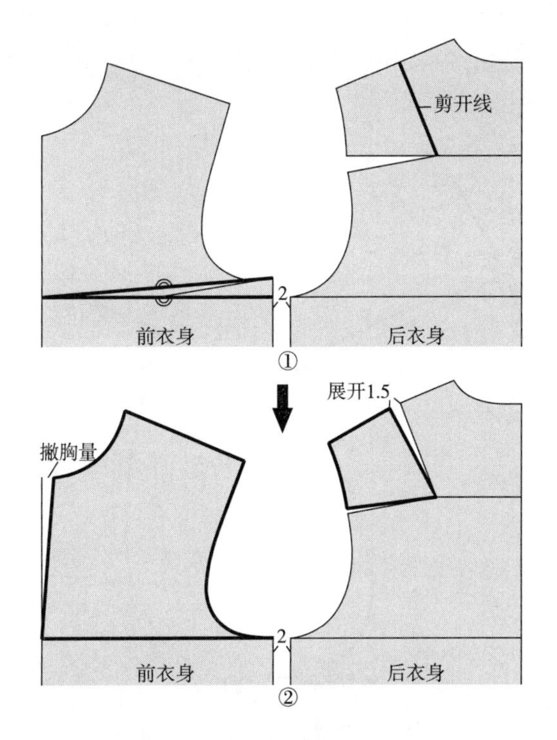

图 4–2　基本型衣身转省处理

（四）结构制图说明

1. 衣身、衣领结构设计

衣身结构以基本型衣身为基础，半身胸围追加 2cm 放量，采用三开身结构制图形式，根据款式要求，基本型衣身后背省转至肩部 1.5cm，剩余省量融入袖窿；基本型衣身前胸省合并，做撇胸方式处理，如图 4–2 ①、②所示。

如图 4–3 所示，基于基本型衣身领口，后领宽作 0.8cm 开大处理，前、后肩端点加 0.5cm 起翘量，后背宽追加 0.7cm 放量，袖窿底设于基本型前身侧缝处，前肩线作 0.7cm 凸势，后肩线作 0.7cm 凹势，画顺前、后肩线及袖窿弧线；基于基本型后身中缝腰节内收 2.5cm、底边内收 3.5cm，画顺西装后背缝线；基于 BL 线向上量取☆ /4 交于后袖窿弧线并作垂线至底边为后开身基础线，设后开身腰节收省 4cm、底边展开各 1cm，画顺后开身边线；设前衣身搭门 2cm，衣底边下落 2.5cm，画顺西装圆摆角及衣底边弧线；过前衣身肩颈点作垂线至 BL 线，交点向右量取 1cm 为手巾袋位置基点，设手巾袋袋牙宽 2.5cm、袋口大为 2/3 大袋口，袋牙右边上翘 2cm；大袋位置以前身胸宽垂线为基准，腰节下☆ /3 处，向左量取 1cm 为大袋口中点，设大袋袋口为袖口宽 +1cm，袋口前下落 1cm，设 0.5cm 嵌线袋牙，大袋袋盖宽 5.5cm，袋盖作圆角设计；设前身腰省 1cm，腰省上省尖距手巾袋底中点 5.5cm、下省尖至大袋左边 1.5cm；基于 BL 线，取前身胸宽线至侧缝的中点设为肋下省开省位置，设肋省袖窿处开口 1cm，腰节收 1.5cm，下省尖过大袋口 3cm。

平驳领是驳领的基本领型，由翻领和衣身前门襟的驳头两部分组成，平驳领结构制图以衣身领口为基础，设衣领领座颈侧倾角为 96° 、领座高 *n*=2.5cm、翻领宽 *m*=3.5cm。如图 4–3

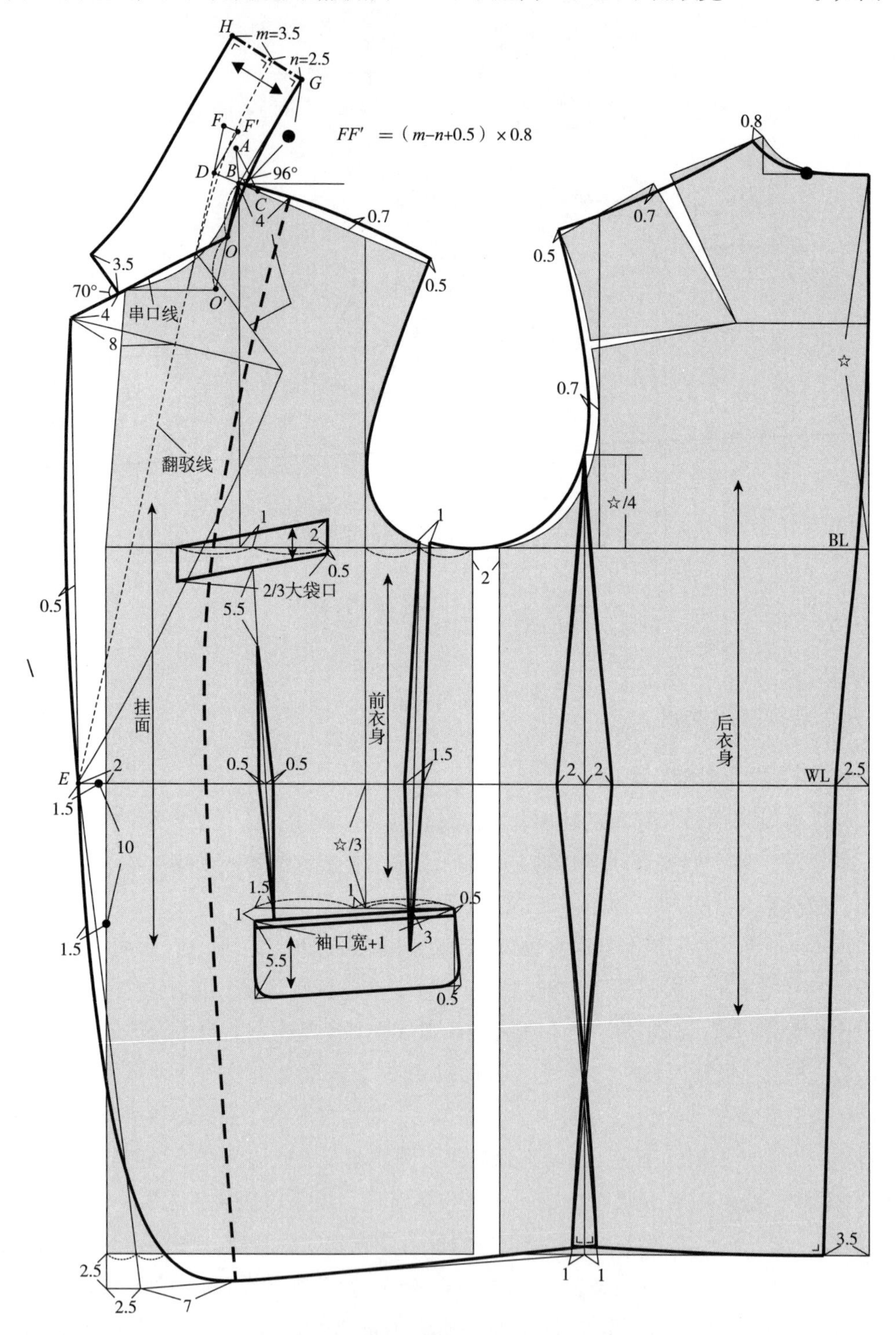

图 4–3 平驳领男西装衣身、衣领结构制图

所示，以衣身领口 B 点为起点作水平线，过 B 点作水平线 96° 夹角线 AB，线段 AB 即为领座高 n=2.5cm，过 A 点向肩斜线作引线 AC，线段 AC 即为翻领宽 m=3.5cm，延长线段 CB 至 D 点，设线段 $CD=CA$，连接 ED 为翻驳线，作 ED 延长线至 F，设 $DF=m$，过 D 点作 $DF'=DF$，设 $FF'=(m-n+0.5\text{cm})\times 0.8$，即为平驳领的翻领松量。过 B 点作 DF' 的平行线 BG，设 BG 等于后领口弧长●，过 G 点作 BG 垂线 $GH=m+n$。作领口斜线 $O'B$ 平行于翻驳线 DE，过 $O'B$ 中点 O 与前领口中点连线为串口线，设驳头宽 8cm，领缺嘴角度设计为 70°，设驳领角宽 =4cm、翻领角宽 =3.5cm，画顺翻领的领下口线、外口线、翻折线及驳头外口线。

如图 4–3 所示，过前肩颈点沿肩斜线量取 4cm，衣底边向内量取 7cm，连弧线为前衣身挂面。

2. 衣袖结构设计

两片袖是西装等制服类服装的基本袖型，衣袖由大、小两个袖片构成，合体、修身是两片袖的基本特征，衣袖弯势、前势、靠势是两片袖结构设计的重点。

两片袖结构设计以衣身袖窿为基础，如图 4–4 所示，连接前、后肩端点，过中点至

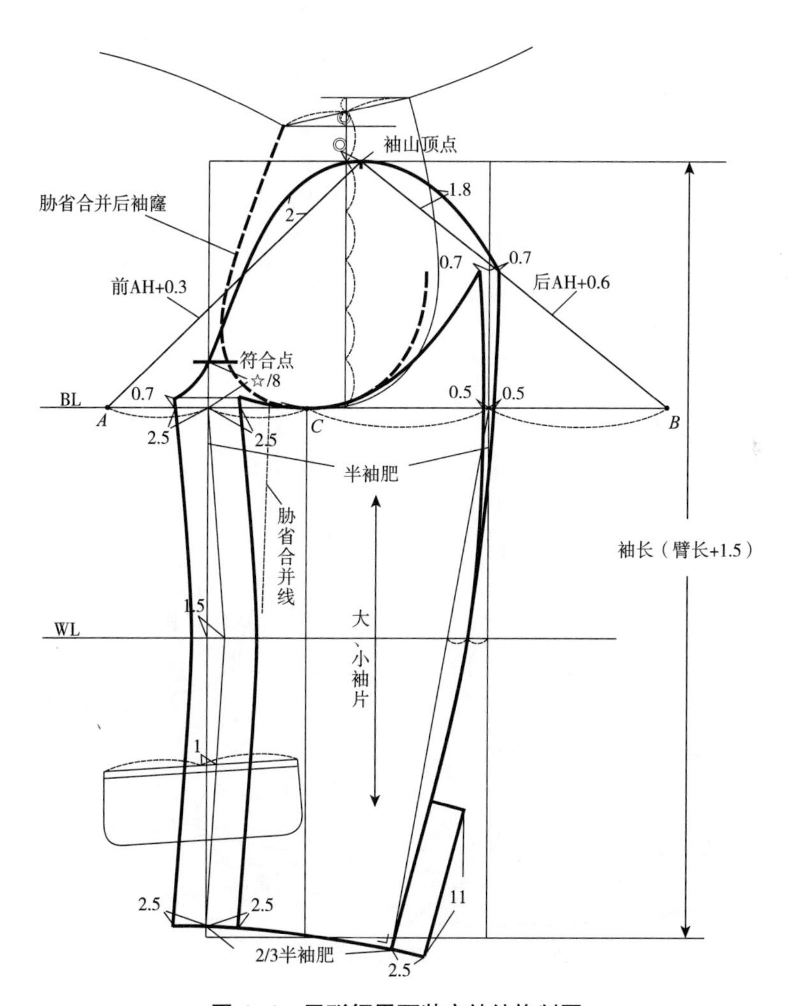

图 4–4　平驳领男西装衣袖结构制图

袖窿底（BL）作 6 等分，取 5/6 设为袖山高；量取前、后袖窿弧长（AH），以袖山顶点为原点分别取前 AH+0.3cm、后 AH+0.6cm 作袖山斜线至衣身胸围线（BL）*A*、*B* 点，*C* 点为衣身袖窿底点，分别取 *AC*、*BC* 的中点作垂线为大、小袖片分割基准线；基于 *AC* 中点分割基准线分别向左右两侧平移 2.5cm 为大、小袖前偏袖线，袖肘处缩进 1.5cm 作袖身弯势，设袖口宽为 2/3 半袖肥，后偏袖线设计以 *BC* 中点与袖口连线为基准，袖山底部与胁下省合并后的袖窿底部呈吻合状态，设 2.5cm 宽、11cm 长袖开衩折边。

（五）纸样分解图

平驳领男西装纸样分解如图 4–5 所示。

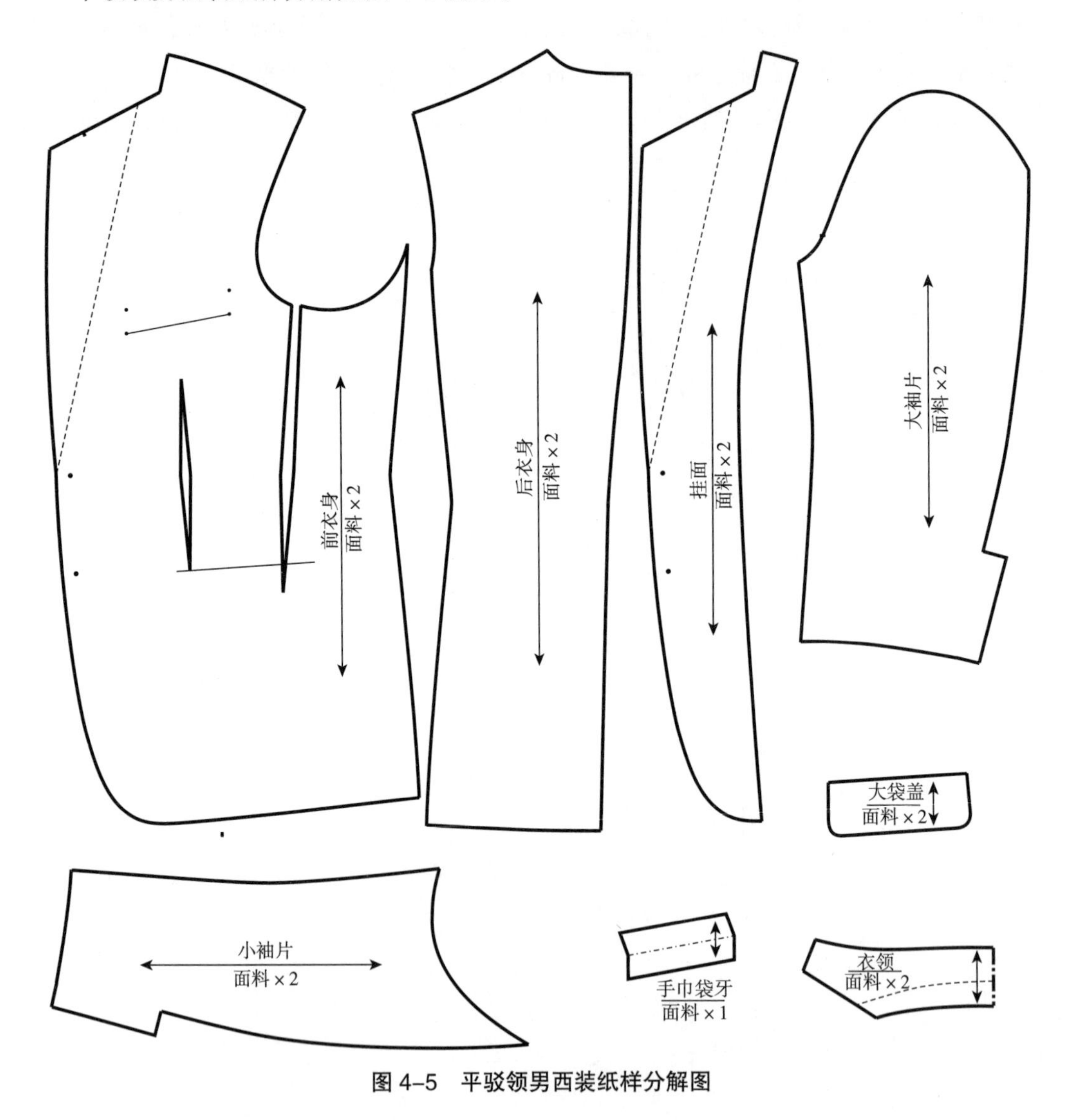

图 4–5　平驳领男西装纸样分解图

二、戗驳领男西装结构设计

（一）款式特点

戗驳领男西装款式特点为直身型衣身结构，戗驳领，双排六粒扣，直摆角，衣长过臀至臀底沟，三开身衣身结构，设腰省，胁下省通衣底边，腰节下约 8cm 位置设加袋盖双嵌线挖袋，合体两片袖结构形式，后袖口处设袖开衩，如图 4-6 所示。

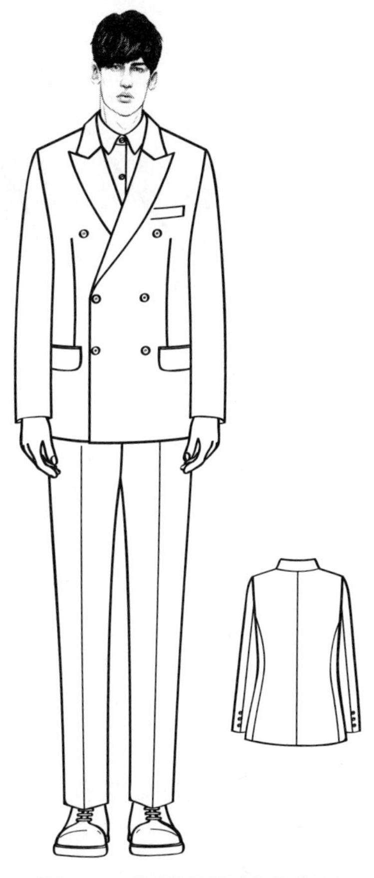

图 4-6　戗驳领男西装款式图

（二）规格设计

戗驳领男西装结构设计实例采用 180/96A 号型规格，以男上装基本型衣身规格设计为基础。

（1）衣长：h×0.4+（6 ~ 8）cm。

（2）胸围（B）：B^*+16cm+4cm。

（3）腰围（W）：B−15cm。

（4）袖长：臂长 +1.5cm。

（5）胸宽：1.5B^*/10+5cm。

（6）背宽：1.5B^*/10+6cm+0.7cm。

（7）背长：45cm。

（8）袖窿深：h/10+9cm。

（9）领宽：B^*/12+0.5cm+0.8cm。

（10）胸省：B^*/40。

（11）背省：B^*/40−0.3cm。

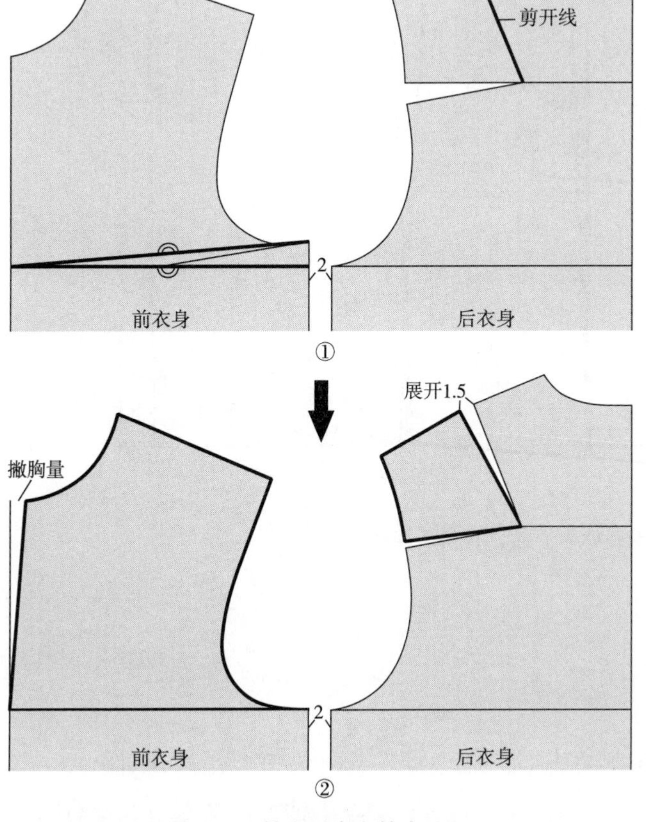

图 4-7　基本型衣身转省处理

（三）结构制图

戗驳领男西装结构制图如图 4-7~图 4-9 所示。

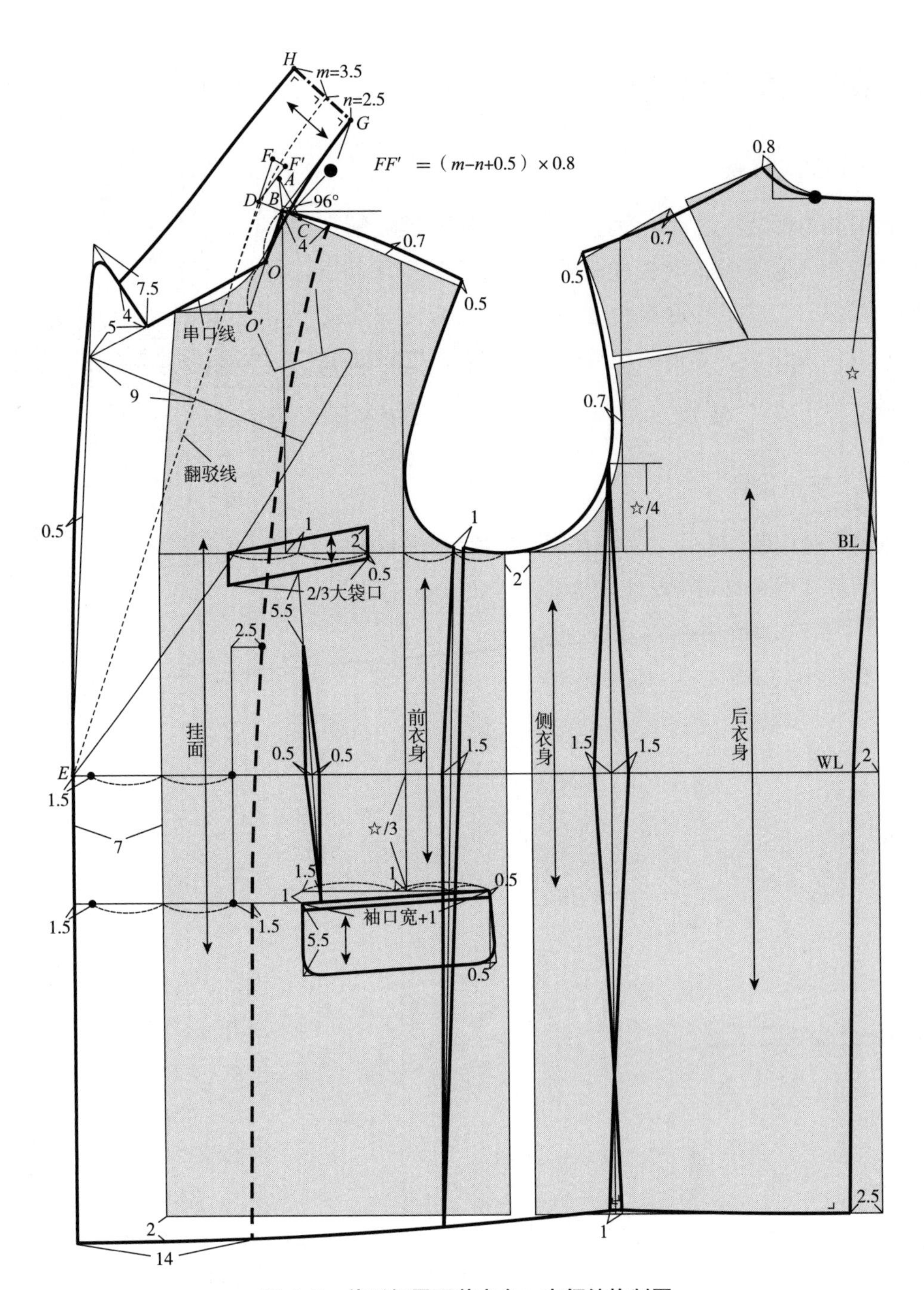

图 4-8　戗驳领男西装衣身、衣领结构制图

（四）结构制图说明

1. 衣身、衣领结构设计

衣身结构以基本型衣身为基础，半身胸围追加 2cm 放量，采用三开身结构制图形式，根据款式要求，基本型衣身后背省转至肩部 1.5cm，剩余省量融入袖窿；基本型衣身前胸省合并，做撇胸方式处理，如图 4-7 ①、②所示。

如图 4–8 所示，基于基本型衣身领口，后领宽作 0.8cm 开大处理，前、后肩端点加 0.5cm 起翘量，后背宽追加 0.7cm 放量，袖窿底设于基本型前身侧缝处，前肩线作 0.7cm 凸势，后肩线作 0.7cm 凹势，画顺前、后肩线及袖窿弧线；基于基本型后身中缝腰节内收 2cm、底边内收 2.5cm，画顺西装后背缝线；基于 BL 线向上量取☆ /4 交于后袖窿弧线并作垂线至底边为后开身基础线，设后开身腰节收省 3cm、底边展开各 0.5cm，画顺后开身边线；设前衣身搭门 7cm，衣底边下落 2cm，画顺西装衣底边弧线；过前衣身肩颈点作垂线至 BL 线，交点向右量取 1cm 为手巾袋位置基点，设手巾袋袋牙宽 2.5cm、袋口大为 2/3 大袋口，袋牙右边上翘 2cm；大袋位置以前身胸宽垂线为基准，腰节下☆ /3 处，向左量取 1cm 为大袋口中点，设大袋袋口为袖口宽 +1cm，袋口前下落 1cm，设 0.5cm 嵌线袋牙，大袋袋盖宽 5.5cm，袋盖做圆角设计；设前身腰省 1cm，腰省上省尖距手巾袋底中点 5.5cm、下省尖至大袋左边 1.5cm；基于 BL 线，取前身胸宽线至侧缝的中点设为胁下省开省位置，设胁省袖窿处开口 1cm，腰节收 1.5cm，胁下省通至衣底边。

戗驳领是驳领的另一种基本领型，由翻领和衣身前门襟的驳头两部分组成，戗驳领结构制图以衣身领口为基础，设衣领领座颈侧倾角为 96°、领座高 n=2.5cm、翻领宽 m=3.5cm。如图 4–8 所示，以衣身领口 B 点为起点作水平线，过 B 点作水平线 96° 夹角线 AB，线段 AB 即为领座高 n=2.5cm，过 A 点向肩斜线作引线 AC，线段 AC 即为翻领宽 m=3.5cm，延长线段 CB 至 D 点，设线段 $CD=CA$，连接 ED 为翻驳线，作 ED 延长线至 F，设 $DF=m$，过 D 点作 $DF'=DF$，设 FF'=（$m-n$+0.5cm）×0.8，即为戗驳领的翻领松量。过 B 点作 DF' 的平行线 BG，设 BG= 后领口弧长●，过 G 点作 BG 垂线 $GH=m+n$。作领口斜线 $O'B$ 平行于翻驳线 DE，过 $O'B$ 中点 O 与前领口中点连线为串口线，设驳头宽 =9cm、驳领尖角宽 =7.5cm、驳领角宽 =5cm、翻领角宽 =4cm，画顺驳领尖角、翻领的领下口线、外口线、翻折线及驳头外口线。

如图 4–8 所示，过前肩颈点沿肩斜线量取 4cm，衣底边向内量取 14cm，连弧线为前衣身挂面。

2. 衣袖结构设计

两片袖是西装等制服类服装的基本袖型，衣袖由大、小两个袖片构成，合体、修身是两片袖的基本特征，衣袖弯势、前势、靠势是两片袖结构设计的重点。

两片袖结构设计以衣身袖窿为基础，如图 4–9 所示，连接前、后肩端点，过中点至袖窿底（BL）作 6 等分，取 5/6 设为袖山高；量取前、后袖窿弧长（AH），以袖山顶点为原点分别取前 AH+0.3cm、后 AH+0.6cm 作袖山斜线至衣身胸围线（BL）A、B 点，C 点为衣身袖窿底点，分别取 AC、BC 中点作垂线为大、小袖片分割基准线；基于 AC 中点分割基准线分别向左右两侧平移 2.5cm 为大、小袖前偏袖线，袖肘处缩进 1.5cm 作袖身弯势，设袖口宽为 2/3 半袖肥，后偏袖线设计以 BC 中点与袖口连线为基准，袖山底部与胁下省合并后的袖窿底部呈吻合状态，设 2.5cm 宽、11cm 长袖开衩折边。

（五）纸样分解图

戗驳领男西装纸样分解如图 4–10 所示。

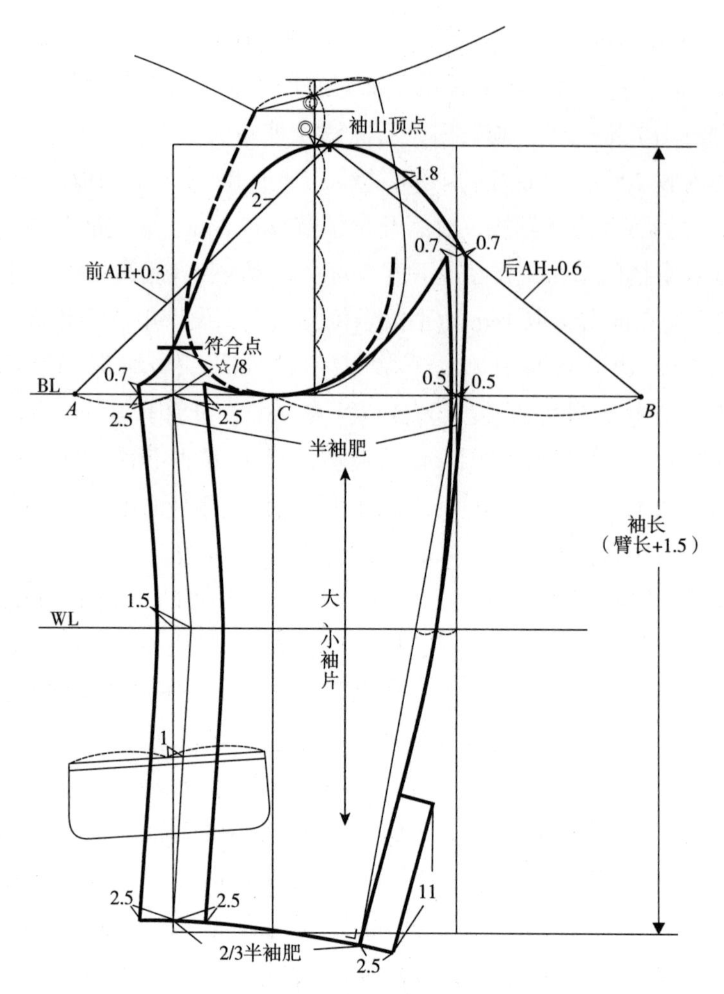

图 4-9　戗驳领男西装衣袖结构制图

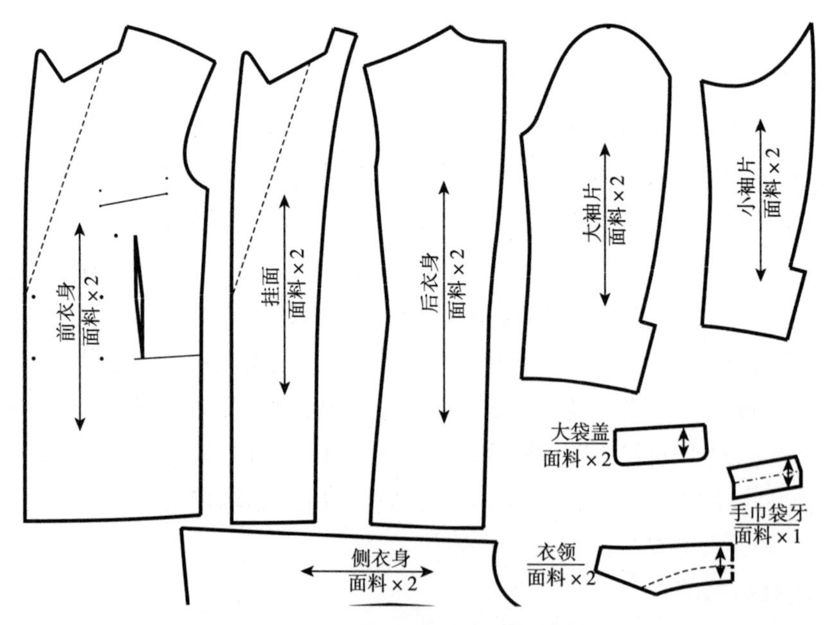

图 4-10　戗驳领男西装纸样分解图

三、青果领男西装结构设计

（一）款式特点

青果领男西装款式特点为修身型衣身结构，青果领，单排一粒扣，圆形摆角，衣长过臀至臀底沟，三开身衣身结构，设腰省，胁下省通衣底边，腰节下约 8cm 位置设双嵌线挖袋，合体两片袖结构形式，后袖口处设袖开衩，如图 4–11 所示。

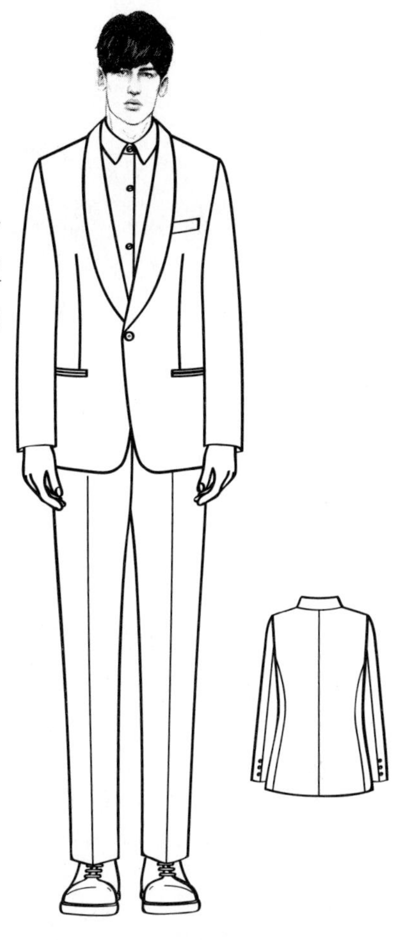

图 4–11　青果领男西装款式图

（二）规格设计

青果领男西装结构设计实例采用 180/96A 号型规格，以男上装基本型衣身规格设计为基础。

（1）衣长：h×0.4+（6 ~ 8）cm。

（2）胸围（B）：B^*+16cm+4cm。

（3）腰围（W）：B–18cm。

（4）袖长：臂长 +1.5cm。

（5）胸宽：1.5B^*/10+5cm。

（6）背宽：1.5B^*/10+6cm+0.7cm。

（7）背长：45cm。

（8）袖窿深：h/10+9cm。

（9）领宽：B^*/12+0.5cm+0.8cm。

（10）胸省：B^*/40。

（11）背省：B^*/40–0.3cm。

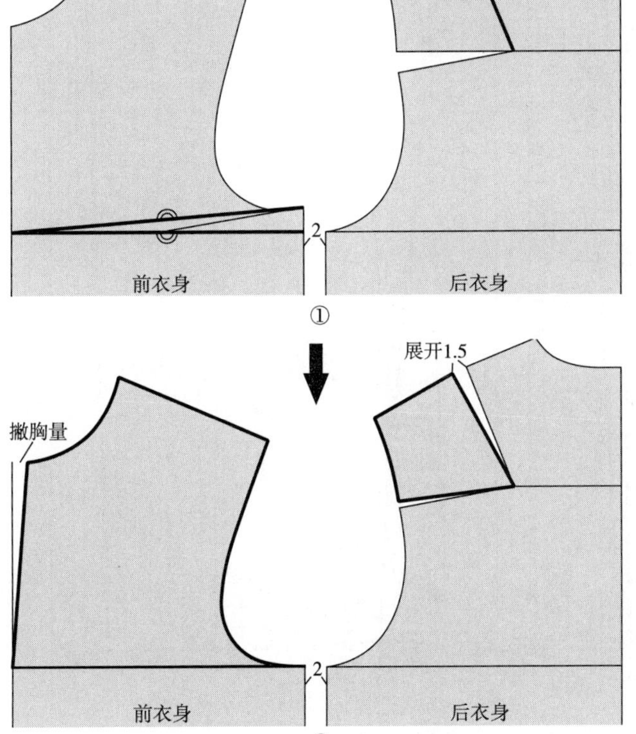

图 4–12　基本型衣身转省处理

（三）结构制图

青果领男西装结构制图如图 4–12~ 图 4–14 所示。

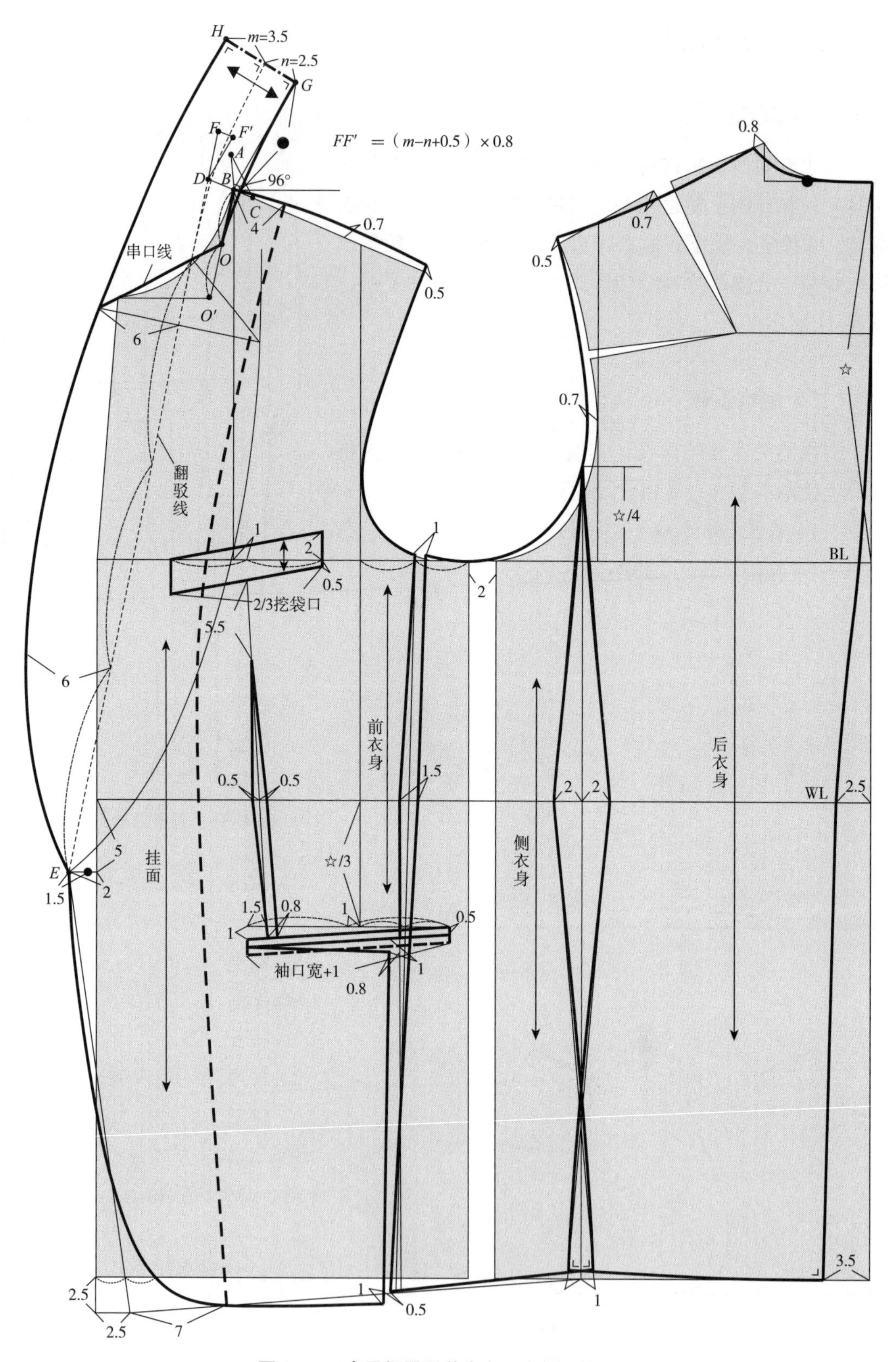

图 4-13　青果领男西装衣身、衣领结构制图

（四）结构制图说明

1. 衣身、衣领结构设计

衣身结构以基本型衣身为基础，半身胸围追加 2cm 放量，采用三开身结构制图形式，根据款式要求，基本型衣身后背省转至肩部 1.5cm，剩余省量融入袖窿；基本型衣身前胸省合并，作撇胸方式处理，如图 4–12 ①、②所示。

如图 4–13 所示，基于基本型衣身领口，后领宽作 0.8cm 开大处理，前、后肩端点加 0.5cm 起翘量，后背宽追加 0.7cm 放量，袖窿底设于基本型前身侧缝处，前肩线作 0.7cm 凸势，后肩线作 0.7cm 凹势，画顺前、后肩线及袖窿弧线；基于基本型后身中缝腰节内收 2.5cm、底边内收 3.5cm，画顺西装后背缝线；基于 BL 线向上量取☆ /4 交于后袖窿弧线并作垂线至底边为后开身基础线，设后开身腰节收省 4cm、底边展开各 1cm，画顺后开身边线；设前衣身搭门 2cm，衣底边下落 2.5cm，画顺西装圆摆角及衣底边弧线；过前衣身肩颈点作垂线至 BL 线，交点向右量取 1cm 为手巾袋位置基点，设手巾袋袋牙宽 2.5cm、袋口大为 2/3 挖袋口，袋牙右边上翘 2cm；挖袋位置以前身胸宽垂线为基准，腰节下☆ /3 处，向左量取 1cm 为挖袋口中点，设挖袋袋口为袖口宽 +1cm，袋口前下落 1cm，设 0.5cm 双嵌线袋牙；设前身腰省 1cm，腰省上省尖距手巾袋底中点 5.5cm、下省尖至大袋左边 1.5cm 处；基于 BL 线，取前身胸宽线至侧缝的中点设为胁下省开省位置，设胁省袖窿处开口 1cm，腰节收 1.5cm，胁省通至衣底边，大袋剪开线位置设肚省。

青果领是驳领的一种特殊领型，由翻领和衣身前门襟的驳头两部分组成，领面无串口接缝。青果领结构制图以衣身领口为基础，设衣领领座颈侧倾角为 96°、领座高 n=2.5cm、翻领宽 m=3.5cm。如图 4–13 所示，以衣身领口 B 点为起点作水平线，过 B 点作水平线 96° 夹角线 AB，线段 AB 即为领座高 n=2.5cm，过 A 点向肩斜线作引线 AC，线段 AC 即为翻领宽 m=3.5cm，延长线段 CB 至 D 点，设线段 $CD=CA$，连接 ED 为翻驳线，作 ED 延长线至 F，设 $DF=m$，过 D 点作 $DF'=DF$，设 FF'=（$m-n$+0.5cm）×0.8，即为青果领的翻领松量。过 B 点作 DF' 的平行线 BG，设 BG= 后领口弧长●，过 G 点作 BG 垂线 $GH=m+n$。作领口斜线 $O'B$ 平行于翻驳线 DE，过 $O'B$ 中点 O 与前领口中点连线为串口线，设驳头宽 6cm，无领缺嘴设计，画顺翻领的领下口线、外口线、翻折线及驳头外口线。

如图 4–13 所示，过前肩颈点沿肩斜线量取 4cm，衣底边向内量取 7cm，连弧线为前衣身挂面。

2. 衣袖结构设计

两片袖是西装等制服类服装的基本袖型，衣袖由大、小两个袖片构成，合体、修身是两片袖的基本特征，衣袖弯势、前势、靠势是两片袖结构设计的重点。

两片袖结构设计以衣身袖窿为基础，如图 4–14 所示，连接前、后肩端点，过中点至袖窿底（BL）作 6 等分，取 5/6 设为袖山高；量取前、后袖窿弧长（AH），以袖山顶点为原点分别取前 AH+0.3cm、后 AH+0.6cm 作袖山斜线至衣身胸围线（BL）*A*、*B* 点，*C* 点为衣身袖窿底点，分别取 *AC*、*BC* 中点作垂线为大、小袖片分割基准线；基于 *AC* 中点分割基准线分别向左右两侧平移 2.5cm 为大、小袖前偏袖线，袖肘处缩进 1.5cm 作袖身弯势，设袖口宽为 2/3 半袖肥，后偏袖线设计以 *BC* 中点与袖口连线为基准，袖山底部与肋下省合并后的袖窿底部呈吻合状态，设 2.5cm 宽、11cm 长袖开衩折边。

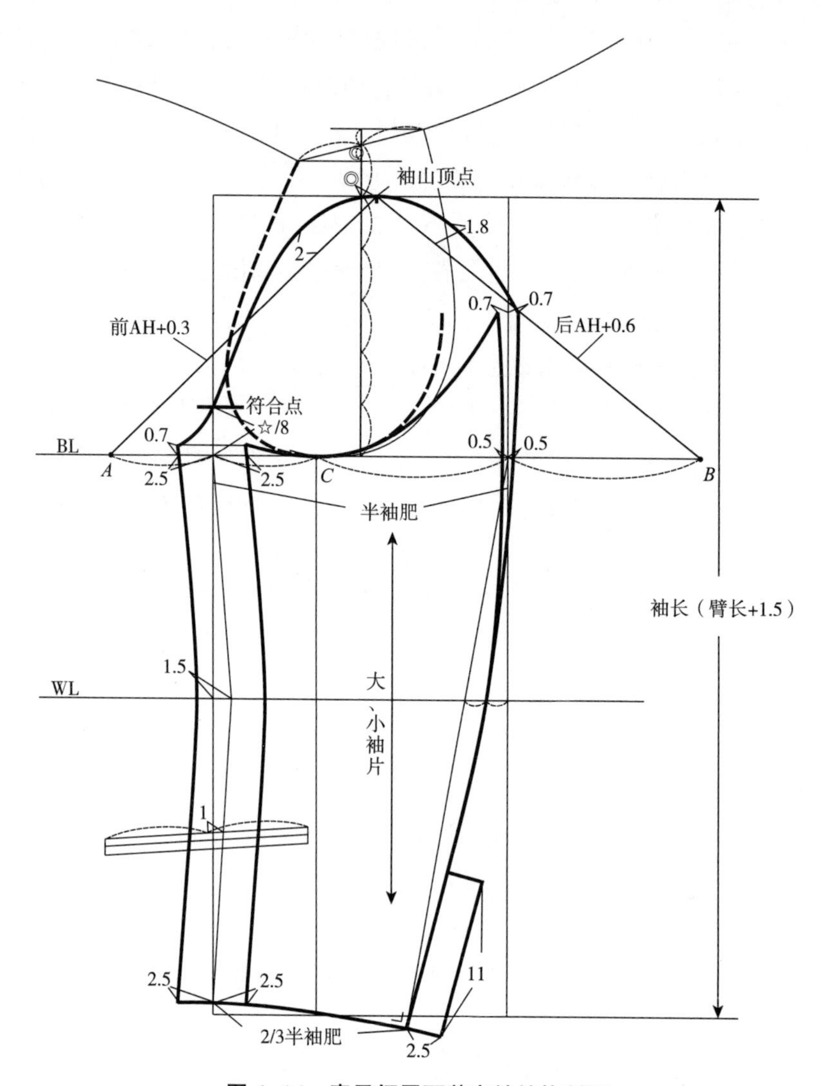

图 4-14　青果领男西装衣袖结构制图

（五）纸样分解图

青果领男西装纸样分解如图 4-15 所示。

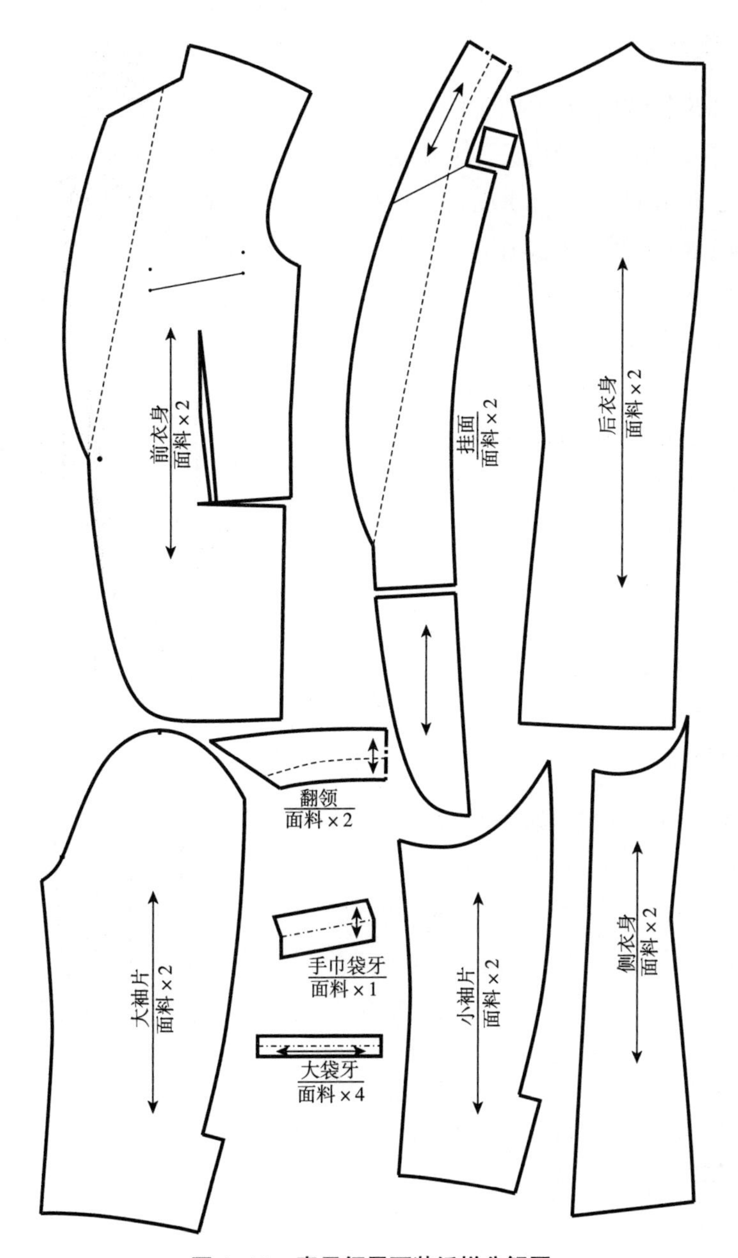

图 4-15　青果领男西装纸样分解图

四、运动休闲男西装结构设计

（一）款式特点

运动休闲男西装款式特点为较宽松型衣身结构，平驳领，单排三粒扣，圆形摆角，衣长过臀至臀底沟，三开身衣身结构，设腰省，胁下省通衣底边，腰节下约 8cm 位置设贴袋，合体两片袖结构形式，后袖口处设袖开衩，如图 4-16 所示。

（二）规格设计

运动休闲男西装结构设计实例采用 180/96A 号型规格，以男上装基本型衣身规格设计为基础。

（1）衣长：h×0.4+（6 ~ 8）cm。

（2）胸围（B）：B^*+16cm+6cm。

（3）腰围（W）：B–15cm。

（4）袖长：臂长 +1.5cm。

（5）胸宽：1.5B^*/10+5cm+0.5cm。

（6）背宽：1.5B^*/10+6cm+0.7cm。

（7）背长：45cm。

（8）袖窿深：h/10+9cm。

（9）领宽：B^*/12+0.5cm+0.8cm。

（10）胸省：B^*/40。

（11）背省：B^*/40–0.3cm。

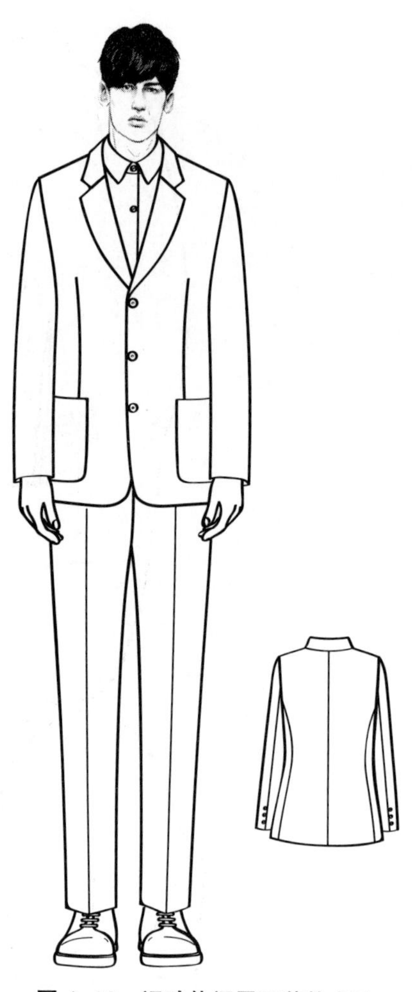

图 4–16　运动休闲男西装款式图

（三）结构制图

运动休闲男西装结构制图如图 4–17~ 图 4–19 所示。

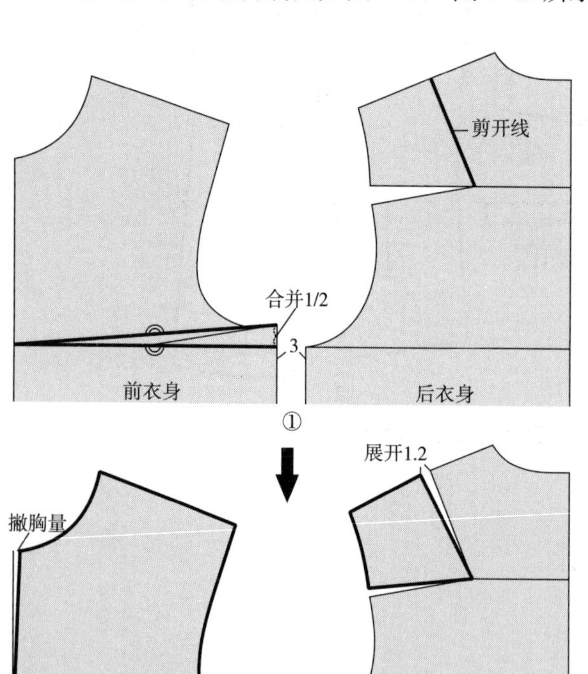

图 4–17　基本型衣身转省处理

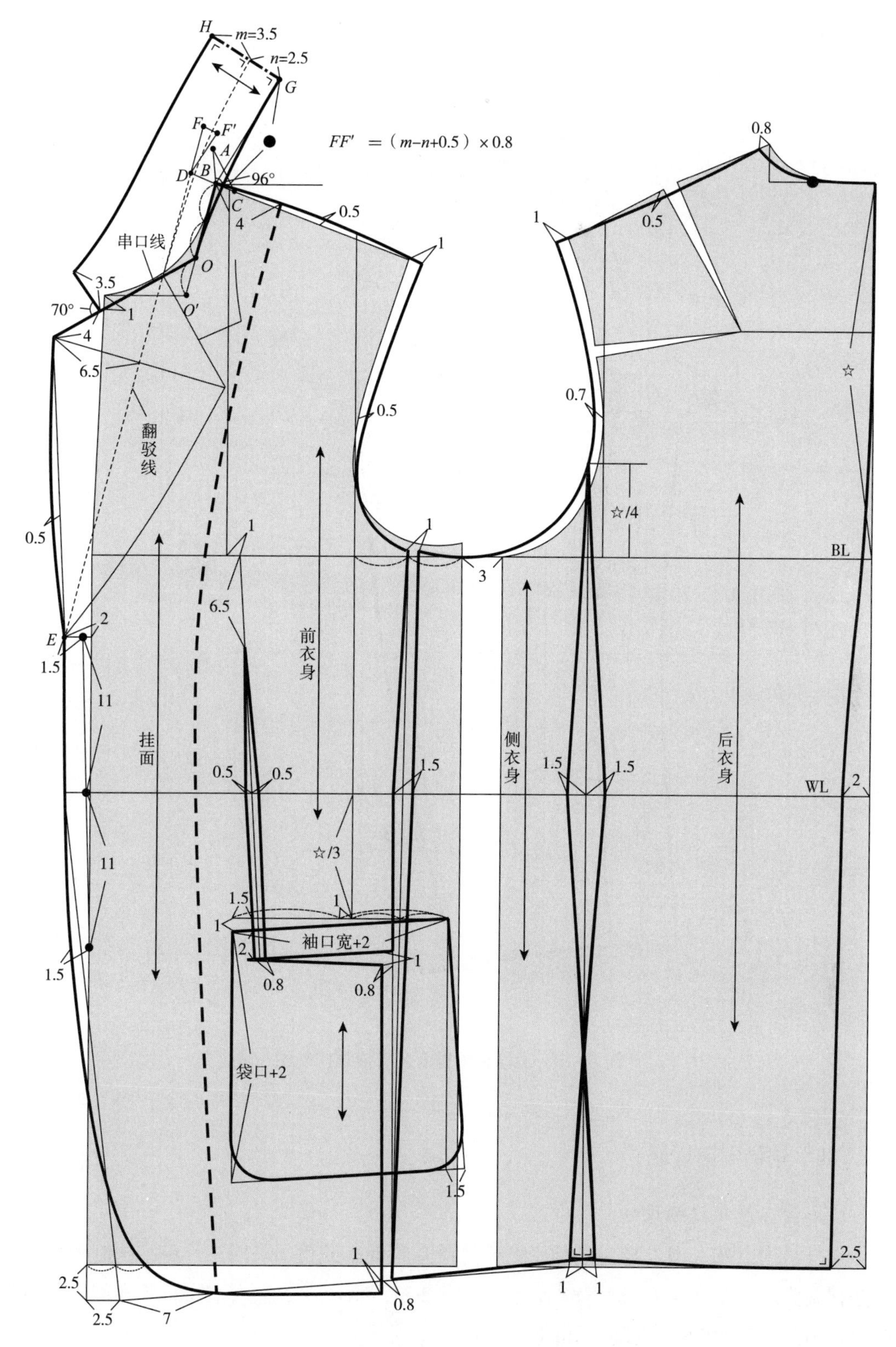

图 4–18　运动休闲男西装衣身、衣领结构制图

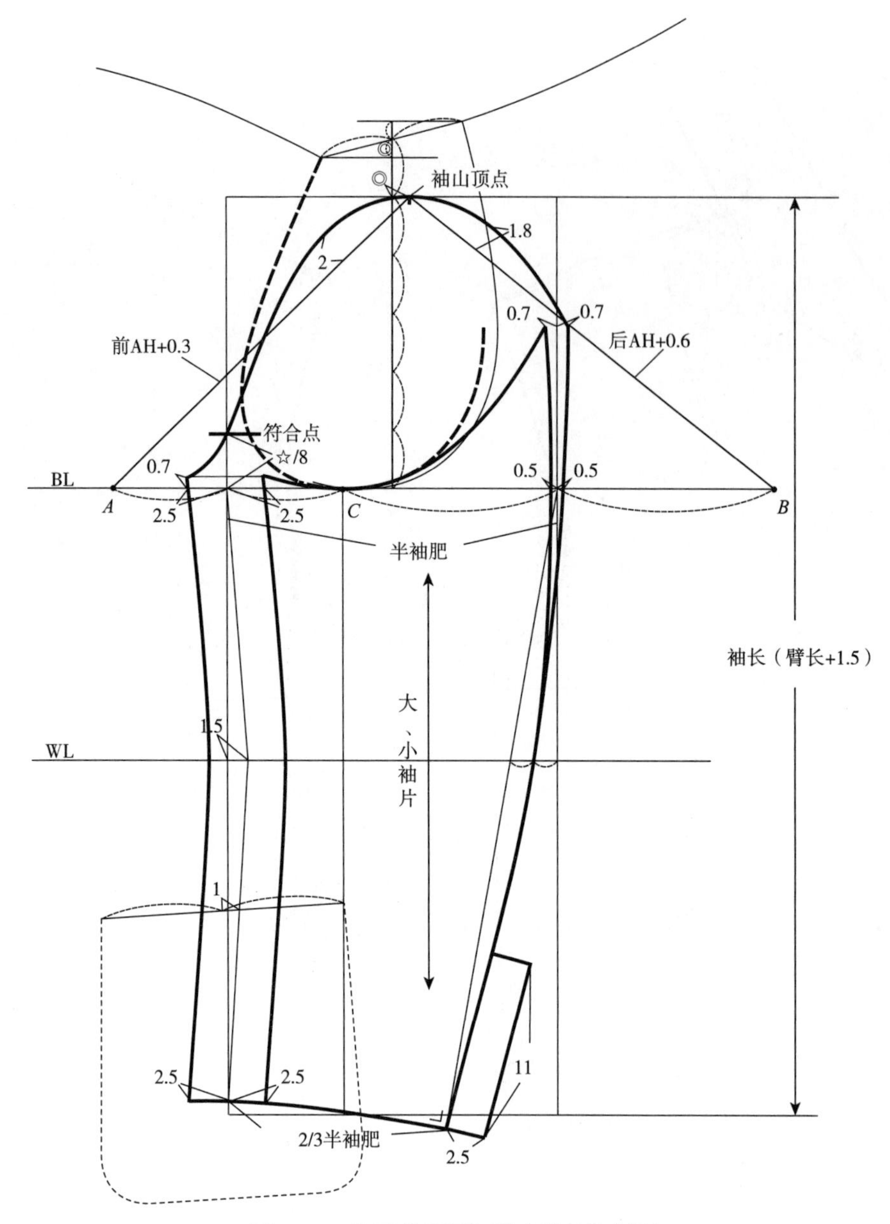

图 4–19　运动休闲男西装衣袖结构制图

（四）结构制图说明

1. 衣身、衣领结构设计

衣身结构以基本型衣身为基础，半身胸围追加 3cm 放量，采用三开身结构制图形式，根据款式要求，基本型衣身后背省转至肩部 1.2cm，剩余省量融入袖窿；基本型衣身前胸省合并 1/2，作撇胸方式处理，如图 4–17 ①、②所示。

如图 4–18 所示，基于基本型衣身领口，后领宽作 0.8cm 开大处理，前、后肩端点加 1cm 放量，前胸宽追加 0.5cm 放量，后背宽追加 0.7cm 放量，袖窿底设于基本型前身侧缝处，前肩线作 0.5cm 凸势，后肩线作 0.5cm 凹势，画顺前、后肩线及袖窿弧线；基于基本型后身中缝腰节内收 2cm、底边内收 2.5cm，画顺西装后背缝线；基于 BL 线向上量取☆ /4 交于后袖窿弧线并作垂线至底边为后开身基础线，设后开身腰节收省 3cm、底边展开各 1cm，画顺后开身边线；设前衣身搭门 2cm，衣底边下落 2.5cm，画顺西装圆摆角及衣底边弧线；贴袋位置以前身胸宽垂线为基准，腰节下☆ /3 处，向左量取 1cm 为贴袋中点，设贴袋袋口为袖口宽 +2cm，袋口前下落 1cm，设袋深为袋口 +2cm，袋下角作圆角设计；设前身腰省 1cm，腰省上省尖距胸围线 6.5cm、下省尖至贴袋左边 1.5cm 处；基于 BL 线，取前身胸宽线至侧缝的中点设为胁下省开省位置，设胁省袖窿处开口 1cm，腰节处收 1.5cm，胁省通至衣底边，袋口下 2cm 位置设肚省。

平驳领是驳领的基本领型，由翻领和衣身前门襟的驳头两部分组成，平驳领结构制图以衣身领口为基础，设衣领领座颈侧倾角为 96°、领座高 n=2.5cm、翻领宽 m=3.5cm。如图 4–18 所示，以衣身领口 B 点为起点作水平线，过 B 点作水平线 96° 夹角线 AB，线段 AB 即为领座高 n=2.5cm，过 A 点向肩斜线作引线 AC，线段 AC 即为翻领宽 m=3.5cm，延长线段 CB 至 D 点，设线段 $CD=CA$，连接 ED 为翻驳线，作 ED 延长线至 F，设 $DF=m$，过 D 点作 $DF'=DF$，设 FF'=（$m-n$+0.5cm）×0.8，即为平驳领的翻领松量。过 B 点作 DF' 的平行线 BG，设 BG= 后领口弧长●，过 G 点作 BG 垂线 $GH=m+n$。作领口斜线 $O'B$ 平行于翻驳线 DE，过 $O'B$ 下 1/3 点 O 与前领口中点下 1cm 处连线为串口线，设驳头宽 6.5cm，领缺嘴角度设计为 70°，设驳领角宽 =4cm、翻领角宽 =3.5cm，画顺翻领的领下口线、外口线、翻折线及驳头外口线。

如图 4–18 所示，过前肩颈点沿肩斜线量取 4cm，衣底边向内量取 7cm，连弧线为前衣身挂面。

2. 衣袖结构设计

两片袖是西装等制服类服装的基本袖型，衣袖由大、小两个袖片构成，合体、修身是两片袖的基本特征，衣袖弯势、前势、靠势是两片袖结构设计的重点。

两片袖结构设计以衣身袖窿为基础，如图 4–19 所示，连接前、后肩端点，过中点至袖窿底（BL）作 6 等分，取 5/6 设为袖山高；量取前、后袖窿弧长（AH），以袖山顶点为原点分别取前 AH+0.3cm、后 AH+0.6cm 作袖山斜线至衣身胸围线（BL）A、B 点，C 点为衣身袖窿底点，分别取 AC、BC 的中点作垂线为大、小袖片分割基准线；基于 AC 中点分割基准线分别向左右两侧平移 2.5cm 为大、小袖前偏袖线，袖肘处缩进 1.5cm 作袖身弯势，设袖口宽为 2/3 半袖肥，后偏袖线设计以 BC 中点与袖口连线为基准，袖山底部与胁下省合并后的袖窿底部呈吻合状态，设 2.5cm 宽、11cm 长袖开衩折边。

（五）纸样分解图

运动休闲男西装纸样分解如图 4–20 所示。

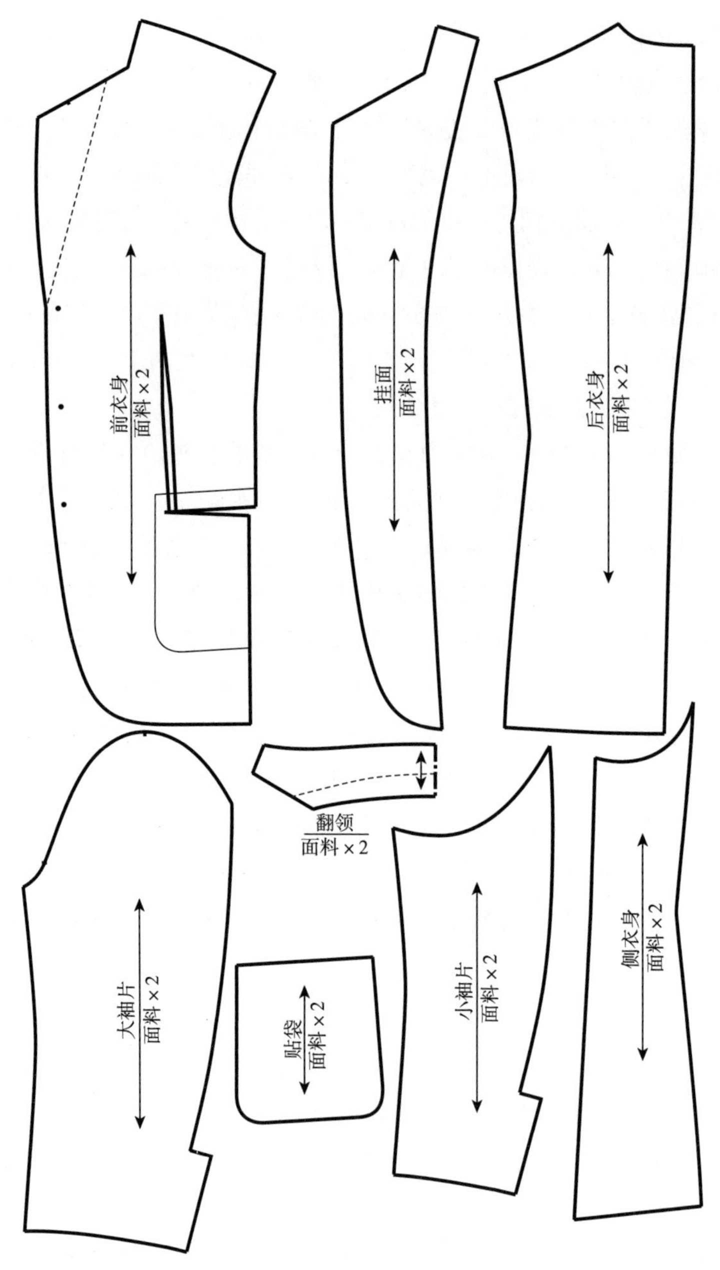

图 4-20　运动休闲男西装纸样分解图

五、男夹克结构设计

（一）款式特点

男夹克款式特点为直身型衣身结构，连翻领，前门襟装拉链，直衣摆，衣长至臀，四开身衣身结构，无省，设肩育克分割，腰节下设板牙挖袋，较合体一片分割袖结构形式，设袖克夫，后袖口处设开衩，如图 4-21 所示。

（二）规格设计

男夹克结构设计实例采用 180/96A 号型规格，以男上装基本型衣身规格设计为基础。

（1）衣长：h×0.4+（6 ~ 8）cm−6cm。

（2）胸围（B）：B^*+16cm+6cm。

（3）腰围（W）：B−2cm。

（4）袖长：臂长 +2.5cm。

（5）胸宽：1.5B^*/10+5cm+0.7cm。

（6）背宽：1.5B^*/10+6cm+1cm。

（7）背长：45cm。

（8）袖窿深：h/10+9cm+1cm。

（9）领宽：B^*/12+0.5cm+0.8cm。

（10）胸省：B^*/40。

（11）背省：B^*/40−0.3cm。

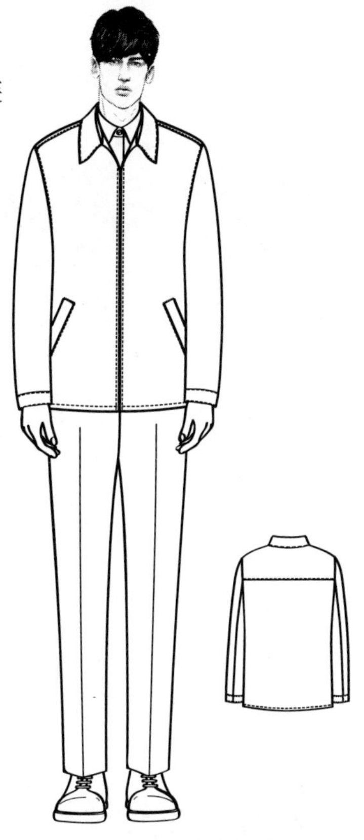

图 4–21　男夹克款式图

（三）结构制图

男夹克结构制图如图 4–22~ 图 4–24 所示。

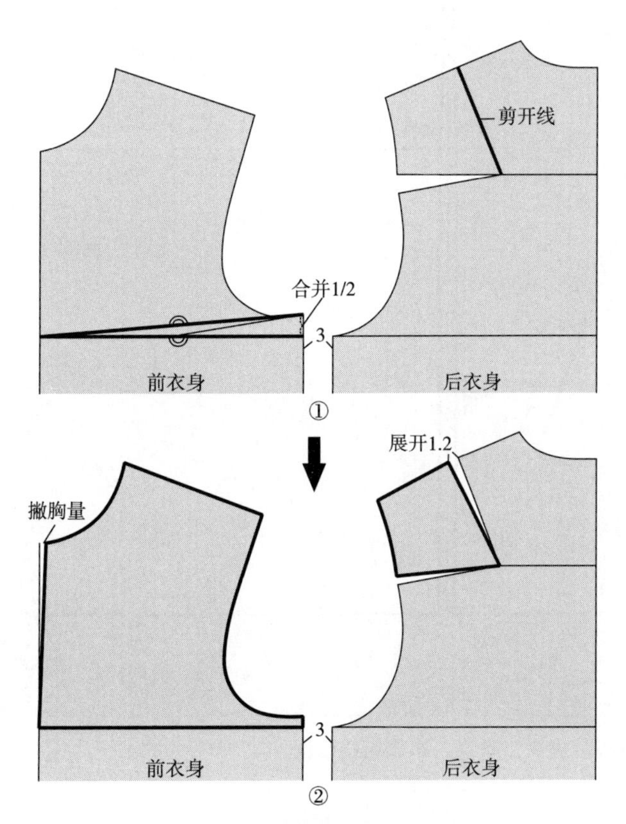

图 4–22　基本型衣身转省处理

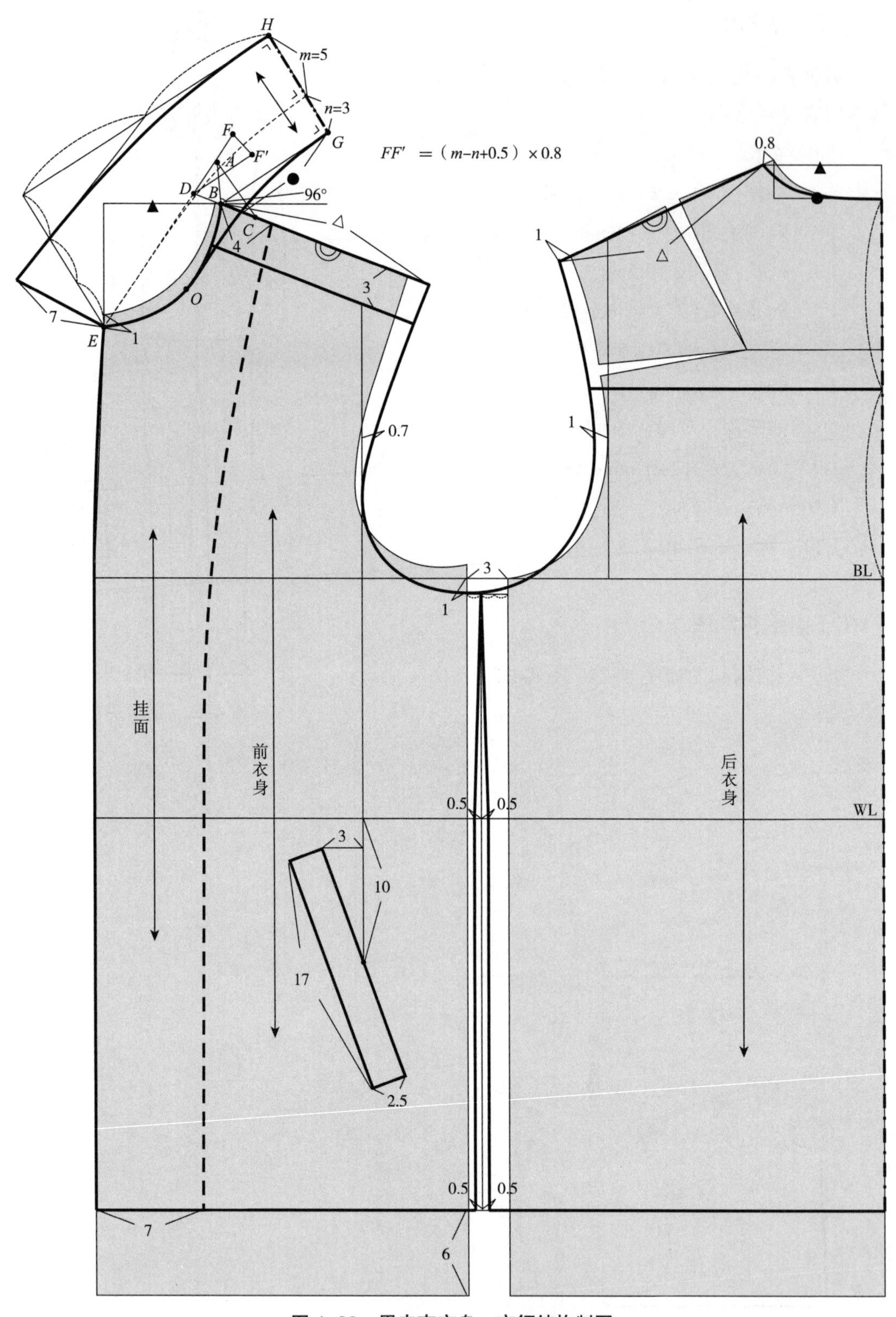

图 4-23　男夹克衣身、衣领结构制图

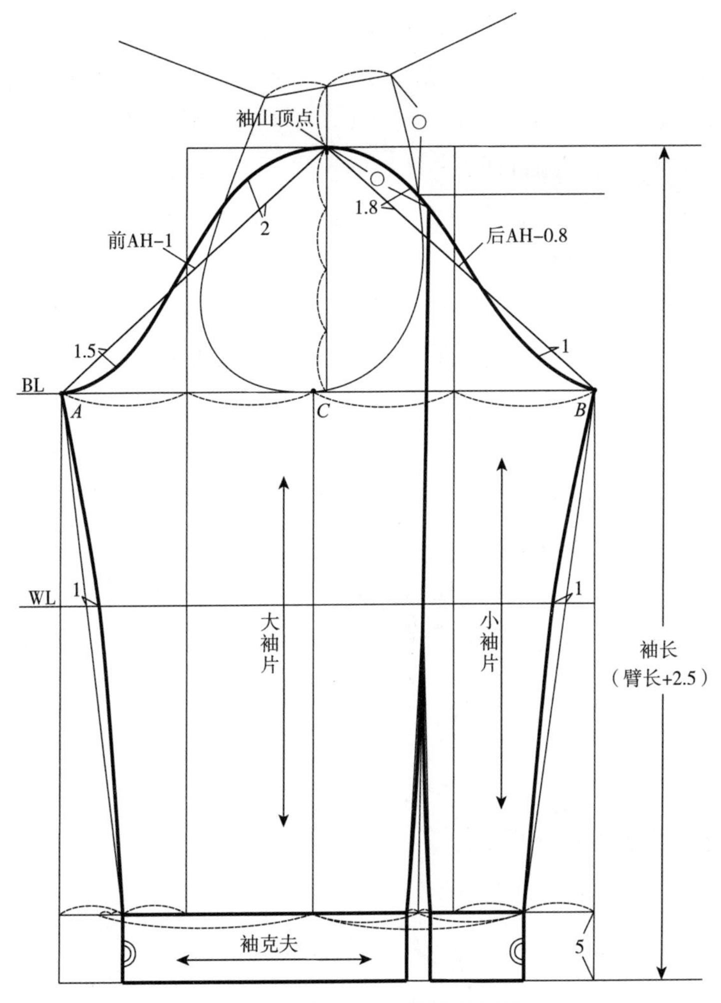

图 4-24　男夹克衣袖结构制图

（四）结构制图说明

1. 衣身、衣领结构设计

衣身结构以基本型衣身为基础，半身胸围追加 3cm 放量，采用四开身结构制图形式，根据款式要求，基本型衣身后背省转至肩部 1.2cm，剩余省量融入袖窿；基本型衣身前胸省合并 1/2，作撇胸方式处理，如图 4-22 ①、②所示。

如图 4-23 所示，基于基本型衣身领口，后领宽作 0.8cm 开大处理，设前领宽 = 后领宽 = ▲，前领深下落 1cm，后肩端点追加 1cm 放量，设前肩宽 = 后肩宽 = △，前胸宽追加 0.7cm 放量，后背宽追加 1cm 放量，袖窿深追加 1cm，袖窿底设于胸围放量左 1/3 处，连接前、后肩线，画顺前、后领口，袖窿弧线；设衣长为基本型衣身减 6cm，前、后腰节处内收 0.5cm、衣底边内收 0.5cm，前肩设 3cm 过肩，后背设育克分割；板牙挖袋位置以前身胸宽垂线为基准，设挖袋板牙长 17cm、宽 2.5cm。

男夹克采用连翻领结构形式，连翻领是衣领领座和翻领连属的一种翻领结构形式，连翻领结构制图以衣身领口为基础。如图 4–23 所示，以衣身领口 *B* 点为起点作水平线，过 *B* 点作水平线 96° 夹角线 *AB*，线段 *AB* 即为领座高 *n*=3cm，过 *A* 点向肩斜线作引线 *AC*，线段 *AC* 即为翻领宽 *m*=5cm，延长线段 *CB* 至 *D* 点，设线段 *CD*=*CA*。以前领口中点为翻领点，连接 *ED* 为衣领翻折线；作 *ED* 延长线至 *F*，设 *DF*=*m*，过 *D* 点作 *DF'*=*DF*，设 *FF'*=（*m*–*n*+0.5cm）×0.8，过 *B* 点作 *DF'* 的平行线 *BG*，设 *BG*= 后领口弧长●，过 *G* 点作 *BG* 垂线 *GH*=*m*+*n*，分别过 *H*、*E* 点作垂直相交线段，设翻领领角宽 7cm。画顺连翻领的领下口线、翻领外口线及翻领领角、翻折线。

如图 4–23 所示，过前肩颈点沿肩斜线量取 4cm，衣底边向内量取 7cm，连弧线为前衣身挂面。

2. 衣袖结构设计

衣袖采用一片袖分割结构形式，如图 4–24 所示。连接前、后肩端点，过中点至袖窿底（BL）作 5 等分，取 4/5 设为袖山高；量取前、后袖窿弧长（AH），以袖山顶点为原点分别取前 AH–1cm、后 AH–0.8cm 作袖山斜线至衣身胸围线（BL）*A*、*B* 点，*C* 点为衣身袖窿底点，如图 4–24 所示画顺袖山弧线；设袖克夫宽 5cm，前、后袖肘内收 1cm，基于后衣身育克分割位置作后袖片纵向分割，袖口依袖肥比例完成制图。

（五）纸样分解图

男夹克纸样分解如图 4–25 所示。

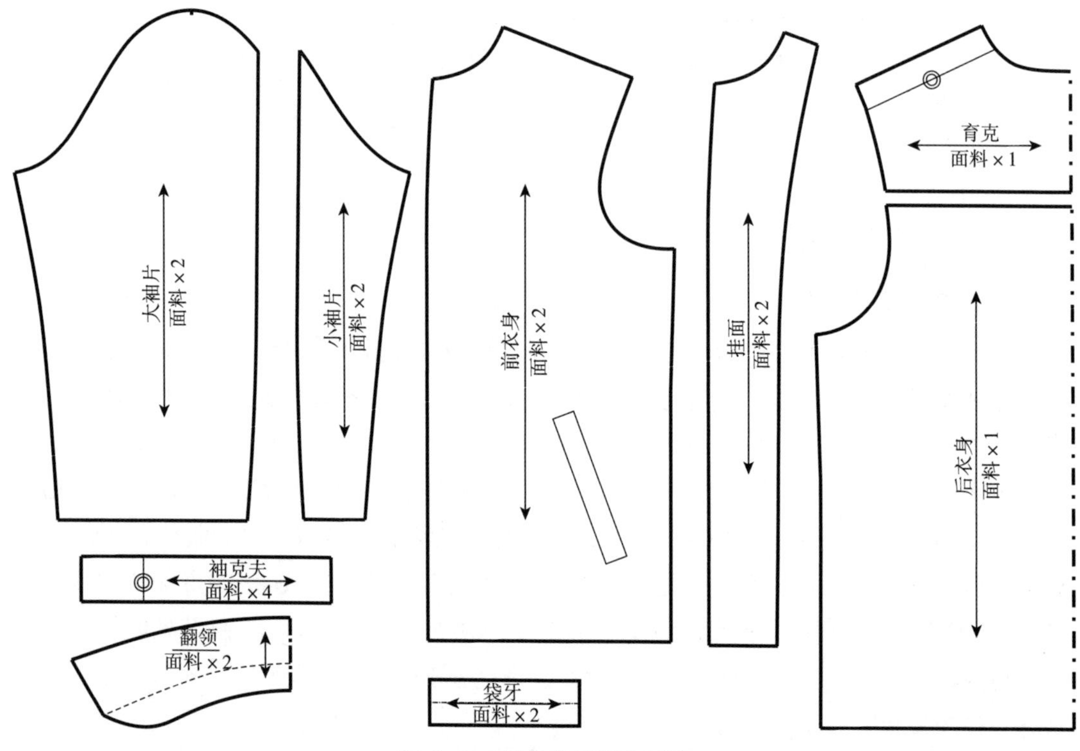

图 4–25　男夹克纸样分解图

六、机车男夹克结构设计

（一）款式特点

机车男夹克款式特点为较宽松型衣身，立领，设不对称门襟，门襟装拉链，衣长至臀，四开身衣身结构，前衣身肩部设过肩，后衣身背部作育克分割，前、后衣身腋下作纵向分割，左前胸设挖袋，加袋盖，前身腰下设板牙直挖袋，衣摆接腰头，较合体型两片袖结构，袖肘设椭圆形贴片，后袖口处设开衩，开衩装拉链，如图 4–26 所示。

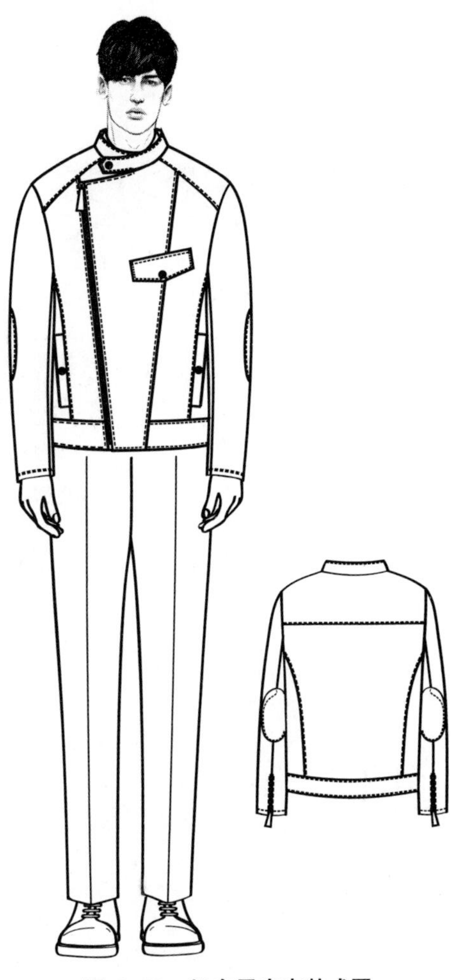
图 4–26　机车男夹克款式图

（二）规格设计

机车男夹克结构设计实例采用 180/96A 号型规格，以男上装基本型衣身规格设计为基础。

（1）衣长：h×0.4+（6 ~ 8）cm–6cm。

（2）胸围（B）：B^*+16cm+7cm。

（3）袖长：臂长 +2.5cm。

（4）胸宽：1.5B^*/10+5cm+0.7cm。

（5）背宽：1.5B^*/10+6cm+1cm。

（6）背长：45cm。

（7）袖窿深：h/10+9cm+1.5cm。

（8）领宽：B^*/12+0.5cm+0.8cm。

（9）胸省：B^*/40。

（10）背省：B^*/40–0.3cm。

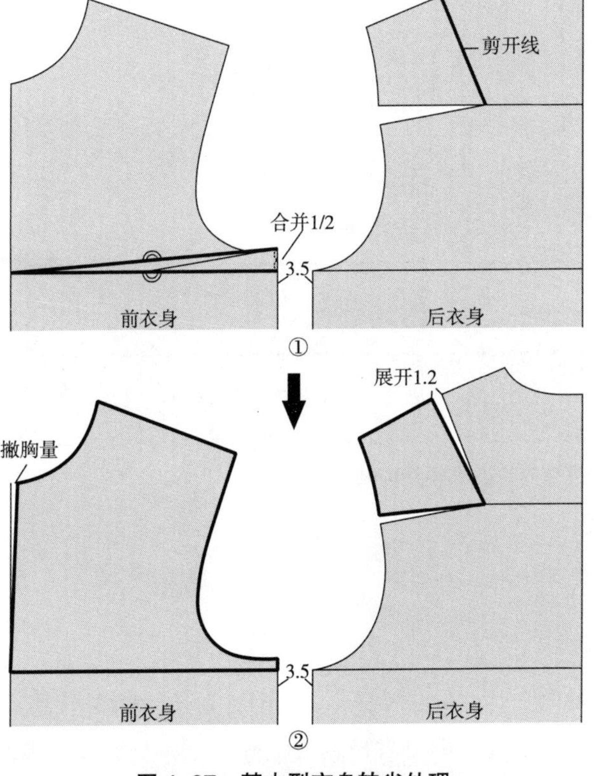

图 4–27　基本型衣身转省处理

（三）结构制图

机车男夹克结构制图如图 4–27~图 4–29 所示。

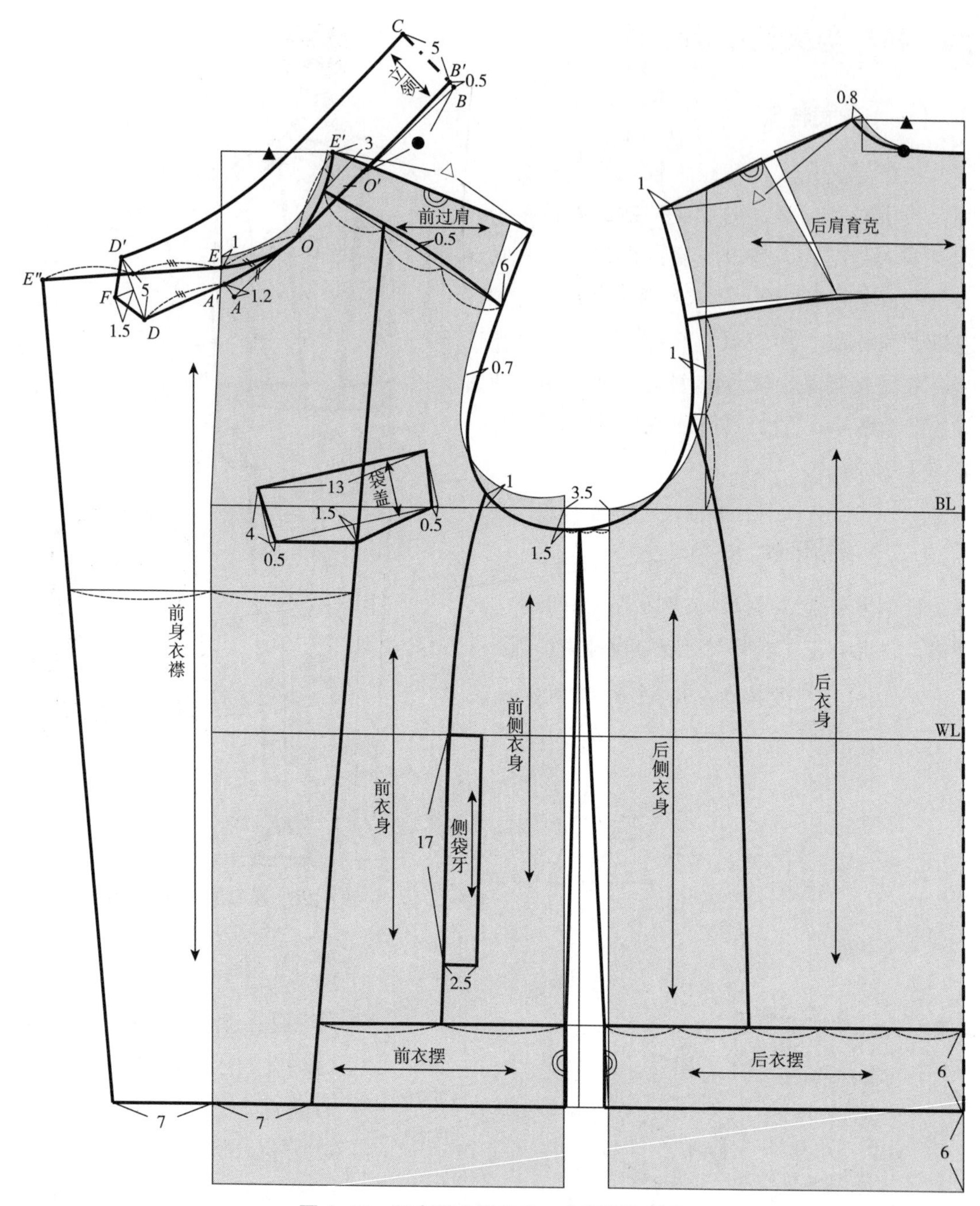

图 4-28 机车男夹克衣身、衣领结构制图

（四）结构制图说明

1. 衣身、衣领结构设计

衣身结构以基本型衣身为基础，半身胸围追加 3.5cm 放量，采用四开身结构制图形式，根据款式要求，基本型衣身后背省转至肩部 1.2cm，剩余省量融入袖窿；基本型衣身前胸省合并 1/2，作撇胸方式处理，如图 4-27 ①、②所示。

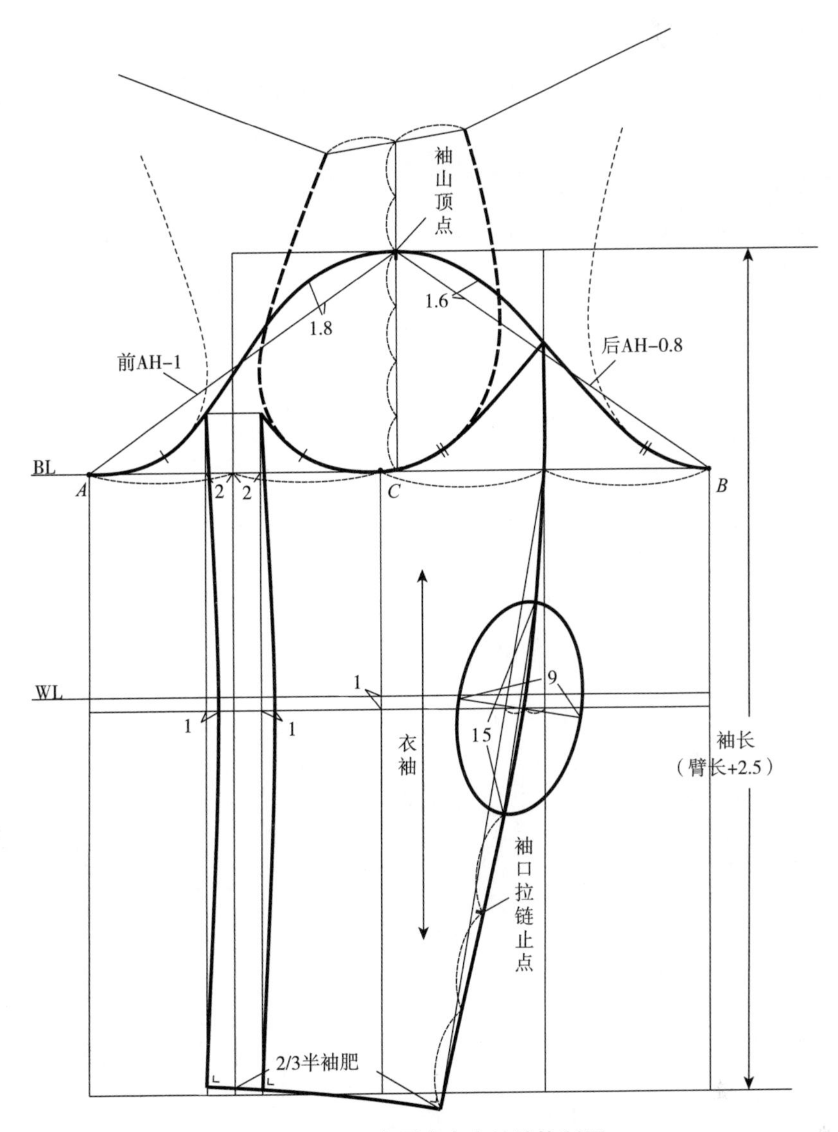

图 4–29　机车男夹克衣袖结构制图

如图 4–28 所示，基于基本型衣身领口，后领宽作 0.8cm 开大处理，设前领宽 = 后领宽 = ▲，前领深下落 1cm，后肩端点加 1cm 放量，设前肩宽 = 后肩宽 = △，前胸宽追加 0.7cm 放量，后背宽追加 1cm 放量，袖窿深追加 1.5cm 放量，袖窿底设于胸围放量左 1/3 处，连接前、后肩线，画顺领口、袖窿弧线；设衣长为基本型衣身 −6cm，前、后衣摆基于基本衣身纸样做内收处理，前肩设过肩，后背设育克分割，前、后衣身依袖窿作纵向分割，取前过肩分割线 1/3 点与衣底边向内量取 7cm 点连线作前身衣襟分割，以前身中心线为准作对称衣襟搭门，下衣摆作 6cm 宽横向分割；前衣身依胸围线和衣襟分割线作 13cm 大加袋盖挖袋，前身腋下分割线、腰围线下设 17cm 长、2.5cm 宽板牙挖袋。

机车男夹克采用立领结构形式，立领结构制图以衣身领口为基础，量取衣身领口弧线中点，过领口弧线中点 *O* 作领口弧线切线，取 *OA*= 前领口半弧长 *OE*，取 *OB*= 前领口半弧长 + 后领口弧长●，过 *A* 点作垂线，设 *A* 点垂线等于 1.2cm 作为立领前起翘量，取

$OA'=OE$，画顺 OA' 弧线并延长至 D 点，过 B 点作垂线，设 BB'=0.5cm 作为立领后起翘量，画顺 OB' 弧线，分别过 B'、D 作 5cm 垂线 $B'C$、$D'D$ 设为立领高，画顺立领上口线，如图 4-28 所示。

2. 衣袖结构设计

机车男夹克采用较合体两片袖结构形式，两片袖结构设计以衣身袖窿为基础，如图 4-29 所示，连接前、后肩端点，过中点至袖窿底（BL）作 6 等分，取 4/6 设为袖山高；量取前、后袖窿弧长（AH），以袖山顶点为原点分别取前 AH−1cm、后 AH−0.8cm 作袖山斜线至衣身胸围线（BL）A、B 点，C 点为衣身袖窿底点，分别取 AC、BC 的中点作垂线为大、小袖片分割基准线；基于 AC 中点分割基准线分别向左右两侧平移 2cm 为大、小袖前偏袖线，袖肘处缩进 1cm 作袖身弯势，设袖口宽为 2/3 半袖肥，后偏袖线设计以 BC 中点与袖口连线为基准，袖山底部与袖窿底部呈吻合状态，后袖肘设 15cm × 9cm 椭圆形贴片，后袖缝拉链止点设于后肘贴片底端至袖口 1/3 处。

（五）纸样分解图

机车男夹克纸样分解如图 4-30 所示。

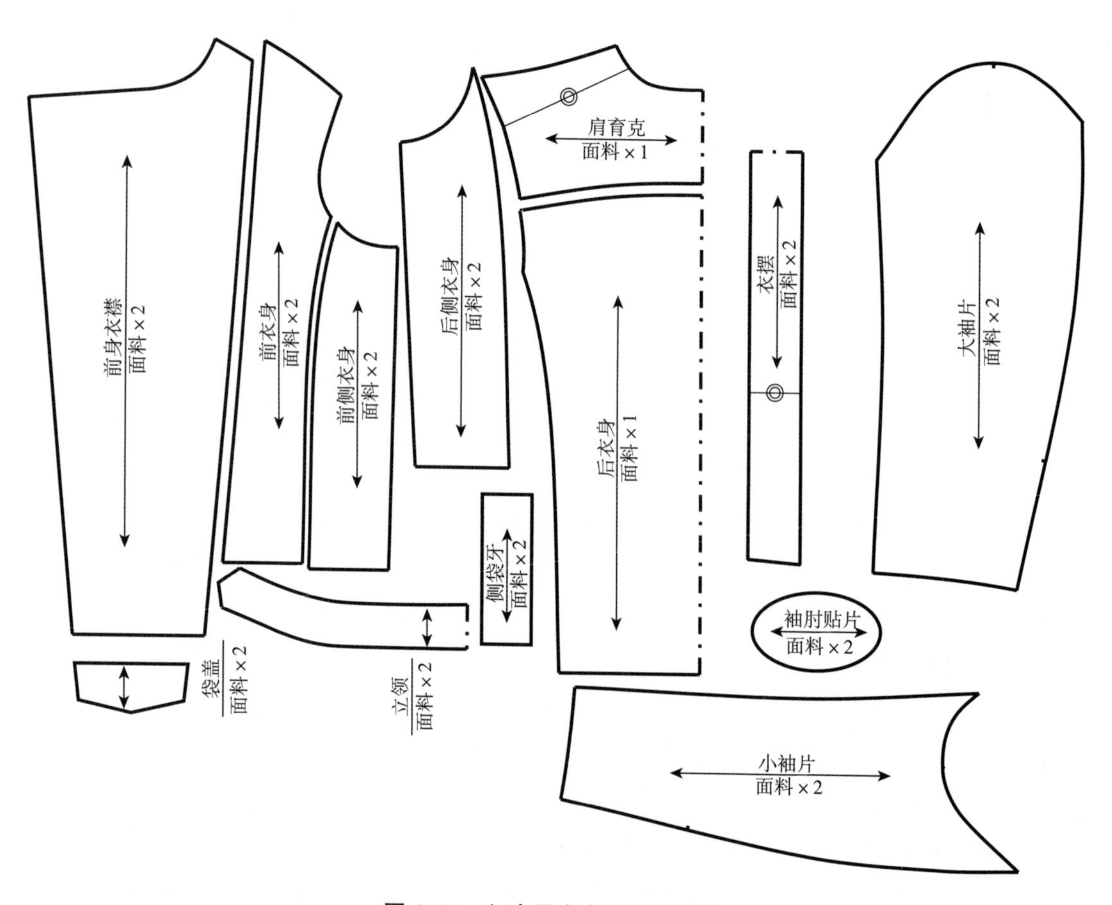

图 4-30　机车男夹克纸样分解图

七、户外休闲男装结构设计

（一）款式特点

户外休闲男装款式特点为宽松型衣身，立领，门襟装拉链，设挡风，衣长过臀至臀底沟，四开身衣身结构，前胸设板牙直挖袋，腰节作横向分割，内设收腰穿绳，腰节下设斜向分割暗斜挖袋，宽松衣袖，后袖作纵向分割，袖肘收省，设袖克夫，后袖口处设开衩，如图 4–31 所示。

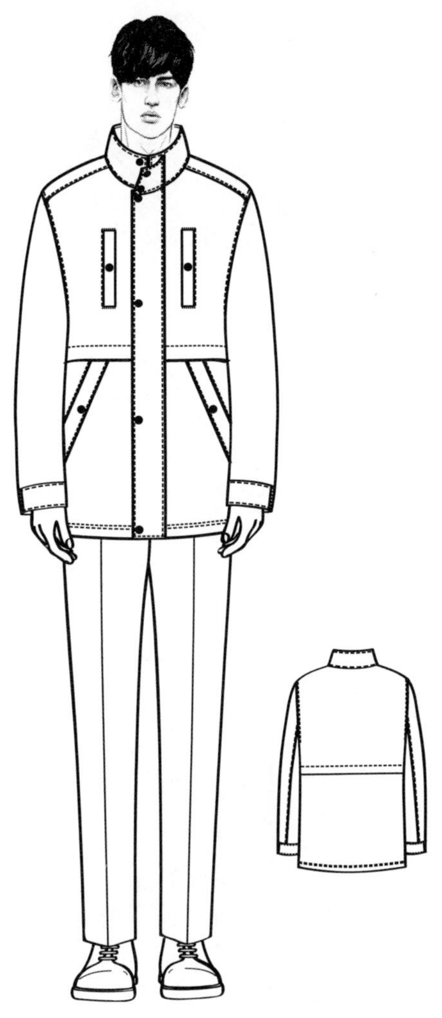

图 4–31　户外休闲男装款式图

（二）规格设计

户外休闲男装结构设计实例采用 180/96A 号型规格，以男上装基本型衣身规格设计为基础。

（1）衣长：h×0.4+（6 ~ 8）cm+5cm。

（2）胸围（B）：B^*+16cm+10cm。

（3）袖长：臂长 +3cm。

（4）胸宽：1.5B^*/10+5cm。

（5）背宽：1.5B^*/10+6cm。

（6）背长：45cm。

（7）袖窿深：h/10+9cm+3cm。

（8）领宽：B^*/12+0.5cm+1.5cm。

（9）胸省：B^*/40。

（10）背省：B^*/40–0.3cm。

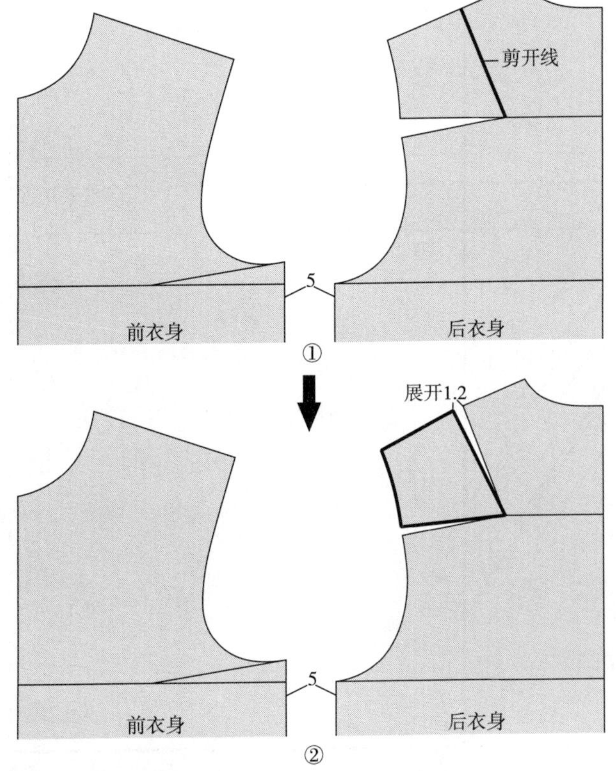

图 4–32　基本型衣身转省处理

（三）结构制图

户外休闲男装结构制图如图 4–32~ 图 4–34 所示。

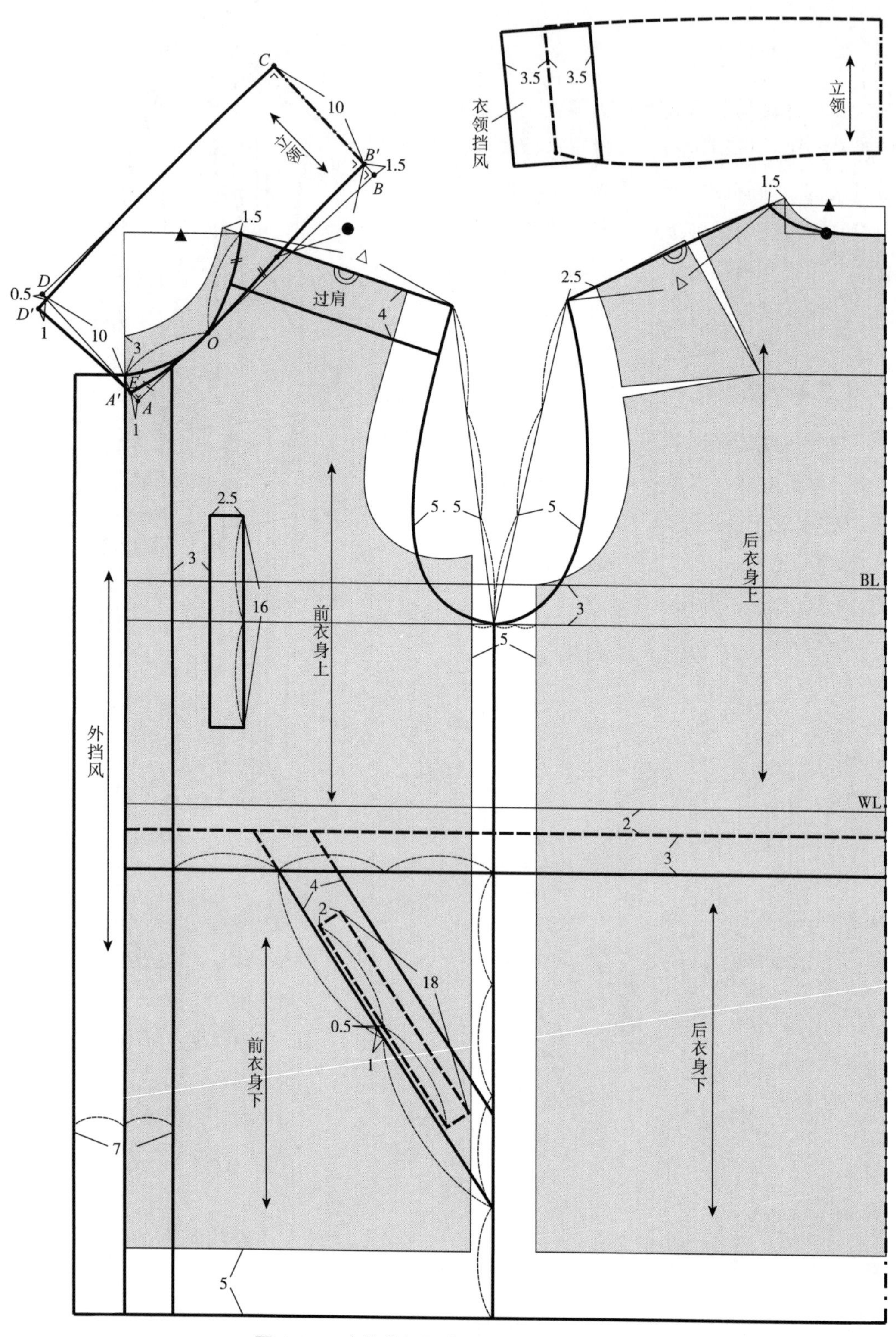

图 4-33　户外休闲男装衣身、衣领结构制图

（四）结构制图说明

1. 衣身、衣领结构设计

衣身结构以基本型衣身为基础，半身胸围追加 5cm 放量，采用四开身结构制图形式，根据款式要求，基本型衣身后背省转至肩部 1.2cm，剩余省量融入袖窿；基本型衣身前胸省作融入前袖窿处理，如图 4–32 ①、②所示。

如图 4–33 所示，基于基本型衣身领口，后领宽作 1.5cm 开大处理，设前领宽 = 后领宽 = ▲，前领深下落 3cm，后肩端点加 2.5cm 放量，设前肩宽 = 后肩宽 = △，袖窿深追加 3cm，袖窿底设于胸围放量左 1/3 处，前、后肩端点分别与袖窿底点连线，取下 1/3 点分别作 5.5cm、5cm 前、后袖窿弯势处理，连接前、后肩线，画顺前、后领口，袖窿弧线；设衣长为基本型衣身追加 5cm，前肩设 4cm 过肩，设 7cm 宽外挡风，腰节下 2cm 作横向分割，分割处作 3cm 折裥设计；前胸距挡风 3cm 处设 16cm 长、2.5cm 宽板牙直挖袋，腰节下作 18cm 长、2cm 宽斜向内藏暗挖袋。

户外休闲男装采用高立领结构形式，高立领结构制图以衣身领口为基础，量取前衣身领口弧线中点，过领口弧线中点 *O* 作领口弧线切线，取 *OA*= 前领口半弧长 *OE*，取 *OB*= 前领口半弧长 + 后领口弧长●，过 *A* 点作垂线，设 *A* 点垂线等于 1cm 作为立领前起翘量，取 *OA′* 等于 *OA*，画顺弧线，过 *B* 点作垂线 *BB′*，设 *BB′*=1.5cm 作为立领后起翘量，画顺 *OB′* 弧线，分别过 *B′*、*A′* 作 10cm 垂线 *B′C*、*A′D* 设为立领高，*CD* 线下落 0.5cm 并延长 1cm，连接 *D′A′*，画顺立领上口线，如图 4–33 所示。

2. 衣袖结构设计

衣袖采用一片袖分割结构形式，如图 4–34 所示。连接前、后肩端点，过中

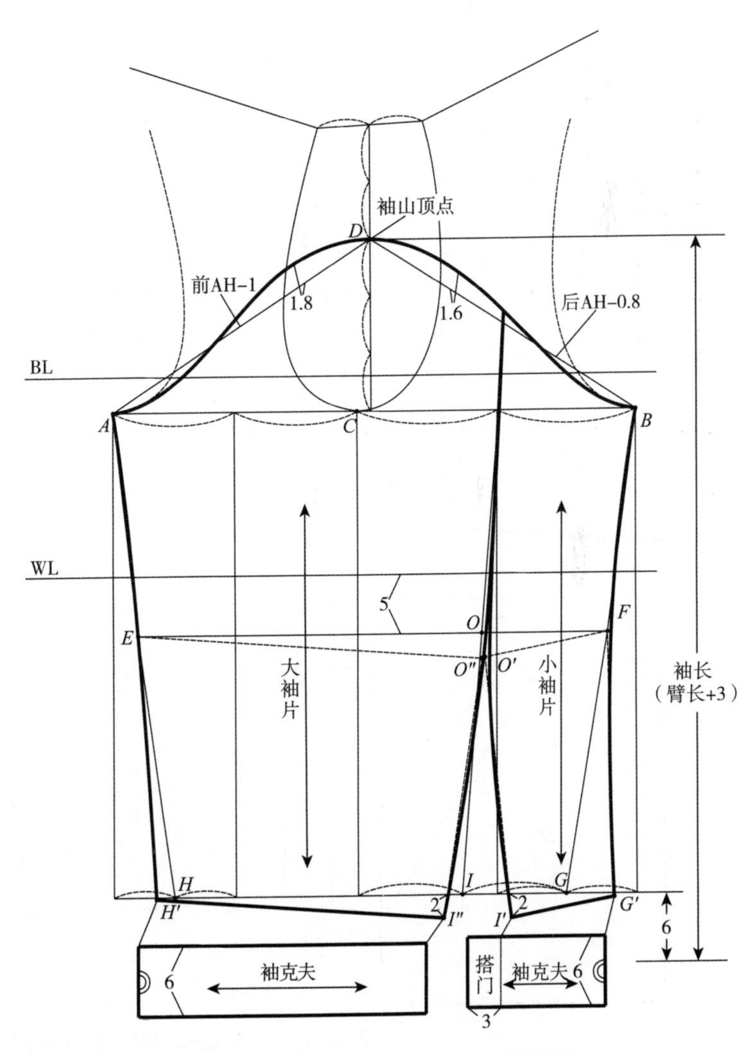

图 4–34　户外休闲男装衣袖结构制图

点至袖窿底（BL）作5等分，取3/5设为袖山高；量取前、后袖窿弧长（AH），以袖山顶点为原点分别取前AH−1cm、后AH−0.8cm作袖山斜线至衣身胸围线（BL）下3cm处，设A、B点，C点为衣身袖窿底点，如图4−34所示画顺袖山弧线；袖口依袖肥比例完成制图，袖肘追加2cm松量，袖肘下$EOIH$以E点为原点旋转至$EO''I''H'$，$FGIO$以F点为原点旋转至$FG'I'O'$，画顺袖底缝及后袖肘分割缝，设袖克夫宽6cm。

（五）纸样分解图

户外休闲男装纸样分解如图4−35所示。

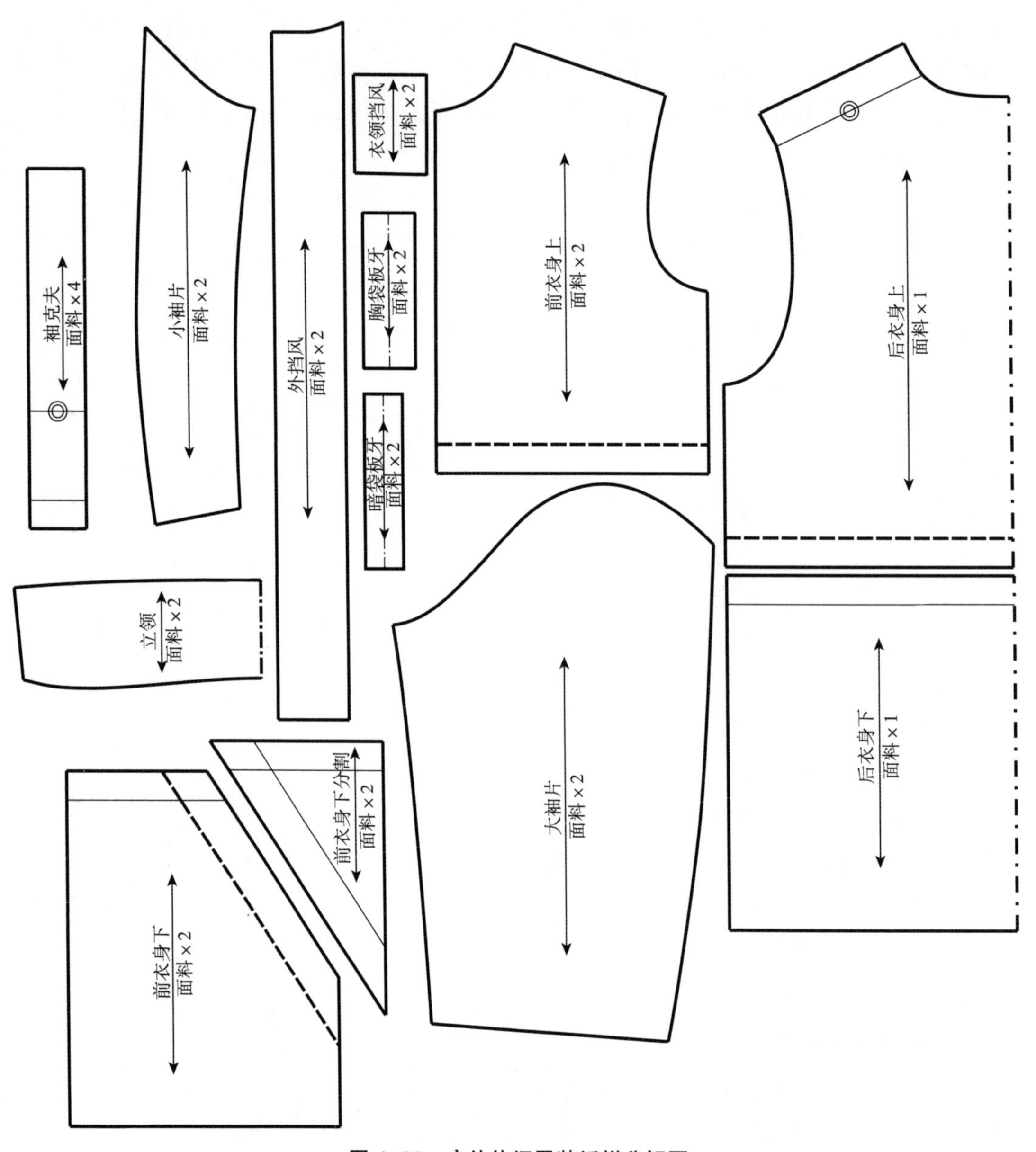

图4−35 户外休闲男装纸样分解图

八、户外运动男装结构设计

（一）款式特点

户外运动男装款式特点为宽松型衣身，连帽设计，衣长至臀围，四开身衣身结构，前身设板牙内贴袋，宽松插肩衣袖结构，衣下摆、袖口接罗纹，如图 4–36 所示。

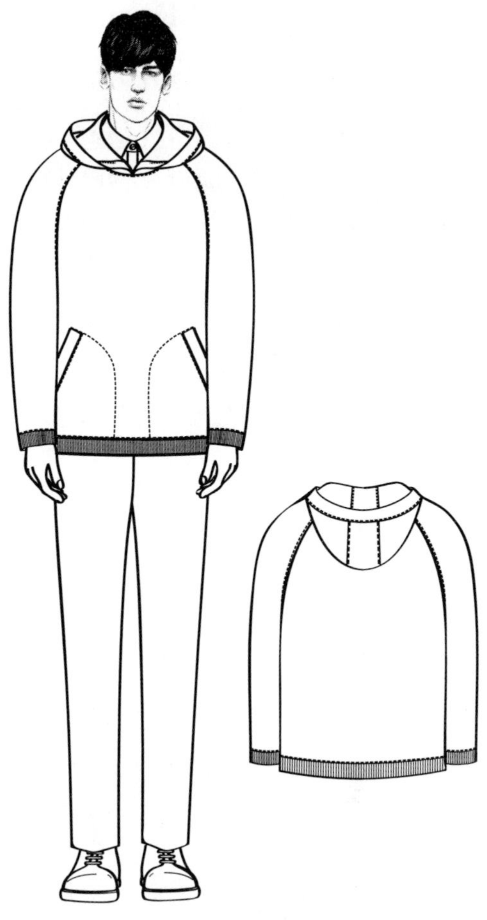

图 4–36　户外运动男装款式图

（二）规格设计

户外运动男装结构设计实例采用 180/96A 号型规格，以男上装基本型衣身规格设计为基础。

（1）衣长：h×0.4+（6 ~ 8）cm。

（2）胸围（B）：B^*+16cm+10cm。

（3）袖长：臂长 +3cm。

（4）胸宽：1.5B^*/10+5cm。

（5）背宽：1.5B^*/10+6cm。

（6）背长：45cm。

（7）袖窿深：h/10+9cm+5cm。

（8）领宽：B^*/12+0.5cm+2cm。

（9）胸省：B^*/40。

（10）背省：B^*/40–0.3cm。

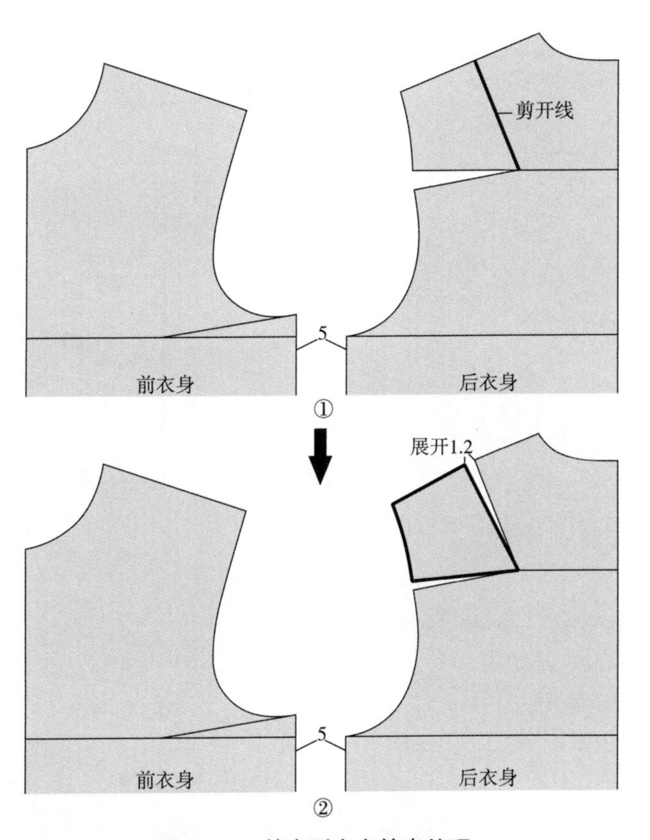

图 4–37　基本型衣身转省处理

（三）结构制图

户外运动男装结构制图如图 4–37~ 图 4–39 所示。

（四）结构制图说明

1. 衣身、衣袖结构设计

衣身结构以基本型衣身为基础，半身胸围追加 5cm 放量，采用四开身结构制图形式，根据款式要求，基本型衣身后背省转至肩部 1.2cm，剩余省量融入袖窿；基本型衣身前胸省融入前衣身袖窿，如图 4–37 ①、②所示。

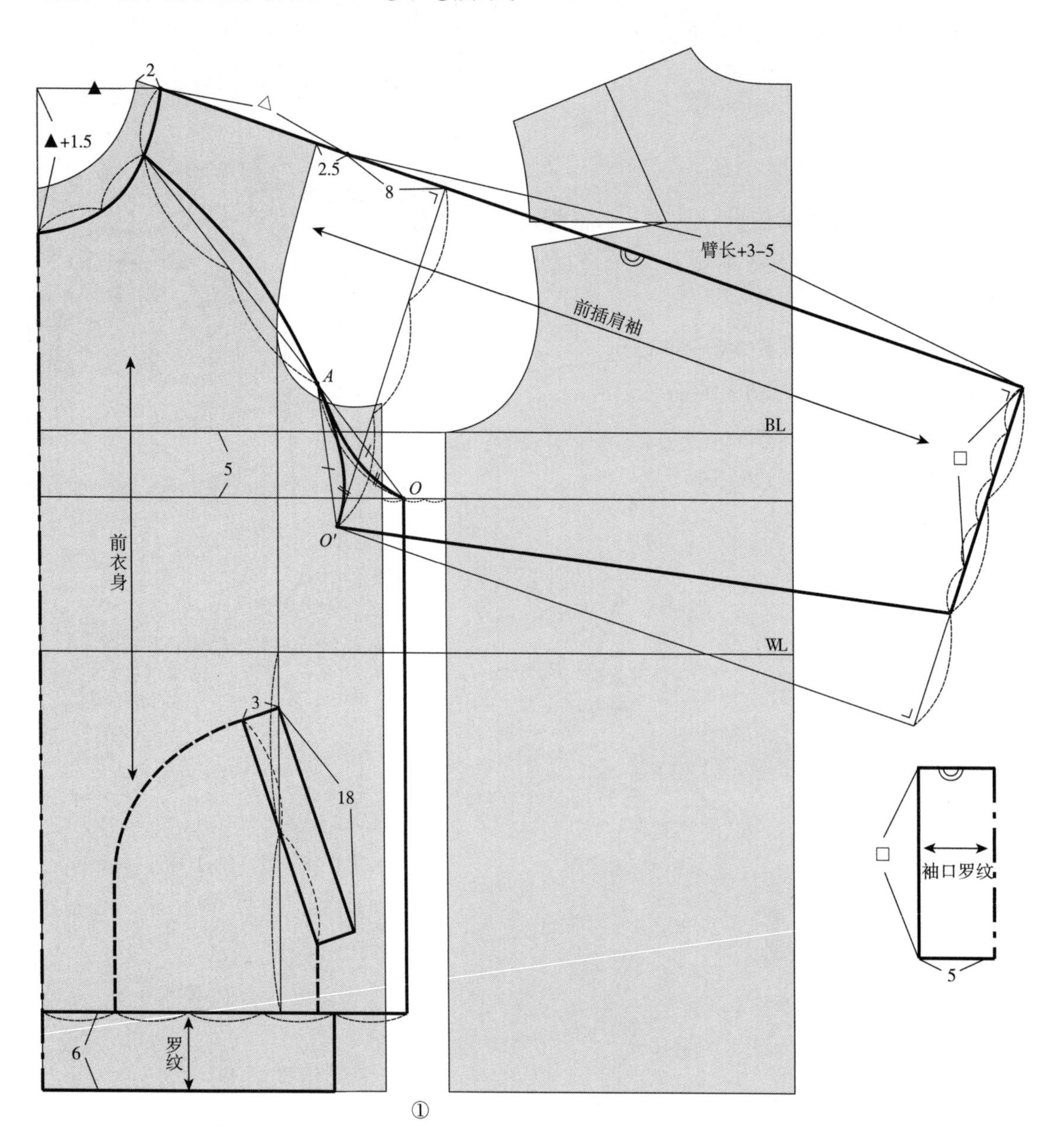

①

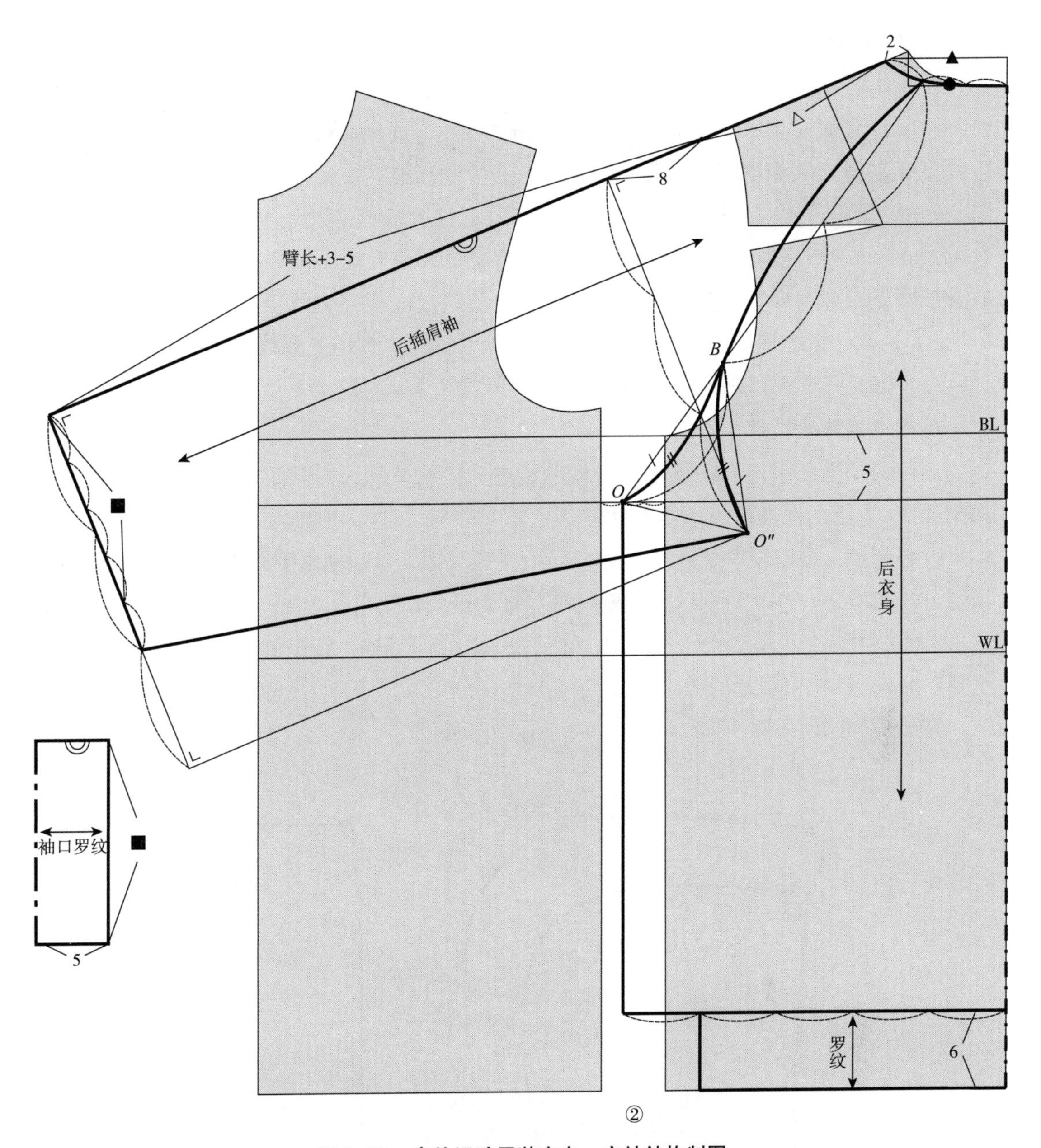

图 4-38　户外运动男装衣身、衣袖结构制图

如图 4-38 ①所示，基于基本型衣身领口，前领宽作 2cm 开大处理，设前领深 = 前领宽▲ +1.5cm，画顺前领口弧线；前肩端点加 2.5cm 放量，袖窿深追加 5cm，袖窿底设于胸围放量左 1/3 处，取前领口/3 点连线至袖窿底点为插肩袖与衣身分割基准线；基本型衣身底边向上量 6cm 作横向分割，取衣下摆 4/5 接罗纹，设衣下摆罗纹宽 6cm；取腰围线至衣下摆 1/2 处设板牙斜插袋，板牙长 18cm、宽 3cm；过前肩端点作前肩延长线，设袖长 = 臂长 +3cm–5cm（袖口罗纹宽），过前肩端点沿袖中线量取袖山高 8cm，作袖肥线，取前衣身袖窿省省边点 *A* 为前袖与衣身的对位符合点，过 *A* 点连直线至衣身袖窿底点 *O*，设 *AO*=*AO*′，*AO*′ 交于袖肥线，画顺插肩袖分割线及袖窿、袖山底弧线，量取前袖肥 2/3

为袖口宽，取袖口宽 4/5 接袖口罗纹口，设袖口罗纹宽 5cm。

如图 4–38 ②所示，基于基本型衣身领口，后领宽作 2m 开大处理，画顺后领口弧线，设后小肩宽 = 前小肩宽 = △，袖窿深追加 5cm，袖窿底设于胸围放量左 1/3 处，取后领口● /3 点连线至袖窿底点为插肩袖与衣身分割基准线；基本型衣身底边上量 6cm 作横向分割，取衣下摆 4/5 接罗纹，设罗纹宽 6cm；过后肩端点作后肩延长线，设袖长 = 臂长 +3cm–5cm（袖口罗纹宽），过后肩端点沿袖中线量取袖山高 8cm，作袖肥线，取后衣身袖窿省省边点 *B* 为后袖与衣身的对位符合点，过 *B* 点连直线至衣身袖窿底点 *O*，设 *BO*=*BO*"，*BO*" 交于袖肥线，画顺插肩袖分割线及袖窿、袖山底弧线，量取后袖肥 2/3 为袖口宽，取袖口宽 4/5 接袖口罗纹■，设袖口罗纹宽 5cm。

2. **连身帽结构设计**

户外运动男装采用有帽墙的连身帽结构形式，帽子的结构制图以衣身领口为基础。如图 4–39 ①所示，过前肩颈点作水平线，取后领深 /2 作肩颈点水平线向上作平行线为帽下口起翘量，过前领口中点 *O* 作领口弧线切线与帽下口起翘水平线相交，设 *OO'*=*OA'*= 前领口弧长 *O*/2、*O'A*= 后领口弧长●，画顺帽下口线，设帽高 35cm、帽宽 27cm，取帽高上 1/3 点、帽宽 1/2 点画顺帽中缝线，分别量取帽前口 5cm、帽中缝弧线转折处 6cm、帽下口 4.5cm，画顺帽墙分割弧线。

帽墙结构制图如图 4–39 ②所示。

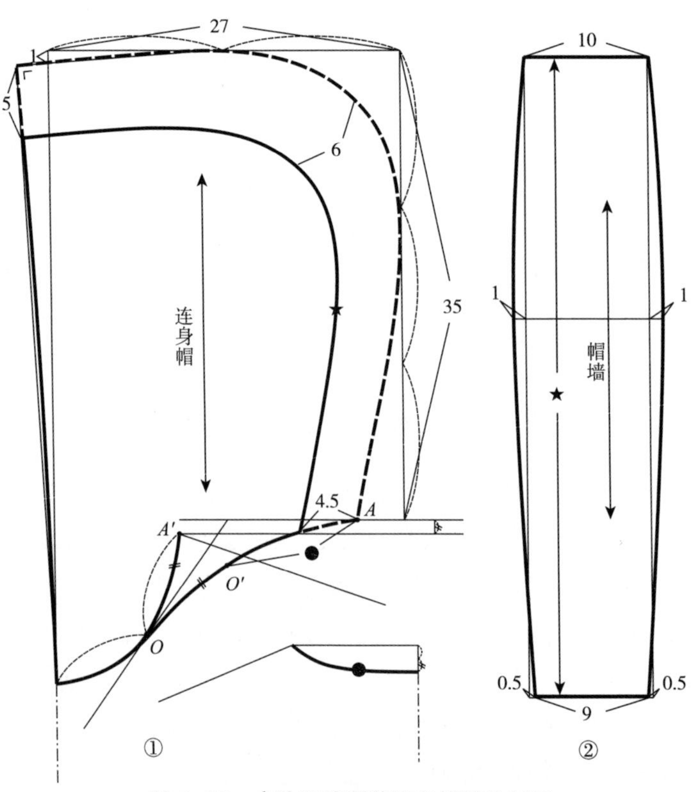

图 4–39　户外运动男装连身帽结构制图

（五）纸样分解图

户外运动男装纸样分解如图 4-40 所示。

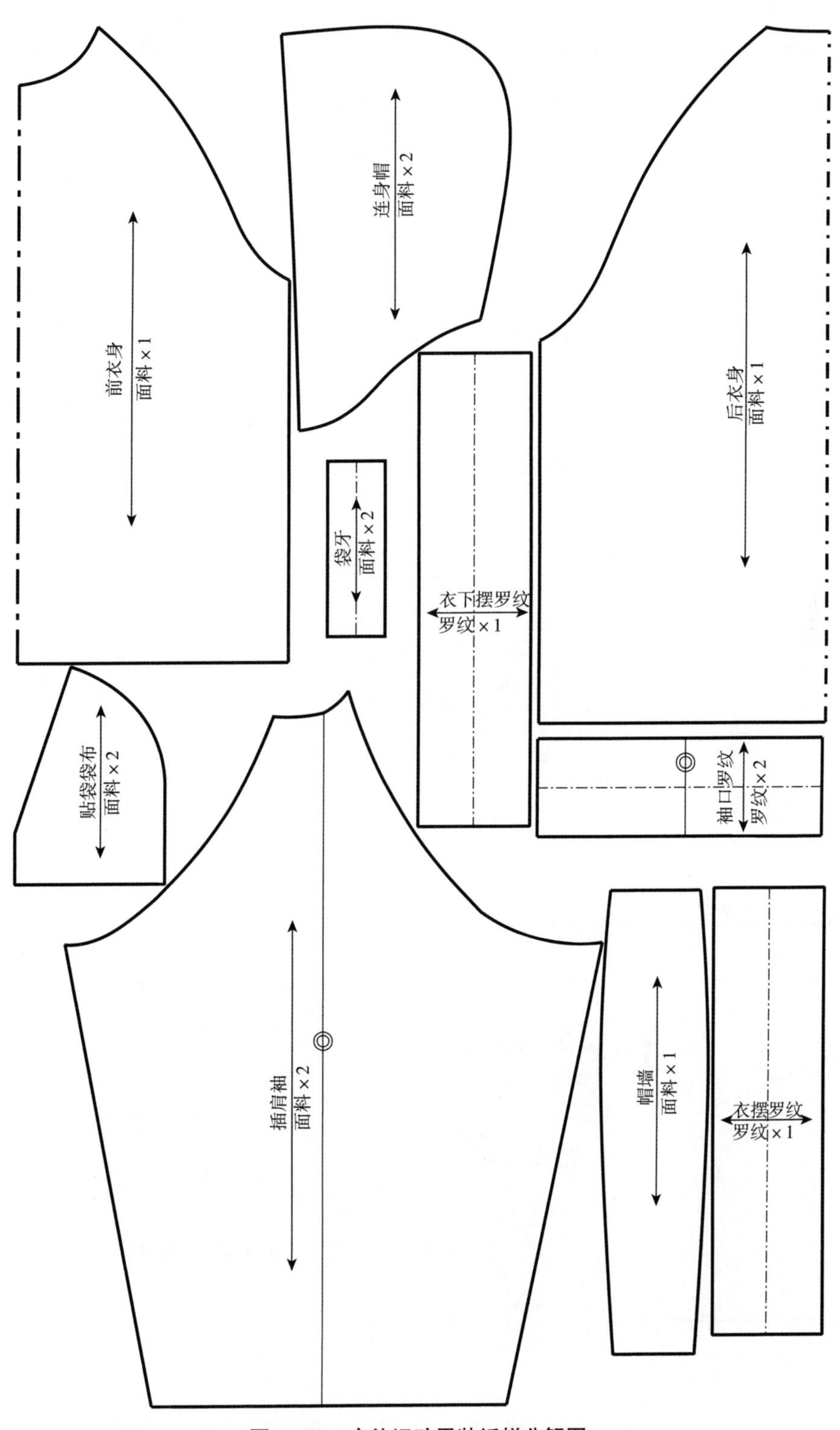

图 4-40　户外运动男装纸样分解图

九、中山装结构设计

（一）款式特点

中山装款式特点为较合体直身型衣身，立翻领，衣长过臀至臀底沟，三开身衣身结构，前身设四个加袋盖贴袋，设腰省、肋下省，合体两片袖结构形式，后袖口处设袖开衩，如图 4–41 所示。

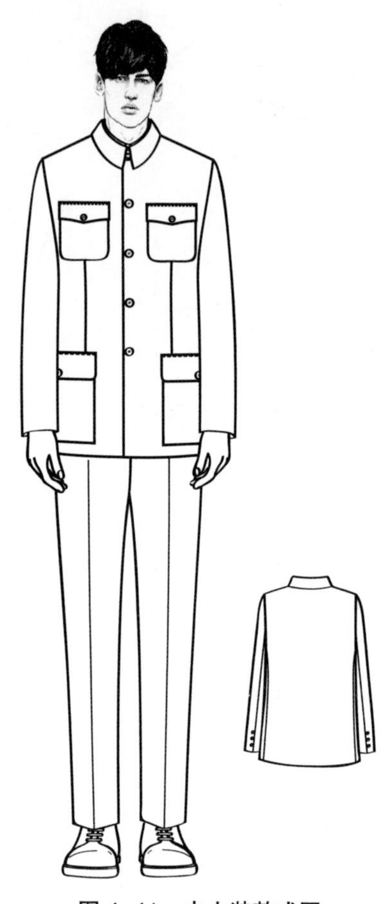

图 4–41　中山装款式图

（二）规格设计

中山装结构设计实例采用 180/96A 号型规格，以男上装基本型衣身规格设计为基础。

（1）衣长：h×0.4+（6 ~ 8）cm。

（2）胸围（B）：B^*+16cm+5cm。

（3）腰围（W）：B–17cm。

（4）袖长：臂长 +1.5cm。

（5）胸宽：1.5B^*/10+5cm。

（6）背宽：1.5B^*/10+6cm+0.7cm。

（7）背长：45cm。

（8）袖窿深：h/10+9cm。

（9）领宽：B^*/12+0.5cm+0.8cm。

（10）胸省：B^*/40。

（11）背省：B^*/40–0.3cm。

（三）结构制图

中山装结构制图如图 4–42~ 图 4–44 所示。

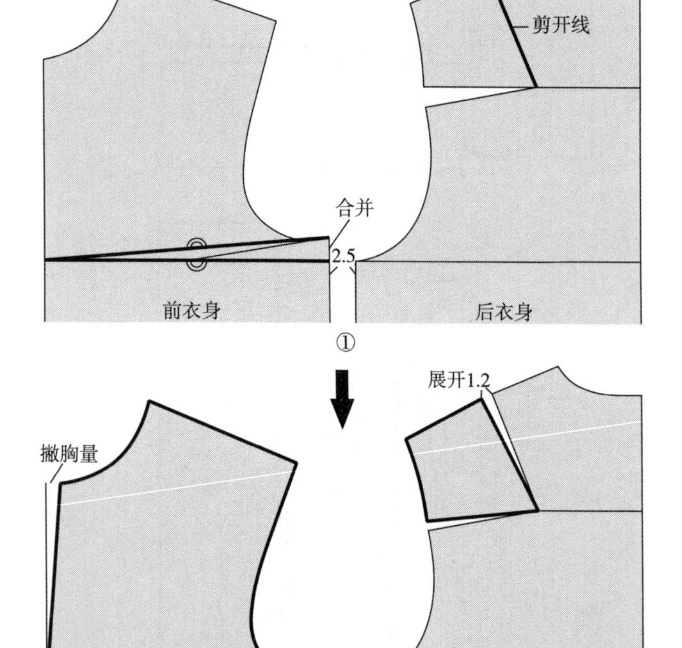

图 4–42　基本型衣身转省处理

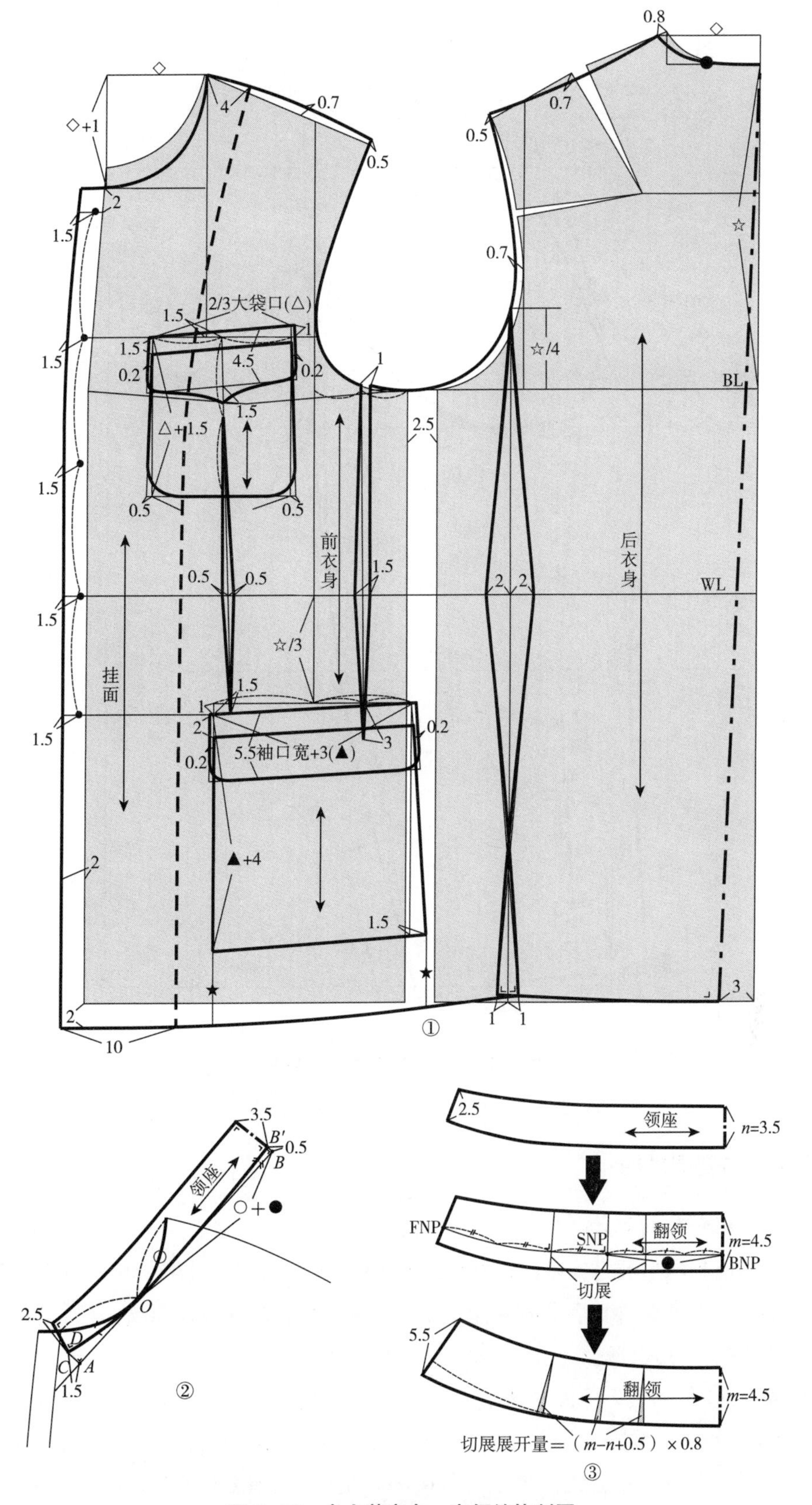

图 4-43　中山装衣身、衣领结构制图

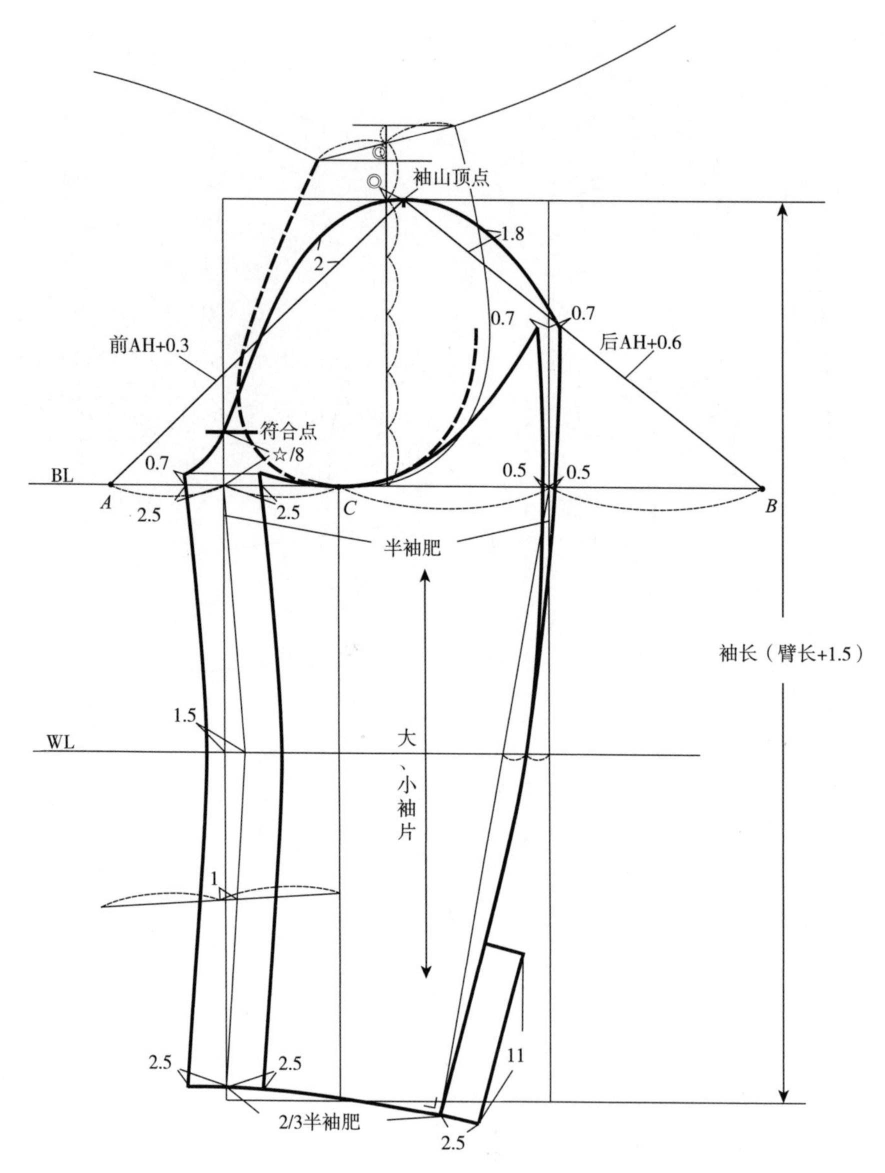

图 4-44　中山装衣袖结构制图

（四）结构制图说明

1. 衣身、衣领结构设计

衣身结构以基本型衣身为基础，半身胸围追加 2.5cm 放量，采用三开身结构制图形式，根据款式要求，基本型衣身后背省转至肩部 1.2cm，剩余省量融入袖窿；合并基本型衣身前胸省，并作撇胸方式处理，如图 4-42 ①、②所示。

如图 4-43 ①所示，基于基本型衣身领口，后领宽作 0.8cm 开大处理，设前领宽 = 后领宽 = ◇、前领深 = 前领宽◇ +1cm，前、后肩端点加 0.5cm 起翘量，后背宽追加 0.7cm 放量，袖窿底设于基本型前身侧缝处，前肩线作 0.7cm 凸势，后肩线作 0.7cm 凹势，画顺前、后肩线及袖窿弧线；基本型衣身后中缝底边内收 3cm，连线至后领中点，基于 BL 线向上量取☆ /4 交于后袖窿弧线并作垂线至底边为后开身基础线，设后开身腰节收省 4cm、衣下摆展开各 1cm，画顺后开身边线；设前衣身搭门 2cm，衣底边下落 2cm，画顺衣底边弧线；大贴袋位置以前身胸宽垂线为基准，在腰节线下☆ /3 处，设大贴袋袋口▲ = 袖口宽 +3cm，袋口前下落 1cm，大袋盖宽 5.5cm，袋盖作圆角设计，大贴袋深 = 袋口▲ +4cm；以大贴袋袋位为基准设定门襟扣位，前胸贴袋袋位以第二粒纽扣位横线与前肩颈点垂线为基准，取 2/3 大袋口宽为前胸贴袋袋口宽△，贴袋深 = 袋口宽△ +1.5cm，设前胸贴袋袋盖宽 4.5cm；设前身腰省 1cm，腰省上省尖位于前胸贴袋袋盖中点与袋深 /2 交点处，下省尖至大袋袋盖左边 1.5cm 处；基于 BL 线，取前身胸宽至侧缝的中点设为胁下省开省位置，设胁省袖窿处开口 1cm，腰节处收 1.5cm，下省尖过大袋口 3cm。

中山装采用立翻领结构形式，立翻领为分体式翻领结构形式，由领座、翻领两部分组成，设领座宽 n=3.5cm、翻领宽 m=4.5cm。

领座结构制图以衣身领口为基础，量取衣身领口弧线中点，过领口弧线中点 O 作领口弧线切线，取 OA= 领口弧长 OD，取 OB= 前领口弧长○ + 后领口弧长●；过 A 点作垂线 AC，设 AC=1.5cm，作为领座前起翘量，取 OC=OD，画顺弧线为领座下口线，设领座前领宽 2.5cm；过 B 点作垂线 BB'，设 BB'=0.5cm 作为领座后起翘量，画顺 OB' 弧线，过 B' 作 3.5cm 垂线设为领座后领高，画顺领座上口线，如图 4–43 ②所示。

翻领部分结构设计以领座作为基础，设翻领后领宽为 4.5cm、翻领前领角宽 5.5cm。如图 4–43 ③所示，将翻领作切展处理，展开量设为（m–n+0.5cm）×0.8，画顺翻领上口线和翻领外口造型线。

2. 衣袖结构设计

两片袖是西装等制服类服装的基本袖型，衣袖由大、小两个袖片构成，合体、修身是两片袖的基本特征，衣袖弯势、前势、靠势是两片袖结构设计的重点。

中山装采用两片袖结构形式，两片袖结构设计以衣身袖窿为基础，如图 4–44 所示，连接前、后肩端点，过中点至袖窿底（BL）作 6 等分，取 5/6 设为袖山高；量取前、后袖窿弧长（AH），以袖山顶点为原点分别取前 AH+0.3cm、后 AH+0.6cm 作袖山斜线至衣身胸围线（BL）A、B 点，C 点为衣身袖窿底点，分别取 AC、BC 的中点作垂线为大、小袖片分割基准线；基于 AC 中点分割基准线分别向左右两侧平移 2.5cm 为大、小袖前偏袖线，袖肘处缩进 1.5cm 作袖身弯势，设袖口宽为 2/3 半袖肥；后偏袖线设计以 BC 的中点与袖口连线为基准，袖山底部与胁下省合并后的袖窿底部呈吻合状态，设 2.5cm 宽、11cm 长袖开衩折边。

（五）纸样分解图

中山装纸样分解如图 4–45 所示。

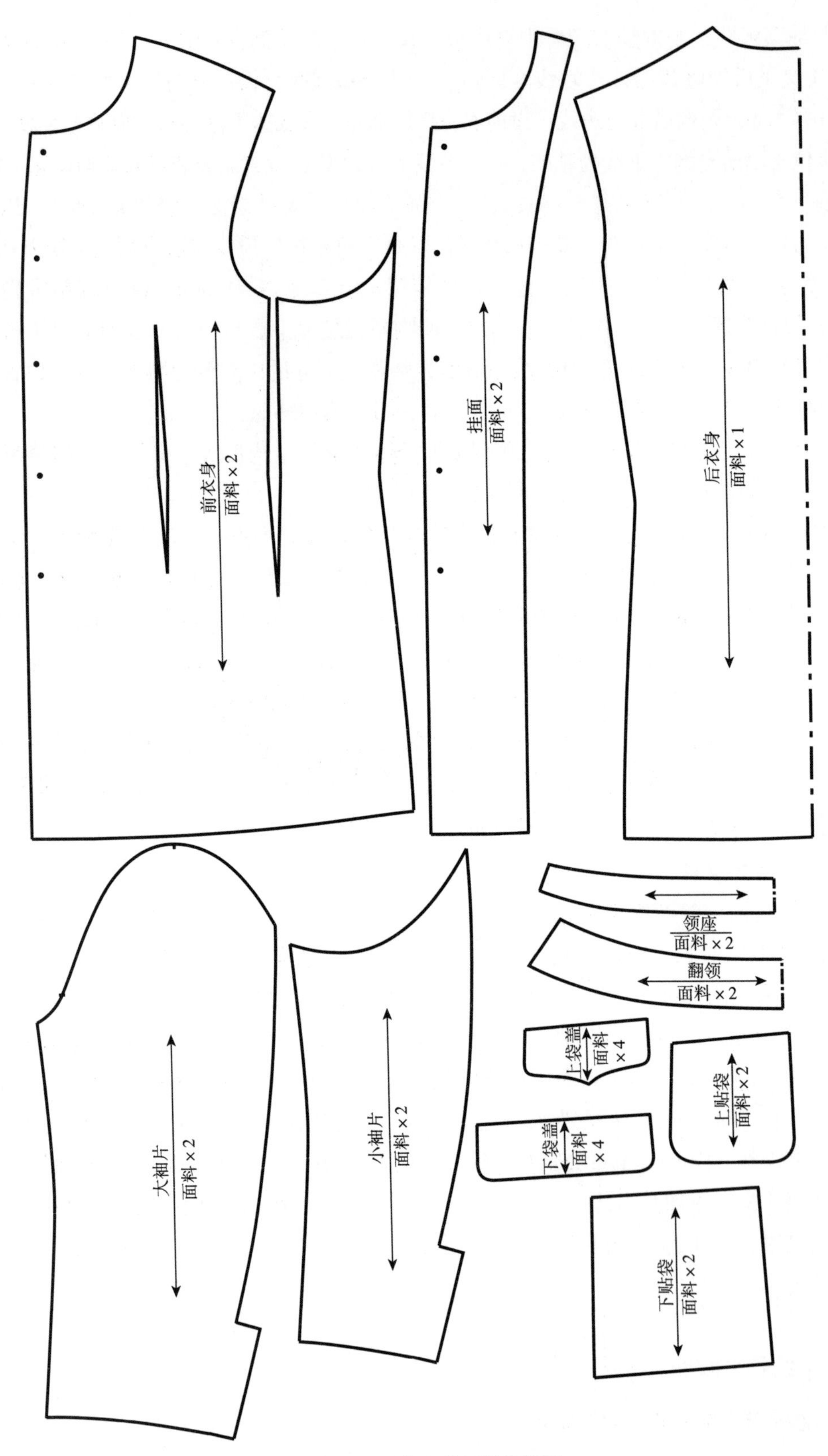

图 4-45　中山装纸样分解图

第二节　男大衣结构设计应用

一、直身型男大衣结构设计

（一）款式特点

直身型男大衣款式特点为宽松直衣身造型，衣长至膝围，四开身衣身结构，暗门襟单排四粒扣，前身腰节下设板牙斜插袋，连翻领分割结构设计，较宽松两片衣袖，后袖口处设开衩，如图4–46所示。

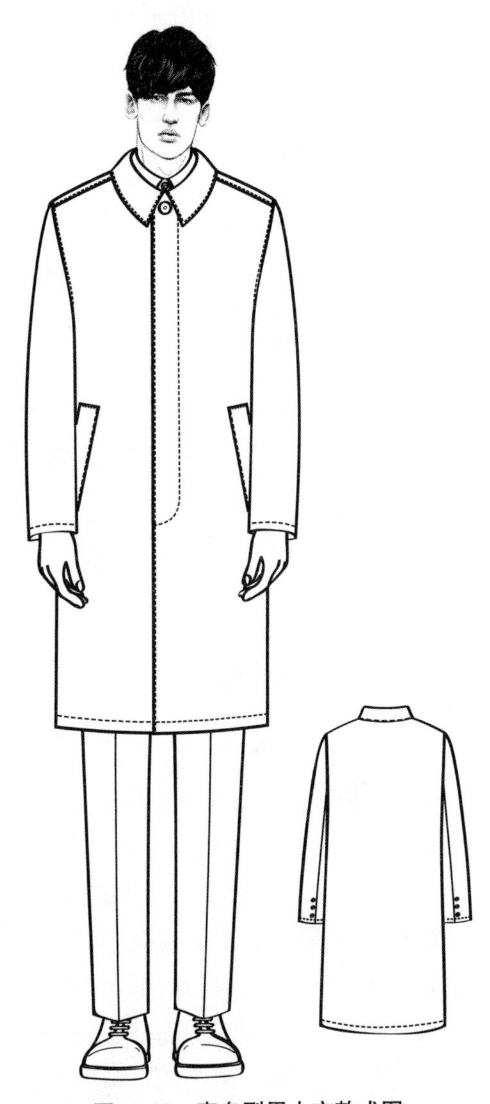

图4–46　直身型男大衣款式图

（二）规格设计

直身型男大衣结构设计实例采用180/96A号型规格，以男上装基本型衣身规格设计为基础。

（1）衣长：h×0.4+（6 ~ 8）cm+腰围线至底边间距。

（2）胸围（B）：B^*+16cm+10cm。

（3）袖长：臂长+2.5cm。

（4）胸宽：1.5B^*/10+5cm+1.8cm。

（5）背宽：1.5B^*/10+6cm+2cm。

（6）背长：45cm。

（7）袖窿深：h/10+9cm+2.5cm。

（8）领宽：B^*/12+0.5cm+0.8cm。

（9）胸省：B^*/40。

（10）背省：B^*/40–0.3cm。

（三）结构制图

直身型男大衣结构制图如图4–47~图4–50所示。

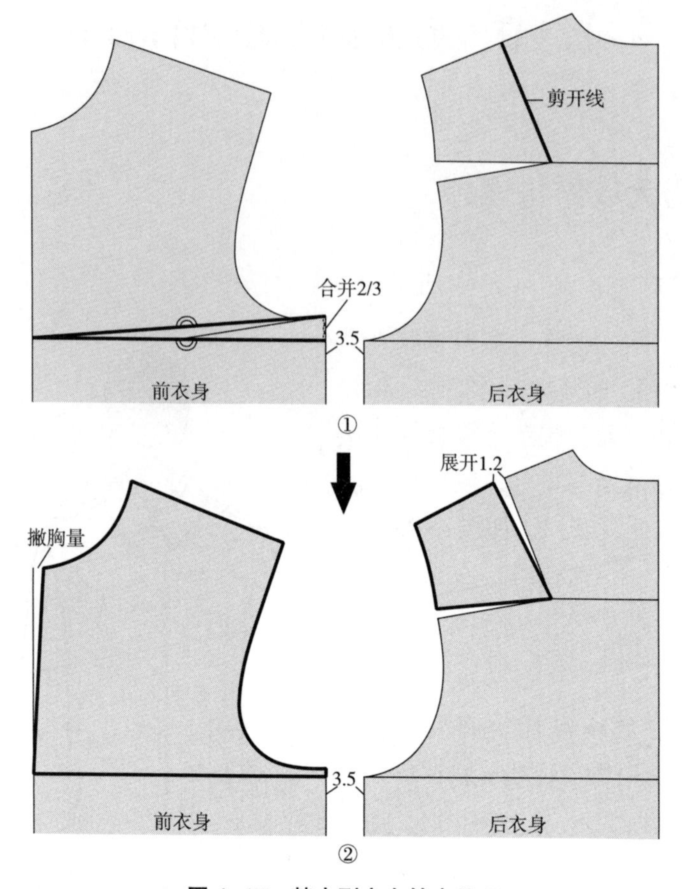

图 4–47 基本型衣身转省处理

（四）结构制图说明

1. 衣身、衣领结构设计

衣身结构以基本型衣身为基础，半身胸围追加 3.5cm 放量，采用四开身结构制图形式，根据款式要求，基本型衣身后背省转至肩部 1.2cm，剩余省量融入袖窿；基本型衣身前胸省合并 2/3，作撇胸方式处理，如图 4–47 ①、②所示。

如图 4–48 所示，基于基本型衣身领口，后领宽作 0.8cm 开大处理，设前领宽 = 后领宽 = ▲，前领深 = 前领宽▲ +2cm，后肩端点加 2cm 放量，设前肩宽 = 后肩宽 = △，前胸宽追加 1.8cm 放量，后背宽追加 2cm 放量，袖窿深追加 2.5cm 放量，袖窿底设于胸围放量左 1/3 处，连接前、后肩线，画顺前领口、袖窿弧线；设衣长 = 基本型衣身 + 腰围线至底边间距（或 0.6h），后衣身中缝追加 1cm 放量，前衣身中心线追加 0.5cm 放量，门襟搭门宽 4cm，暗门襟宽 6.5cm，前衣底边下落 2cm，前、后衣底边侧缝处分别追加 4cm、5cm 放量，前肩设 3.5cm 过肩；板牙斜挖袋位置以前身胸宽垂线为基准，设挖袋板牙长 19cm、宽 3.5cm；过前肩颈点沿肩斜线量取 4cm，衣底边向内量取 10cm，连弧线为前衣身挂面。

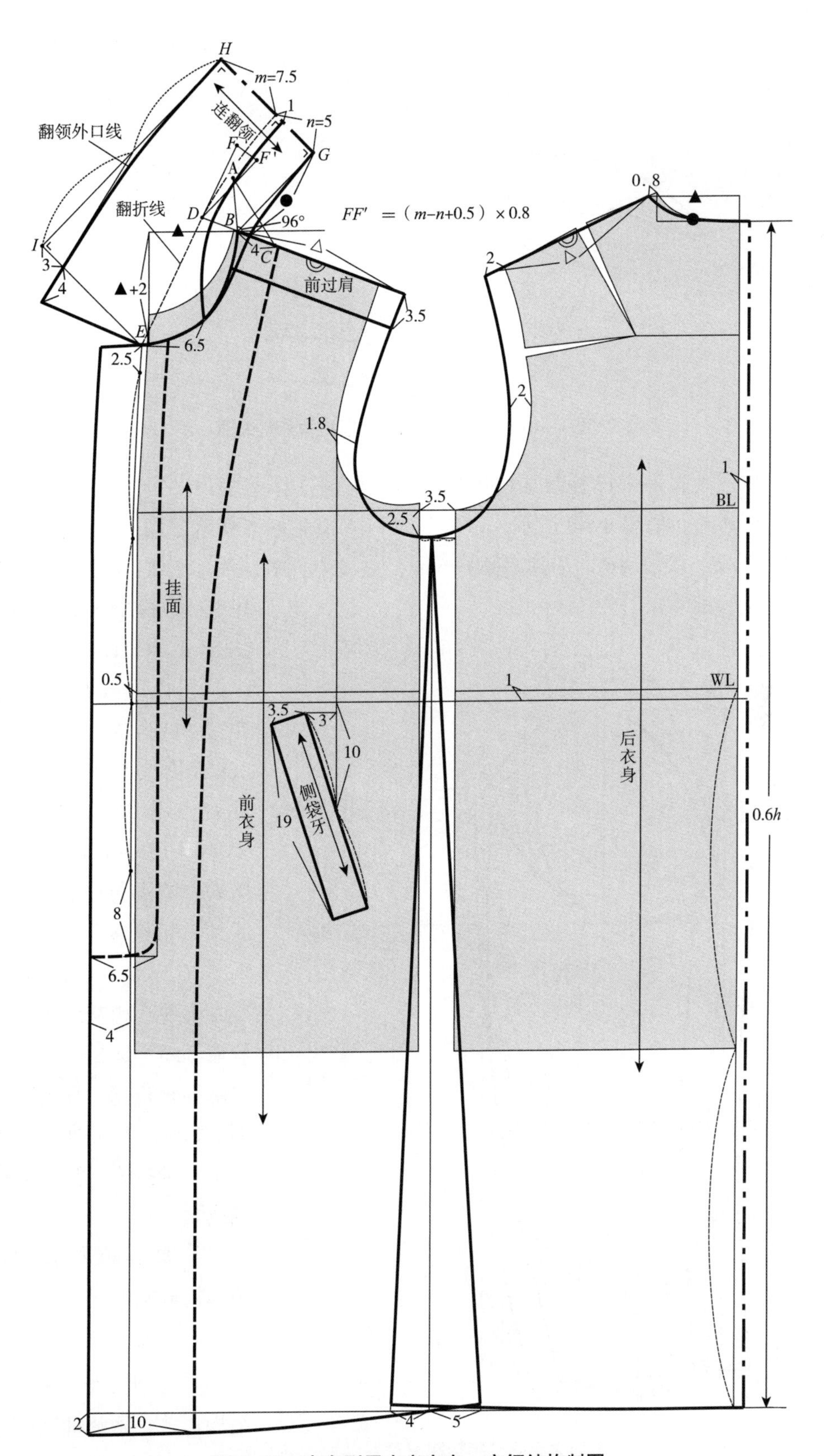

图 4–48　直身型男大衣衣身、衣领结构制图

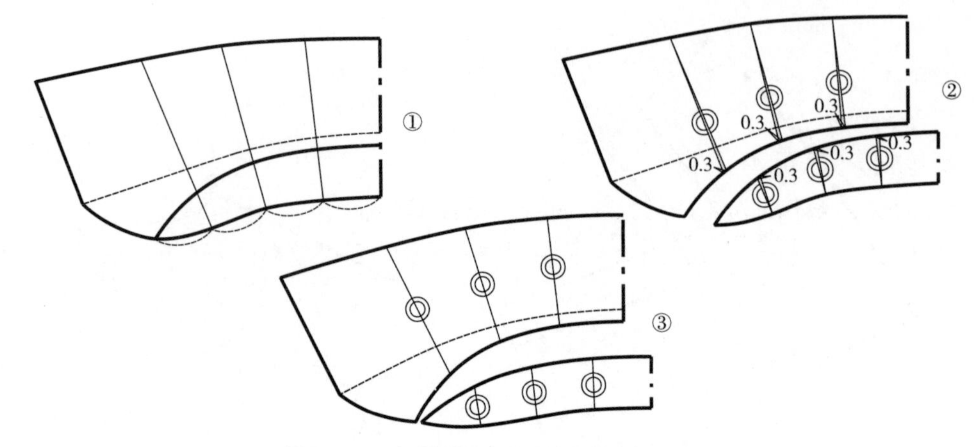

图 4–49　直身型男大衣衣领结构分割处理

直身型男大衣采用连翻领结构形式，翻领与领座作分割设计，连翻领结构制图以衣身领口为基础。如图 4–48 所示，以衣身领口 *B* 点为起点作水平线，过 *B* 点作水平线 96° 夹角线 *AB*，线段 *AB* 即为领座高 *n*=5cm，过 *A* 点向肩斜线作引线 *AC*，线段 *AC* 即为翻领宽 *m*=7.5cm，延长线段 *CB* 至 *D* 点，设线段 *CD*=*CA*。以前领口中点 *E* 为翻领点，连接 *ED* 为衣领翻折线；作 *ED* 延长线至 *F*，设 *DF*=*m*，过 *D* 点作 *DF*′=*DF*，设 *FF*′=（*m*–*n*+0.5cm）×0.8，过 *B* 点作 *DF*′ 的平行线 *BG*，设 *BG*=后领口弧长●，过 *G* 点作 *BG* 垂线 *GH*=*m*+*n*，分别过 *H*、*E* 点作垂直相交线段，过 *I* 点量取 3cm，延长领角 4cm，设定翻领领角宽。画顺连翻领的领下口线、翻领外口线及翻领领角、翻折线，翻领与领座分割线。

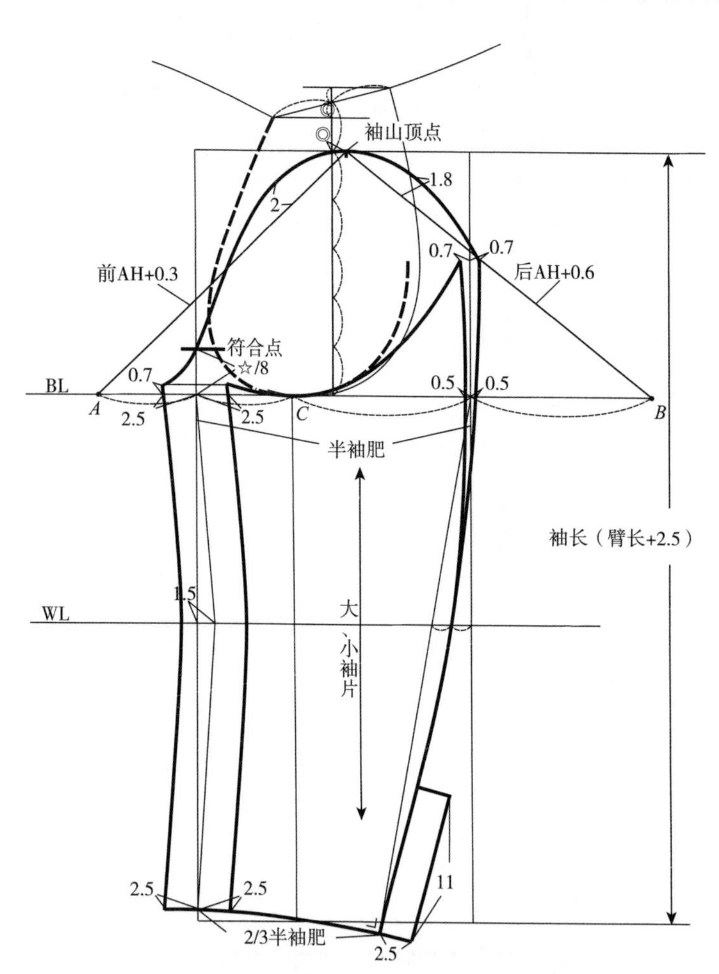

图 4–50　直身型男大衣衣袖结构制图

如图 4–49 所示，完成衣领结构分割处理。

2. 衣袖结构设计

直身型男大衣采用两片袖结构形式，两片袖结构设计以衣身袖窿为基础，如图 4–50

所示，连接前、后肩端点，过中点至袖窿底（BL）作 6 等分，取 5/6 设为袖山高；量取前、后袖窿弧长（AH），以袖山顶点为原点分别取前 AH+0.3cm、后 AH+0.6cm 作袖山斜线至衣身胸围线（BL）*A*、*B* 点，*C* 点为衣身袖窿底点，分别取 *AC*、*BC* 的中点作垂线为大、小袖片分割基准线；基于 *AC* 中点分割基准线分别向左右两侧平移 2.5cm 为大、小袖前偏袖线，袖肘处缩进 1.5cm 作袖身弯势，设袖口宽为 2/3 半袖肥，后偏袖线设计以 *BC* 中点与袖口连线为基准，袖山底部与肋下省合并后的袖窿底部呈吻合状态，设 2.5cm 宽、11cm 长袖开衩折边。

（五）纸样分解图

直身型男大衣纸样分解如图 4–51 所示。

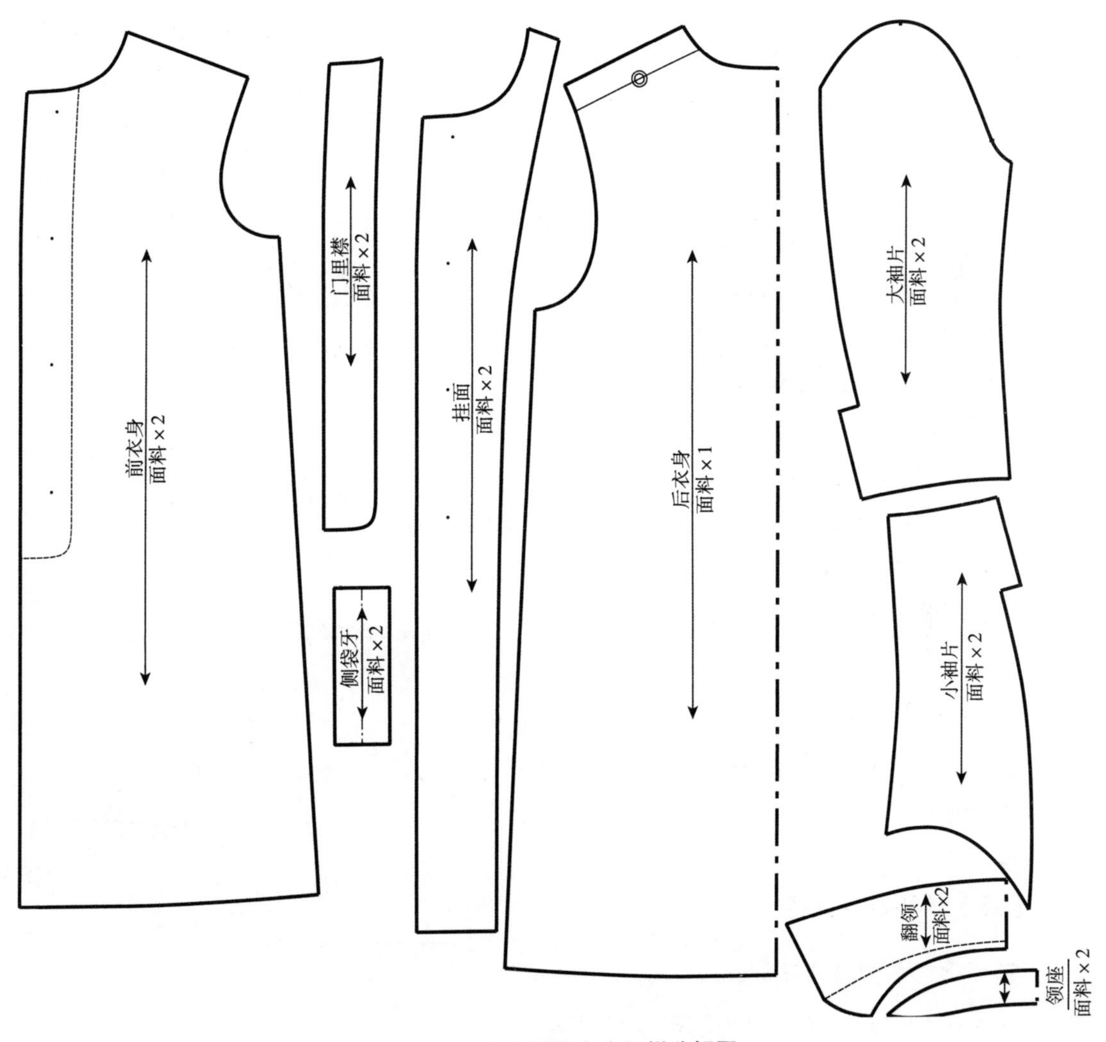

图 4–51　直身型男大衣纸样分解图

二、商务型男大衣结构设计

（一）款式特点

商务型男大衣款式特点为较修身型衣身结构，衣长至膝围，三开身衣身结构，平驳领，单排三粒扣，设腰省、胁下省，后身腰节下 12cm 处设开衩，左胸设手巾袋，腰节下约 10cm 位置设加袋盖双嵌线挖袋，较合体两片袖结构形式，后袖口处设袖开衩，如图 4–52 所示。

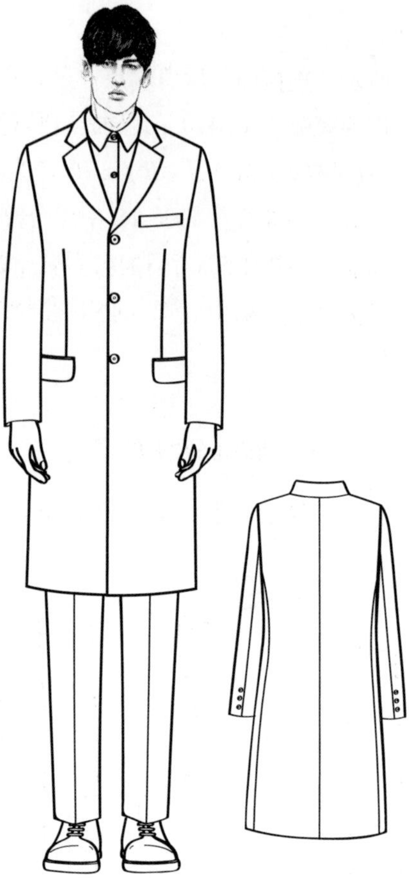

图 4–52　商务型男大衣款式图

（二）规格设计

商务型男大衣结构设计实例采用 180/96A 号型规格，以男上装基本型衣身规格设计为基础。

（1）衣长：h×0.4+（6 ~ 8）cm+ 腰围线至底边间距。

（2）胸围（B）：B^*+16cm+10cm。

（3）腰围（W）：B–18.4cm。

（4）袖长：臂长 +2.5cm。

（5）胸宽：1.5B^*/10+5cm+0.7cm。

（6）背宽：1.5B^*/10+6cm+1cm。

（7）背长：45cm。

（8）袖窿深：h/10+9cm+2.5cm。

（9）领宽：B^*/12+0.5cm+0.8cm。

（10）胸省：B^*/40。

（11）背省：B^*/40–0.3cm。

（三）结构制图

商务型男大衣结构制图如图 4–53~ 图 4–55 所示。

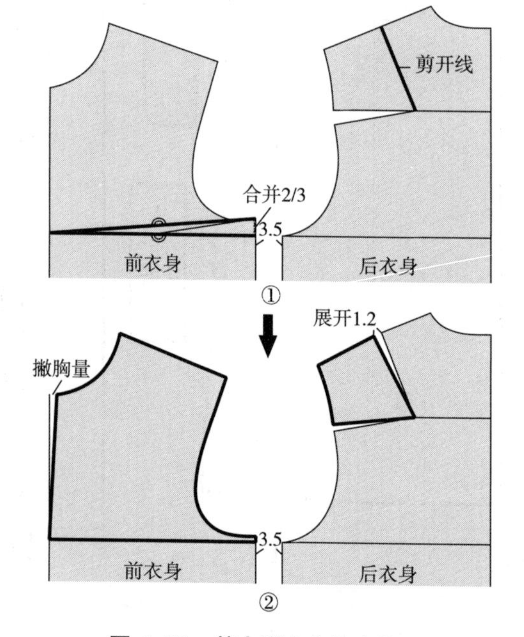

图 4–53　基本型衣身转省处理

（四）结构制图说明

1. 衣身、衣领结构设计

衣身结构以基本型衣身为基础，半身胸围追加 3.5cm 放量，采用四开身结构制图形式，根据款式要求，基本型衣身后背省转至肩部 1.2cm，剩余省量融入袖窿；基本型衣身前胸省合并 2/3，作撇胸方式处理，如图 4–53 ①、②所示。

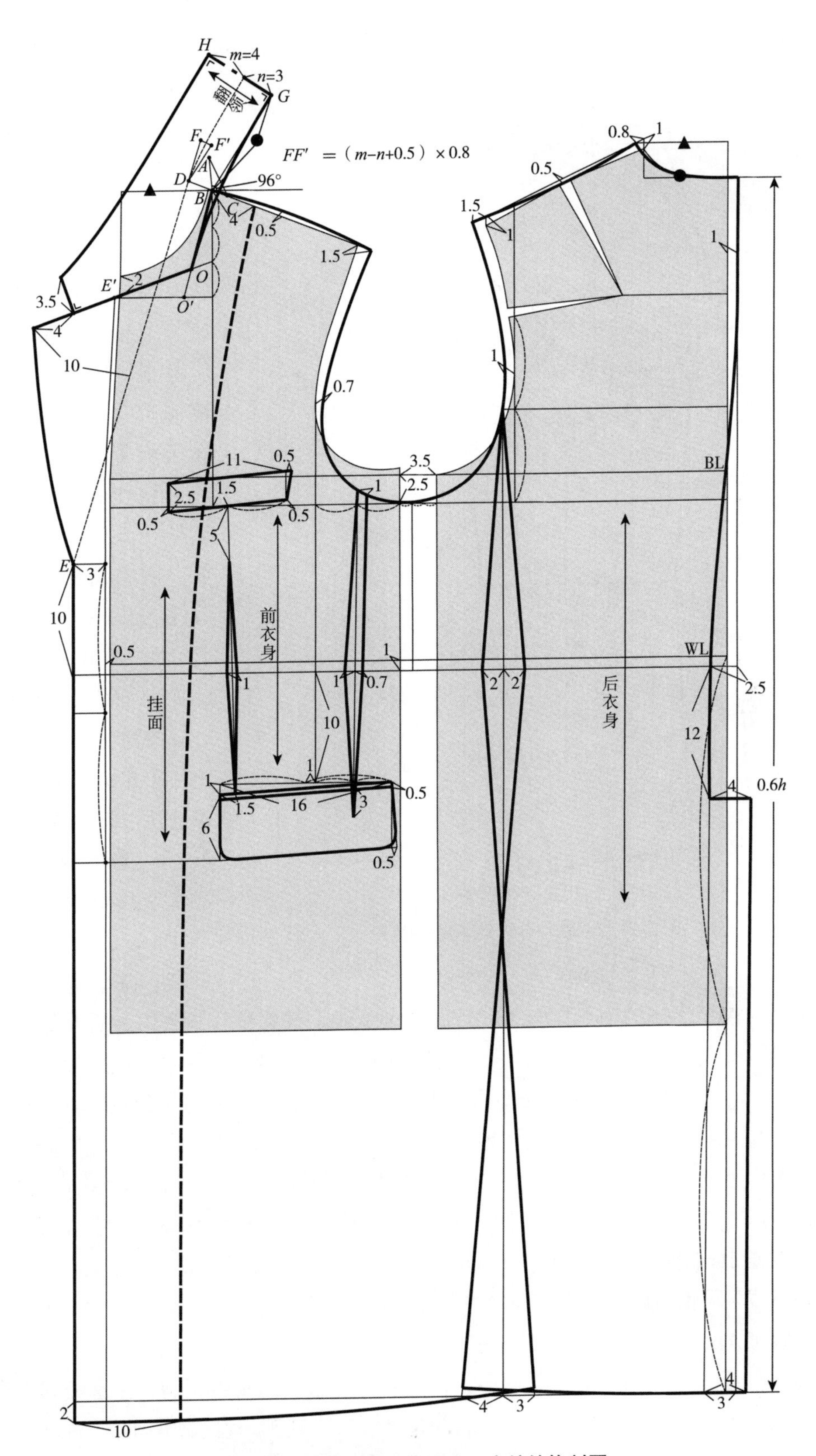

图 4–54　商务型男大衣衣身、衣袖结构制图

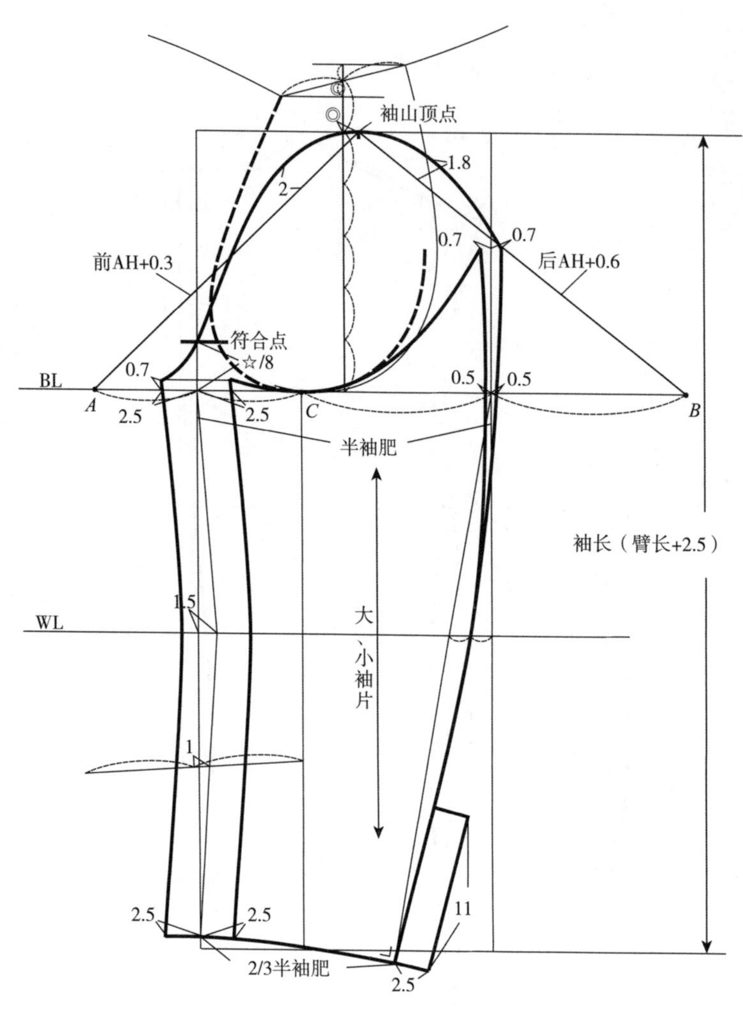

图 4–55　商务型男大衣衣袖结构制图

如图 4–54 所示，基于基本型衣身领口，后领宽作 0.8cm 开大处理，设前领宽 = 后领宽 = ▲，前领深下落 2cm，前、后肩端点各追加 1.5cm 放量，后肩端点加 1cm 起翘量，前胸宽追加 0.7cm 放量，后背宽追加 1cm 放量，袖窿深追加 2.5cm，袖窿底设于胸围放量左 1/3 处，前肩线作 0.5cm 凸势，后肩线作 0.5cm 凹势，画顺前、后肩线及袖窿弧线；设衣长 = 基本型衣身 + 腰围线至底边间距（或 0.6*h*），后衣身中缝追加 1cm 放量，前衣身中心线追加 0.5cm 放量，基于基本型后身中缝腰节内收 2.5cm、底边内收 3cm，画顺大衣后背缝线，腰围线下 12cm+1cm 处设 4cm 宽开衩；基于基本型衣身后背省至大衣袖窿深线的中点作横线交于后袖窿弧线，并作垂线至底边为后开身基础线，设后开身腰节收省 4cm、底边展开量分别为 4cm、3cm，画顺后开身边线；设前衣身搭门 3cm，衣底边下落 2cm，画顺商务型男大衣衣底边弧线；过前衣身肩颈点作垂线至大衣袖窿深线，交点向右量取 1.5cm 为手巾袋位置基准点，设手巾袋牙宽 2.5cm、袋口长 11cm，袋牙右边上翘 0.5cm；大袋位置以前身胸宽垂线为基准，腰围线下 1cm+10cm 处设大袋，袋口长 16cm，袋口前下落 1cm，设 0.5cm 嵌线袋牙，大袋袋盖宽 6cm，袋盖作圆角设计；设前身腰省 1cm，腰省上省尖距手巾袋底中点 5cm、下省尖至大袋左边 1.5cm 处；基于大衣袖窿深线，取前身胸宽线至侧缝的中点设为胁下省开省位置，设胁省袖窿处开口 1cm，腰节处收 1.7cm，下省尖过大袋口 3cm。

商务型男大衣采用平驳领结构形式，平驳领是驳领的基本领型，由翻领和衣身前门襟的驳头两部分组成，平驳领结构制图以衣身领口为基础，设衣领领座颈侧倾角 96°、领座高 n=3cm、翻领宽 m=4cm。如图 4–54 所示，以衣身领口 *B* 点为起点作水平线，过 *B*

点作水平线 96° 夹角线 AB，线段 AB 即为领座高 n=3cm，过 A 点向肩斜线作引线 AC，线段 AC 即为翻领宽 m=4cm，延长线段 CB 至 D 点，设线段 $CD=CA$，连接 ED 为翻驳线，作 ED 延长线至 F，设 $DF=m$，过 D 点作 $DF'=DF$，设 FF'=（$m-n$+0.5cm）×0.8，即为平驳领的翻领松量。过 B 点作 DF' 的平行线 BG，设 BG= 后领口弧长●，过 G 点作 BG 垂线 $GH=m+n$。作领口斜线 $O'B$ 平行于翻驳线 DE，取前领深下 1/3 点连线为串口线，设驳头宽 10cm，领缺嘴角度设计为 90° ，设驳领角宽 =4cm、翻领角宽 =3.5cm，画顺翻领的领下口线、外口线、翻折线及驳头外口线。

如图 4–54 所示，过前肩颈点沿肩斜线量取 4cm，衣底边向内量取 10cm，连弧线为前衣身挂面。

2. 衣袖结构设计

直身型男大衣采用两片袖结构形式，两片袖结构设计以衣身袖窿为基础。如图 4–55 所示，连接前、后肩端点，过中点至袖窿底（BL）作 6 等分，取 5/6 设为袖山高；量取前、后袖窿弧长（AH），以袖山顶点为原点分别取前 AH+0.3cm、后 AH+0.6cm 作袖山斜线至衣身胸围线（BL）A、B 点，C 点为衣身袖窿底点，分别取 AC、BC 的中点作垂线为大、小袖片分割基准线；基于 AC 中点的分割基准线分别向左右两侧平移 2.5cm 为大、小袖前偏袖线，袖肘处缩进 1.5cm 作袖身弯势，设袖口宽为 2/3 半袖肥，后偏袖线设计以 BC 的中点与袖口连线为基准，袖山底部与肋下省合并后的袖窿底部呈吻合状态，设 2.5cm 宽、11cm 长袖开衩折边。

（五）纸样分解图

商务型男大衣纸样分解如图 4–56 所示。

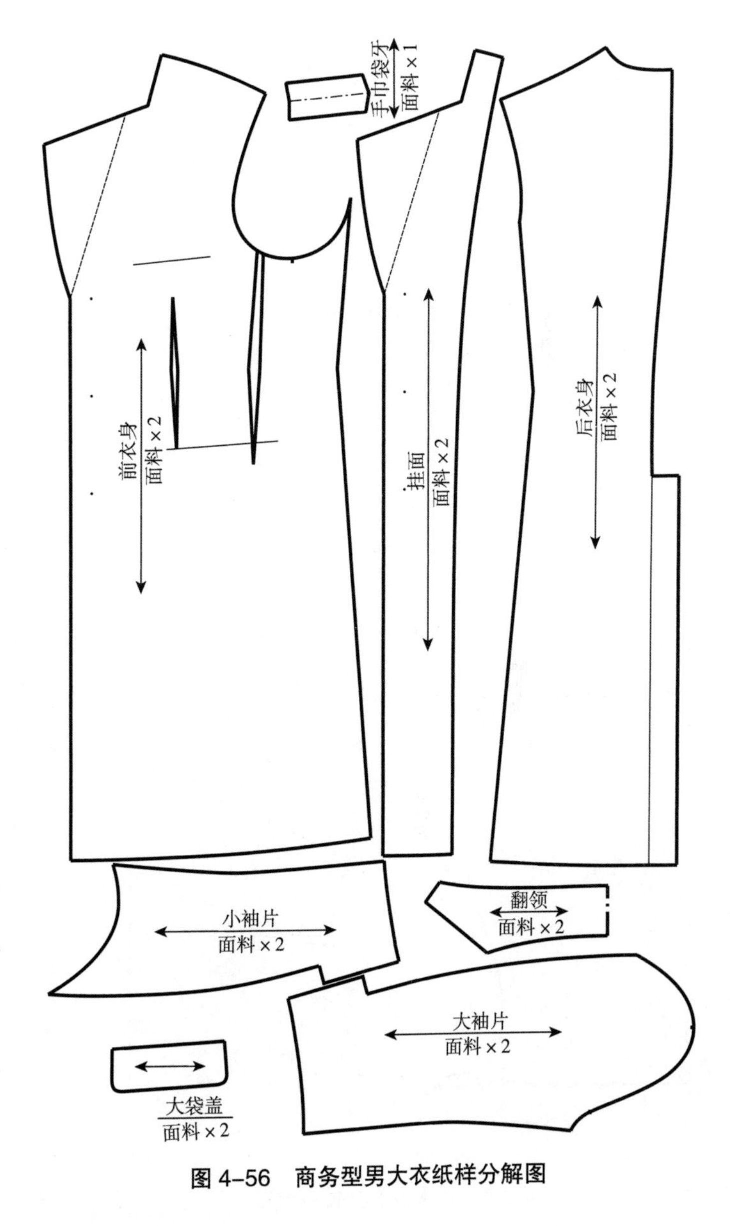

图 4–56　商务型男大衣纸样分解图

三、插肩袖男风衣结构设计

（一）款式特点

插肩袖男风衣款式特点为宽松衣身造型，衣长过膝至小腿，三开身衣身结构，双排十粒扣，前（右）、后身设披肩，加袋盖插袋，腰节系腰带，后衣身下摆设开衩，插肩袖结构，立翻领领型，如图 4–57 所示。

（二）规格设计

插肩袖男风衣结构设计实例采用 180/96A 号型规格，以男上装基本型衣身规格设计为基础。

（1）衣长：h×0.4+（6 ~ 8）cm+ 腰围线至底边间距 +10cm。

（2）胸围（B）：B^*+16cm+10cm。

（3）袖长：臂长 +3cm。

（4）胸宽：1.5B^*/10+5cm+1.5cm。

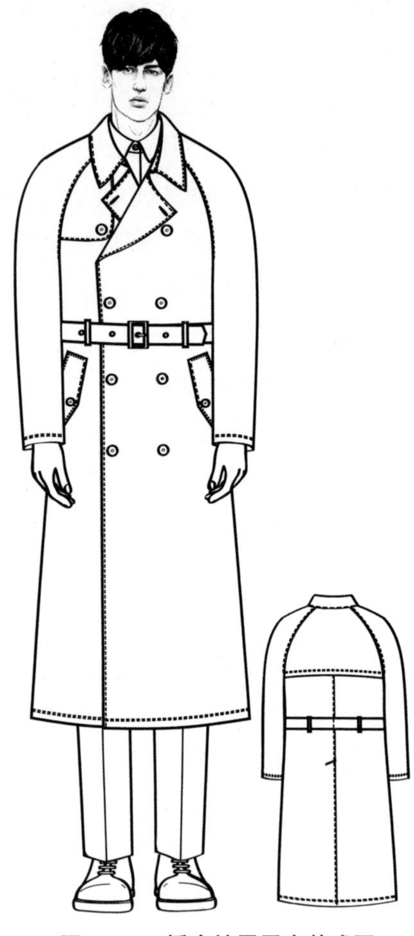

图 4–57 插肩袖男风衣款式图

（5）背宽：1.5B^*/10+6cm+1.5cm。

（6）背长：45cm。

（7）袖窿深：h/10+9cm+2.5cm。

（8）领宽：B^*/12+0.5cm+0.8cm。

（9）胸省：B^*/40。

（10）背省：B^*/40–0.3cm。

（三）结构制图

插肩袖男风衣结构制图如图 4–58~图 4–62 所示。

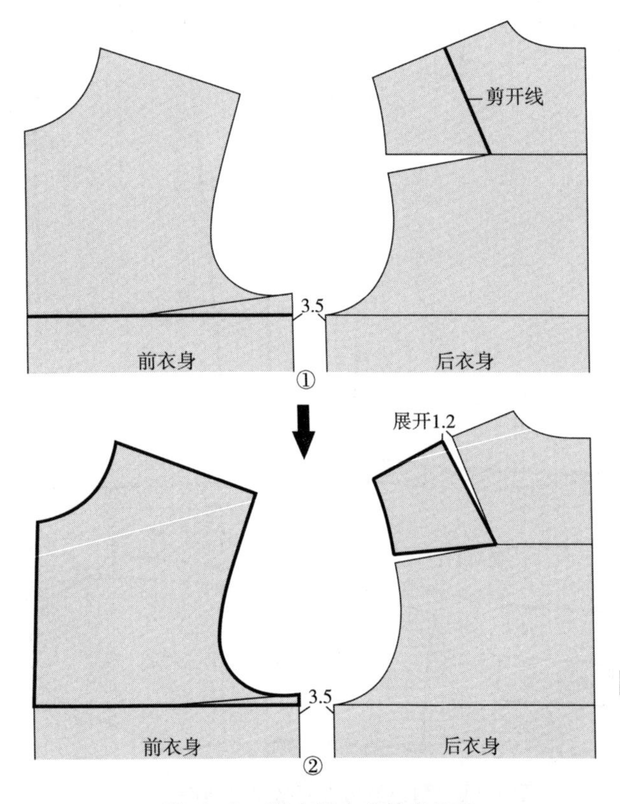

图 4–58 基本型衣身转省处理

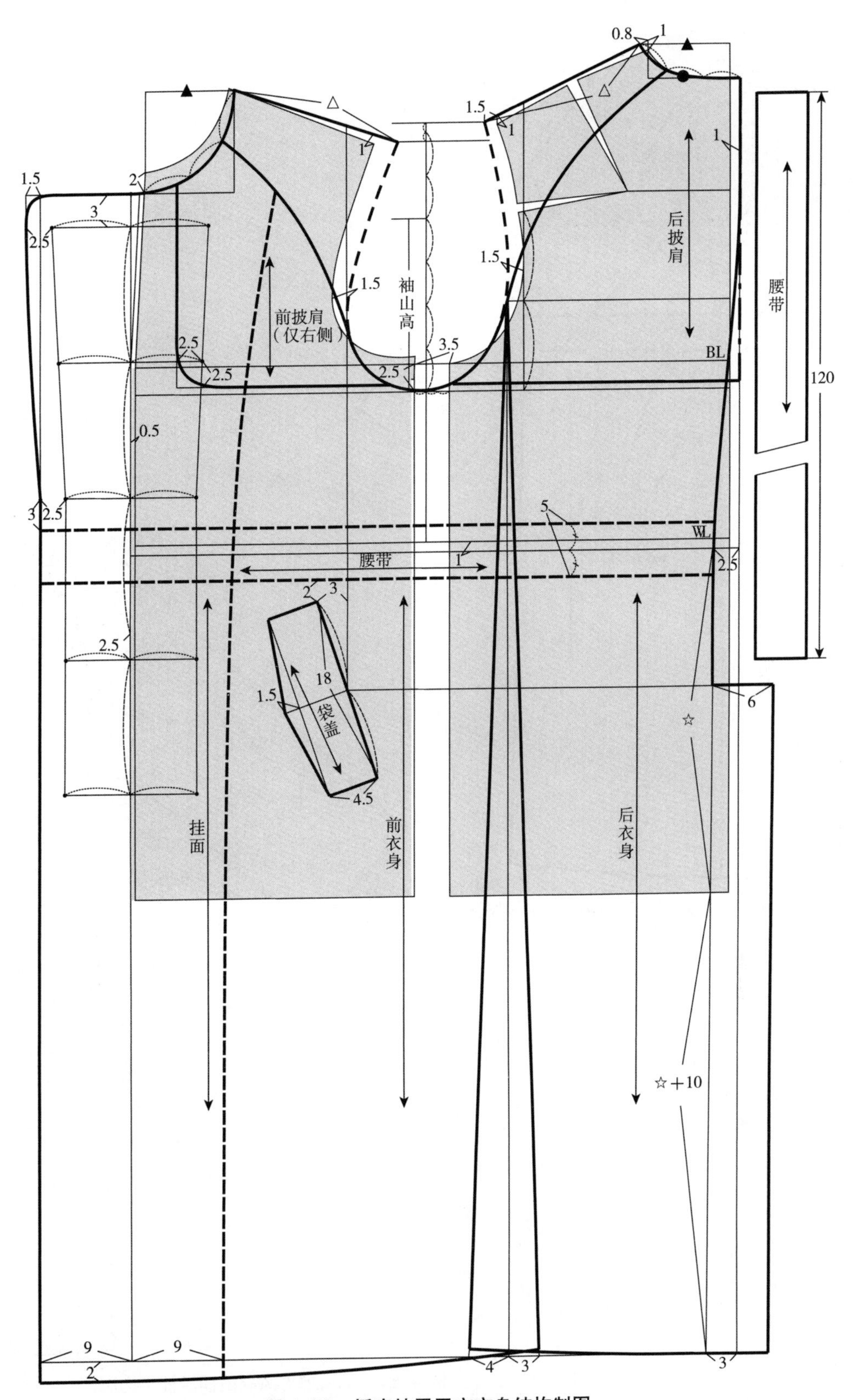

图 4–59　插肩袖男风衣衣身结构制图

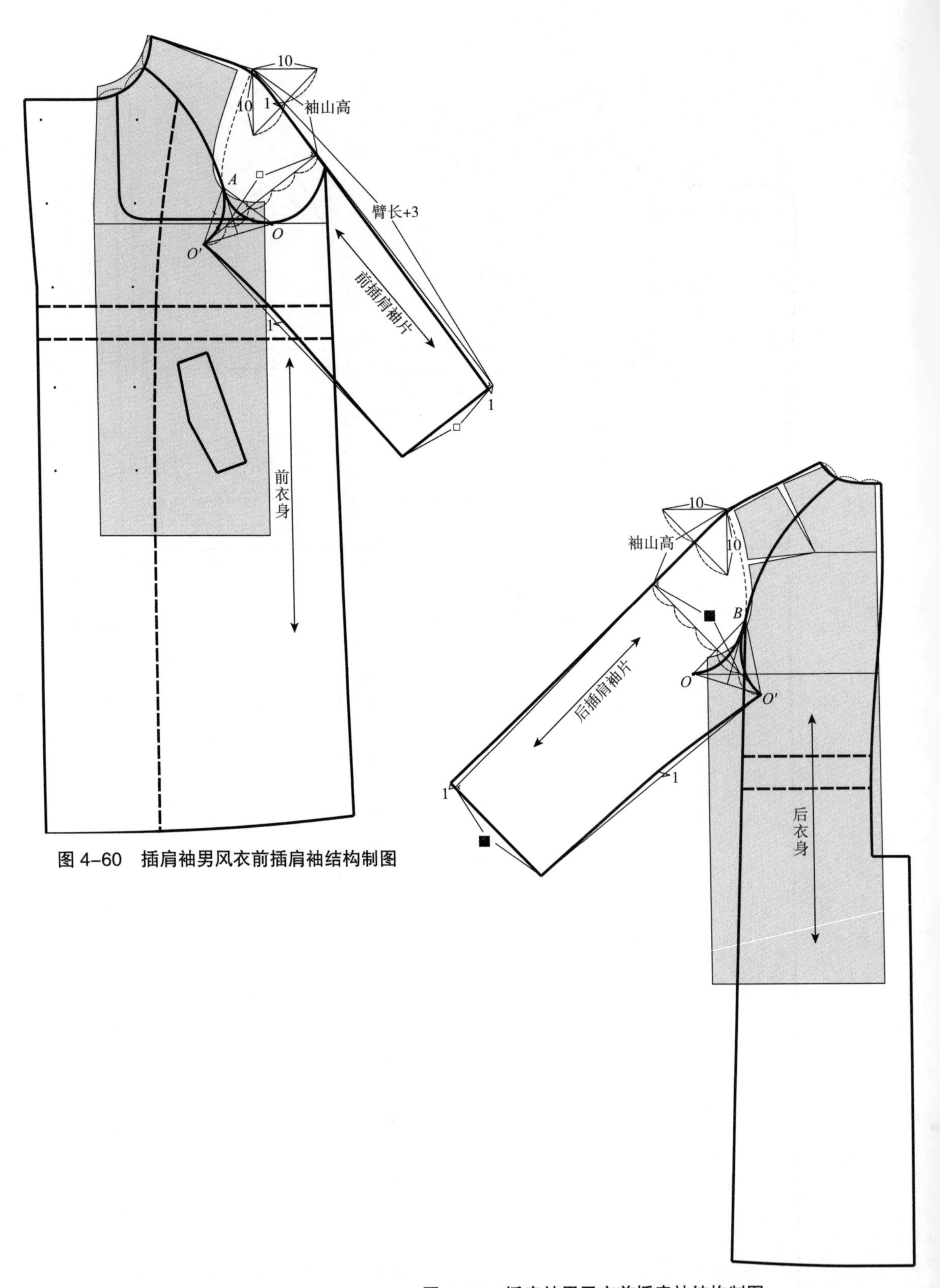

图 4-60　插肩袖男风衣前插肩袖结构制图

图 4-61　插肩袖男风衣前插肩袖结构制图

（四）结构制图说明

1. 衣身结构设计

衣身结构以基本型衣身为基础，半身胸围追加3.5cm放量，采用三开身结构制图形式，根据款式要求，基本型衣身后背省转至肩部1.2cm，剩余省量融入袖窿；基本型衣身前胸省作融入前袖窿处理，如图4–58①、②所示。

如图4–59所示，基于基本型衣身领口，后领宽作0.8cm开大处理，设前领宽=后领宽=▲，前领深下落2cm，后肩起翘1cm，后肩端点加1.5cm放量，设前肩=后肩，前肩端点起翘1cm，前胸宽、后背宽分别追加1.5cm放量，袖窿深追加2.5cm，袖窿底设于胸围放量左1/3处，连接前、后肩线，画顺前、后领口，袖窿弧线；设衣长=基本型衣身+腰围线至底边间距☆+10cm，后衣身中缝追加1cm放量，前衣身中心线追加0.5cm放量，基于基本型衣身后背省至大衣袖窿深线的中点作横线交于后袖窿弧线，并作垂线至底边为后开身基础线，底边展开量分别为4cm、3cm，画顺后开身边线，后身中缝腰节处内收2.5cm、底边内收3cm，画顺大衣后背缝线，以腰节下袋盖中点为基准设6cm宽后衣摆开衩；设前衣身搭门9cm，衣底边下落2cm，画顺插肩袖男风衣衣底边弧线，作前、后衣身领口三等分，过领口1/3点作插肩袖衣身分割曲线，分割线与衣身袖窿呈吻合状态，基于衣身第二排扣位完成前、后披肩结构设计；设腰带宽5cm，基于胸宽垂线及腰带下2cm处设斜插袋袋位，袋盖大18cm、宽4.5cm。

作前、后肩端点水平线，延长衣身侧缝线至后肩端点水平线，取前、后肩端点水平线间距的中点，过中点至插肩袖袖窿底作6等分，取4/6为袖山高。

2. 衣袖结构设计

如图4–60所示，过前肩端点作10cm等腰三角形，取三角形斜边中点下移1cm设定为前插肩袖袖中线倾角，过前肩端点连袖中线，设袖长=臂长+3cm，过肩端点量取袖山高，作袖肥线，取前衣身袖窿处A点为前袖与衣身对位符合点，过A点连直线至衣身袖窿底点O，量取AO，设$AO=AO'$，AO'交于袖肥线，画顺袖山底弧线；作袖中缝袖口垂线，袖口偏移1cm，取4/5前袖肥为袖口宽□，袖肘底缝内收1cm。

如图4–61所示，过后肩端点作10cm等腰三角形，取三角形斜边中点设定为后插肩袖袖中线倾角，过后肩端点连袖中线，设袖长=臂长+3cm，过肩端点量取袖山高，作袖肥线，取后衣身袖窿处B点为后袖与衣身对位符合点，过B点连直线至衣身袖窿底点O，量取BO，设$BO=BO''$，BO''交于袖肥线，画顺袖山底弧线；作袖中缝袖口垂线，袖口偏移1cm，取4/5后袖肥为袖口宽■，袖肘底缝内收1cm。

3. 衣领结构设计

插肩袖男风衣采用立翻领领型结构形式，立翻领为分体式翻领结构，由领座、翻领两部分组成。衣领结构制图以衣身领口为基础，衣领领座颈侧倾角96°，领座高n=3cm、翻领宽m=7cm。

如图4–62所示，以衣身领口B点为起点作水平线，过B点作水平线96°夹角线

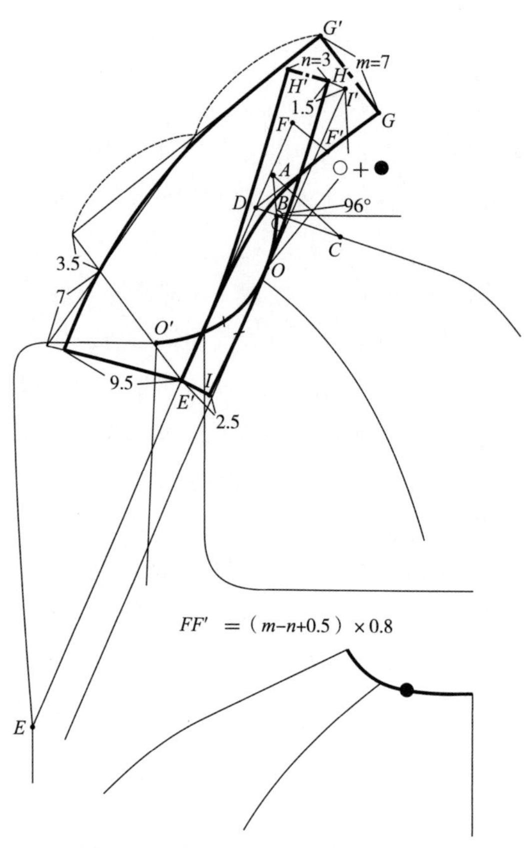

图 4–62 插肩袖男风衣衣领结构制图

AB，线段 AB 即为领座高 n=3cm，过 A 点向肩斜线作引线 AC，线段 AC 即为翻领宽 m=7cm，延长线段 CB 至 D 点，设线段 CD=CA。过 D 点与翻驳点 E 点连直线 DE，作 DE 延长线至 F，设 DF=m，过 D 点作 DF'=DF，设 FF'=（m–n+0.5cm）×0.8，即为翻领松量；延长 DF' 至 G 点，设 DG= 后领口弧长●，过 G 点作 DG 垂线 GG'=m，分别过 G'、E' 点作相交垂直线，设领角宽 9.5cm；设 OI=OO'，IE'=2.5cm 为前领座高，交 DE 于点 E'，过领口弧线 O 点作领口弧线切线，量取 OI'= 前领口弧长○ + 后领口弧长●，过 I' 点作垂线 I'H，设 I'H=1.5cm 作为领座后起翘量，过 H 点作 HO 垂线 HH'=n，分别画顺领座下口线、领座上口线、翻领上口线、翻领外口线。

（五）纸样分解图

插肩袖男风衣纸样分解如图 4–63 所示。

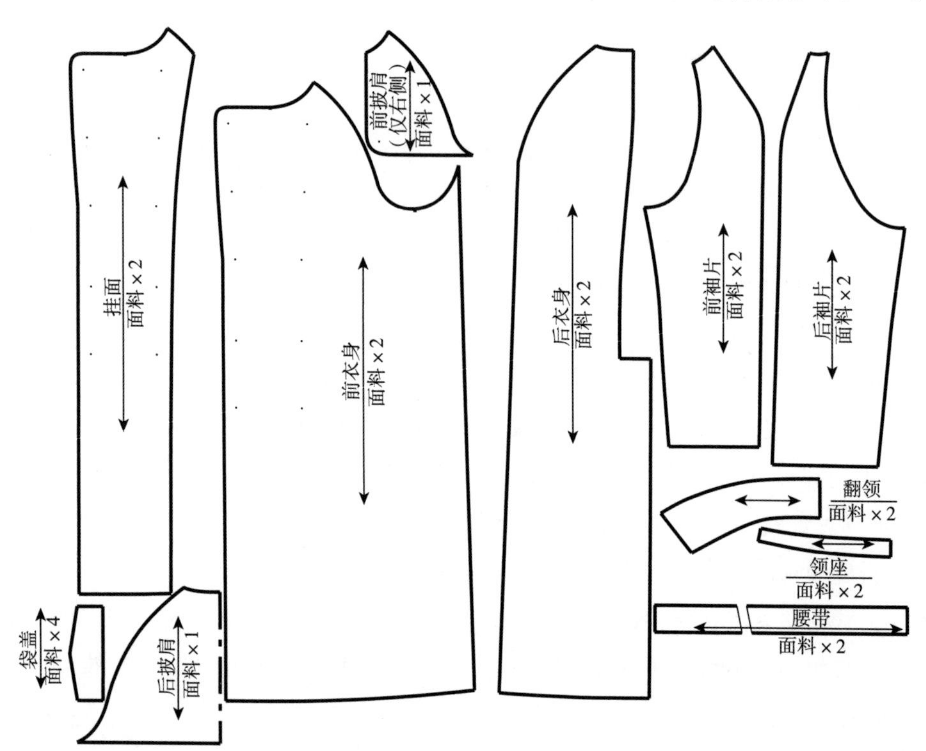

图 4–63 插肩袖男风衣纸样分解图

四、休闲型男大衣结构设计

（一）款式特点

休闲型男大衣款式特点为宽松衣身造型，衣长过臀至膝上，四开身衣身结构，单排四粒牛角扣，前、后身设肩育克，加袋盖贴袋，一片分割袖结构，袖口设有袖襻，有帽墙连身帽，如图 4–64 所示。

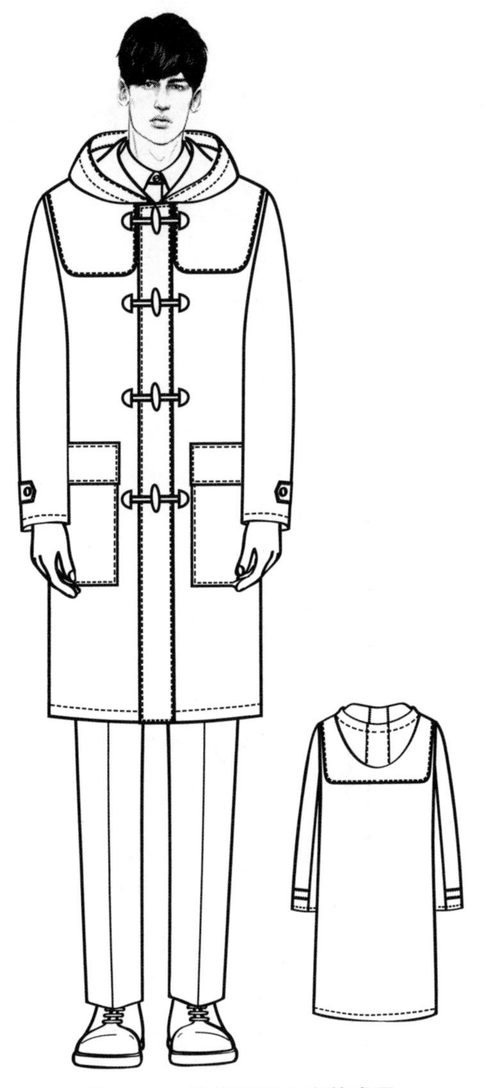

图 4–64　休闲型男大衣款式图

（二）规格设计

休闲型男大衣结构设计实例采用 180/96A 号型规格，以男上装基本型衣身规格设计为基础。

（1）衣长：$h \times 0.4$+（6 ~ 8）cm+ 腰围线至底边间距 /2。

（2）胸围（B）：B^*+16cm+10cm。

（3）袖长：臂长 +3cm。

（4）胸宽：1.5B^*/10+5cm+1.5cm。

（5）背宽：1.5B^*/10+6cm+1.5cm。

（6）背长：45cm。

（7）袖窿深：h/10+9cm+2.5cm。

（8）领宽：B^*/12+0.5cm+1.5cm。

（9）胸省：B^*/40。

（10）背省：B^*/40–0.3cm。

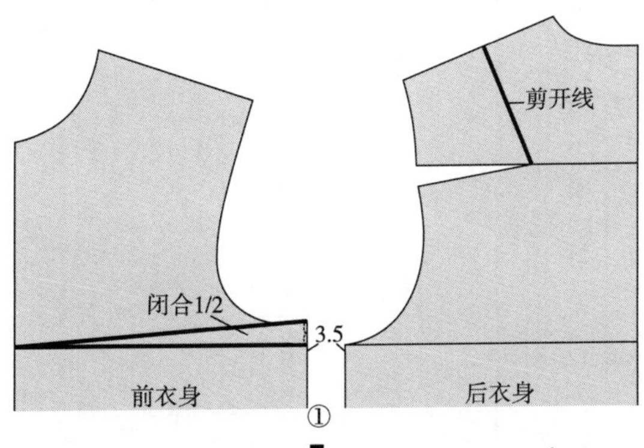

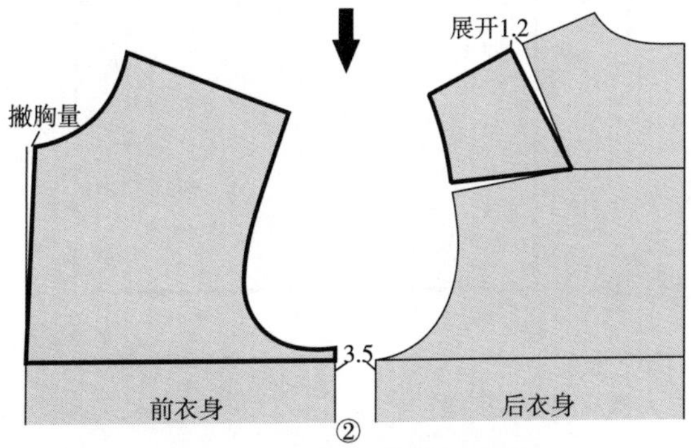

图 4–65　基本型衣身转省处理

（三）结构制图

休闲型男大衣结构制图如图 4–65~ 图 4–68 所示。

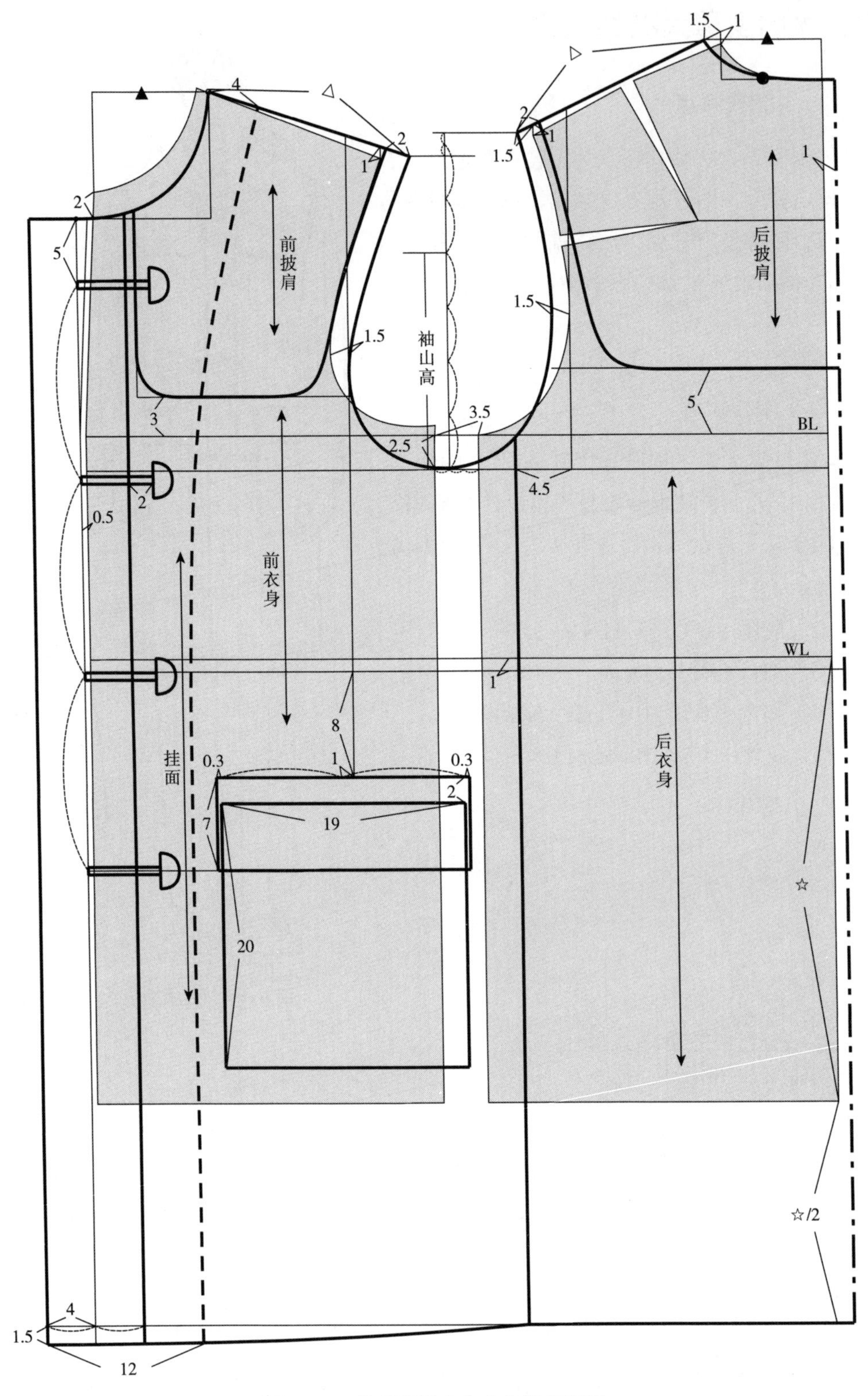

图 4–66　休闲型男大衣衣身结构制图

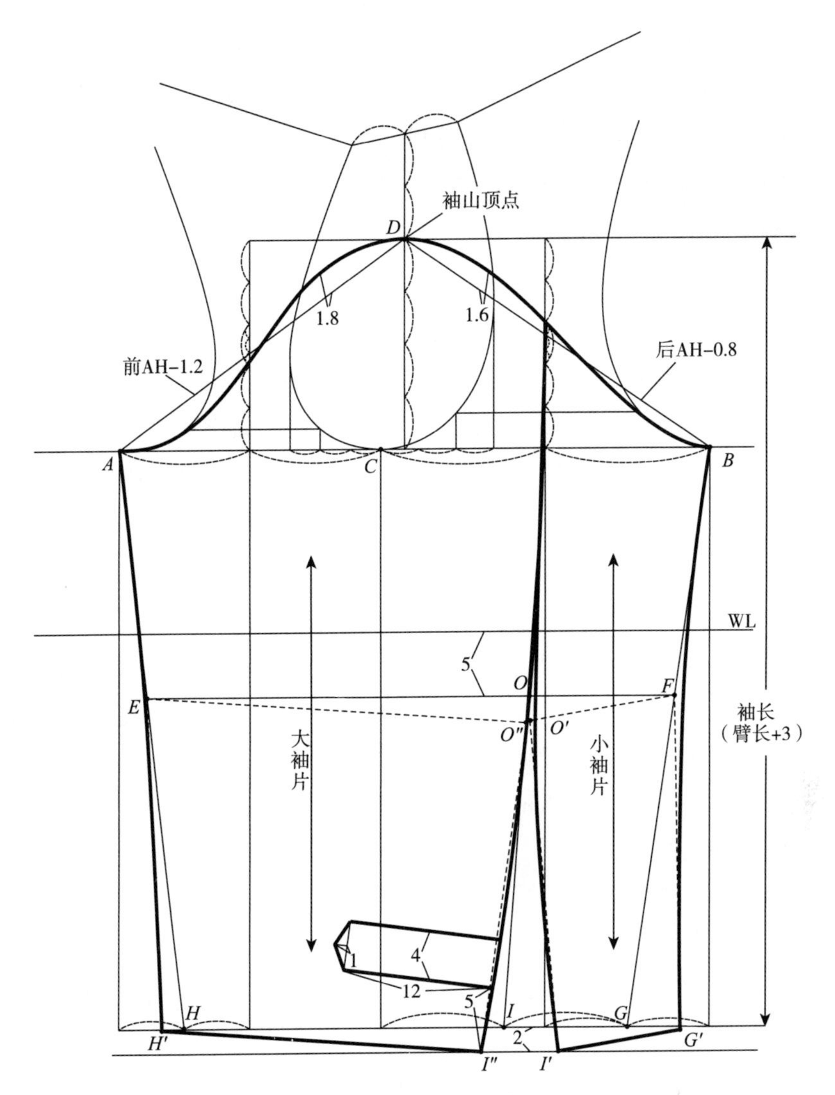

图 4–67　休闲型男大衣衣袖结构制图

（四）结构制图说明

1. 衣身结构设计

衣身结构以基本型衣身为基础，半身胸围追加 3.5cm 放量，采用四开身结构制图形式。根据款式要求，基本型衣身后背省转至肩部 1.2cm，剩余省量融入袖窿；基本型衣身前胸省合并 1/2，作撇胸方式处理，如图 4–65 ①、②所示。

如图 4–66 所示，基于基本型衣身领口，后领宽作 1.5cm 开大处理，设前领宽 = 后领宽 = ▲，前领深下落 2cm，后肩斜线作 1cm 起翘，前肩端点也起翘 1cm，后肩端点加 1.5cm 放量，设前肩宽 = 后肩宽 = △，前胸宽、后背宽各追加 1.5cm 放量，袖窿深追加 2.5cm，袖窿底设于胸围放量左 1/3 处，连接前、后肩线，画顺前后领口、袖窿弧线；设衣长 = 基本型衣身 + 腰围线至底边间距☆ + ☆ /2，后衣身中缝追加 1cm 放量，前衣身中心线追加 0.5cm 放量，基于基本型衣身背宽线左 4.5cm 作垂线至后袖窿弧线、底边线为后开身线，设前衣身搭门 4cm，衣底边下落 1.5cm，画顺衣底边弧线；基于基本型衣身胸围线完成前、后披肩设计；贴袋袋位以前身胸宽垂线腰围线下 1 cm+8cm 为基准，设贴袋袋口大 19cm、袋深 20cm、袋盖宽 7cm。

2. 衣袖结构设计

休闲型男大衣采用一片袖分割结构形式。如图 4–67 所示，连接前、后肩端点，过中点至袖窿底（BL）作 6 等分，取 4/6 设为袖山高；量取前、后袖窿弧长（AH），以袖山顶点为原点分别取前 AH–1.2cm、后 AH–0.8cm 作袖山斜线至衣身胸围线（BL）*A*、*B* 点，*C* 点为衣身袖窿底点，如图画顺袖山弧线；袖口依袖肥比例完成制图，袖肘追加 2cm 松量，袖肘下 *EOIH* 以 *E* 点为原点旋转至 *EO''I''H'*、*FGIO* 以 *F* 点为原点旋转至 *FG'I'O'*，画顺袖底缝及后袖肘分割缝，袖口上 5cm 处设袖襻，袖襻长 12cm、宽 4cm。

3. 连身帽结构设计

休闲型男大衣采用有帽墙的连身帽结构形式，帽子的结构制图以衣身领口为基础。如图 4–68 ①所示，过前肩颈点作水平线，取后领深 /2 作肩颈点水平线上面的平行线为帽下口起翘量，过前领口中点 *O* 作领口弧线切线与帽下口起翘水平线相交，设 *OO'*=*OA'*、*O'A*=后领口弧长●，画顺帽下口线；设帽高 35cm、帽宽 27cm，取帽高上 1/3 点、帽宽 1/2 点画顺帽中缝线；分别量取帽前口 5cm、帽中缝弧线转折处 6cm、帽下口 4.5cm，画顺帽墙分割弧线，设帽口搭门高 10cm。

帽墙结构制图如 4–68 ②所示。

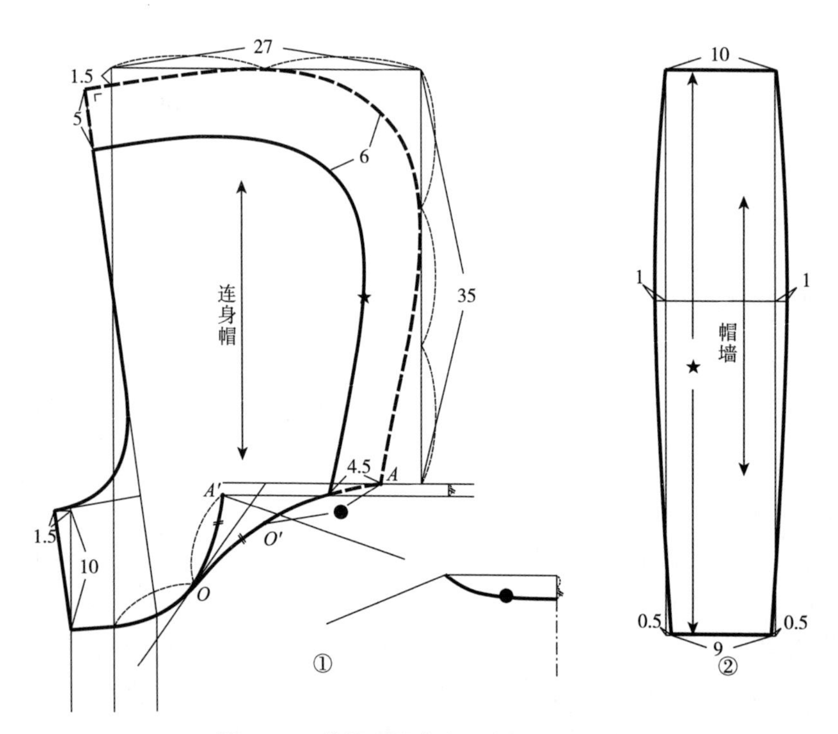

图 4–68　休闲型男大衣连身帽结构制图

（五）纸样分解图

休闲型男大衣纸样分解如图 4–69 所示。

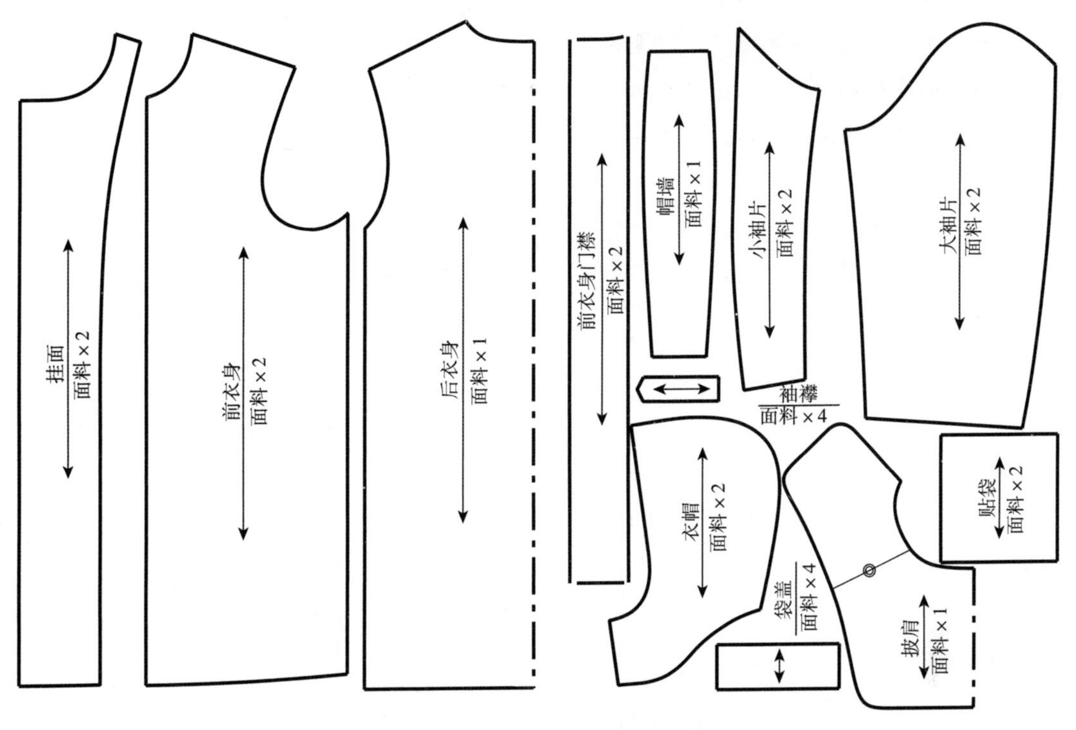

图 4–69　休闲型男大衣纸样分解图

第三节　男衬衫结构设计应用

一、标准型男衬衫结构设计

（一）款式特点

标准型男衬衫款式特点为较合体型直衣身，衣长过臀至臀底沟，直衣摆，前肩加过肩，后衣身背部作育克分割，后身加褶裥，外贴明门襟，左前胸加贴袋，立翻领领型，一片袖结构，合体袖山造型，袖口接袖克夫，后袖口加宝剑头形开衩，如图 4–70 所示。

（二）规格设计

标准型男衬衫结构设计实例采用 180/96A 号型规格，以男上装基本型衣身规格设计为基础。

（1）衣长：$h\times0.4+$（6 ~ 8）cm。

（2）胸围（B）：B^*+16cm。

（3）腰围（W）：B–4cm。

（4）袖长：臂长 +3cm。

（5）胸宽：1.5B^*/10+5cm+1.5cm。

（6）背宽：1.5B^*/10+6cm+1.3cm。

（7）背长：45cm。

（8）袖窿深：h/10+9cm。

（9）领宽：B^*/12+0.5cm。

（10）胸省：B^*/40。

（11）背省：B^*/40–0.3cm。

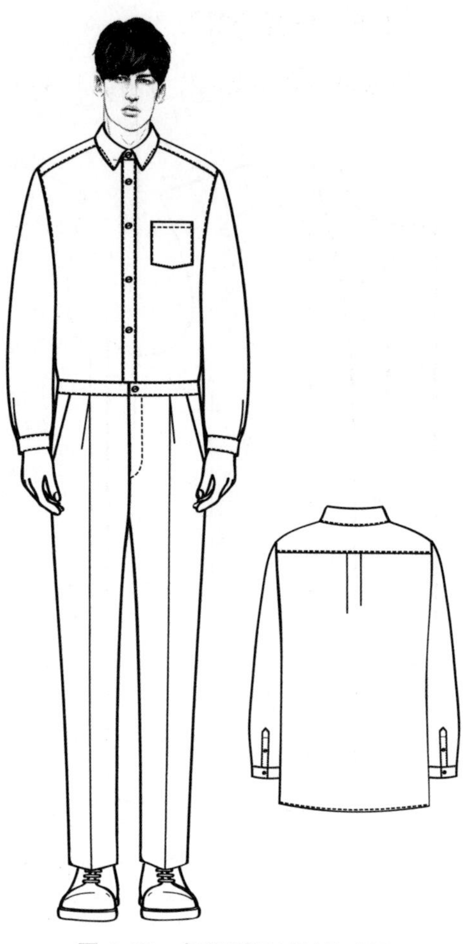

图 4–70　标准型男衬衫款式图

（三）结构制图

标准型男衬衫结构制图如图 4–71~ 图 4–74 所示。

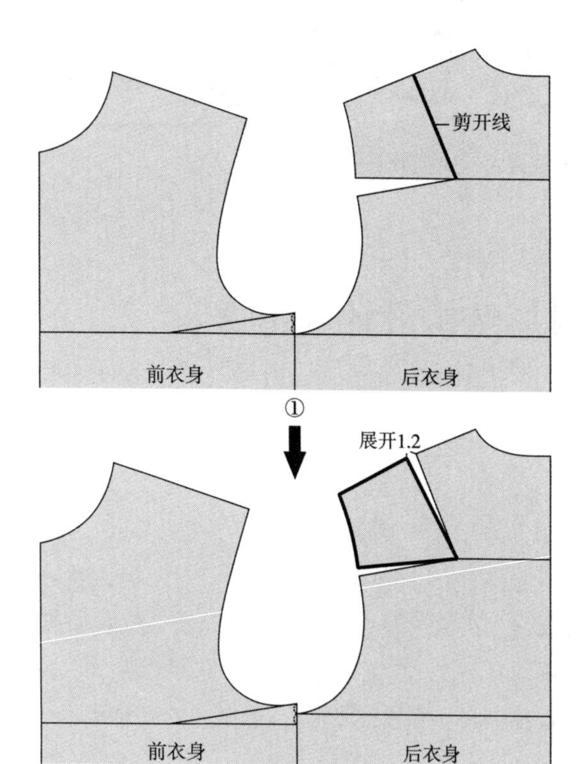

图 4–71　基本型衣身转省处理

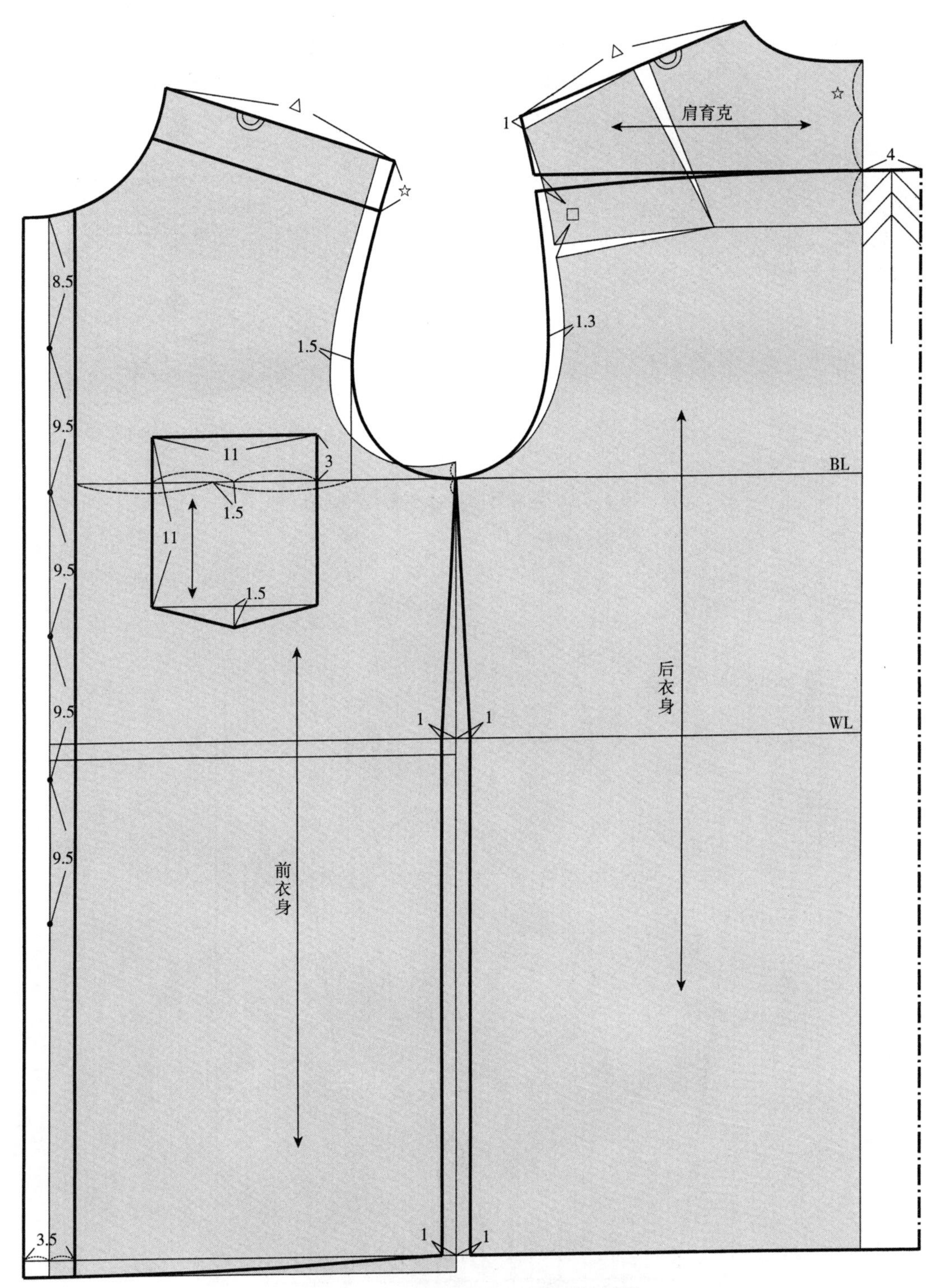

图 4-72　标准型男衬衫衣身结构制图

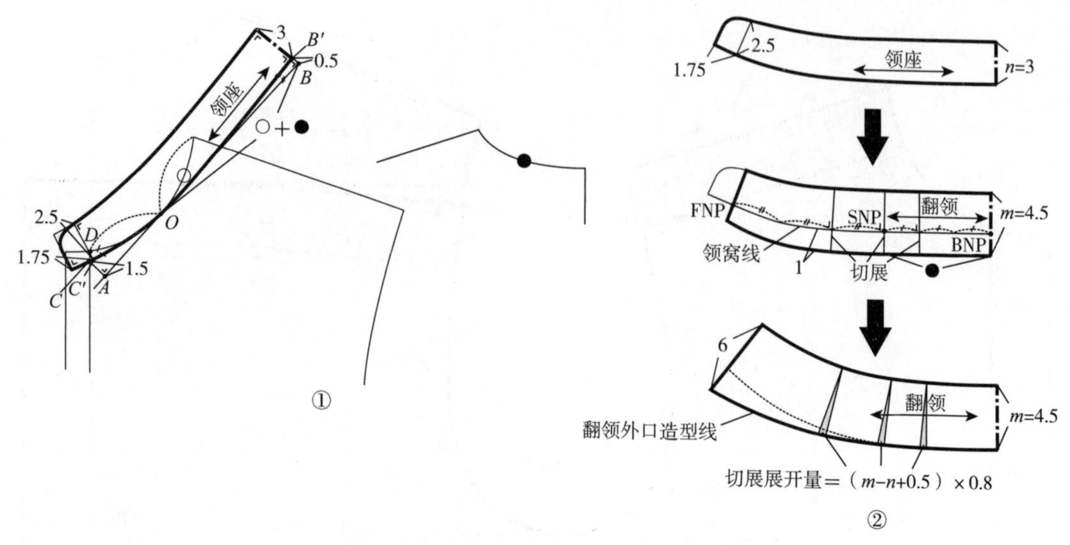

图 4–73　标准型男衬衫衣领结构制图

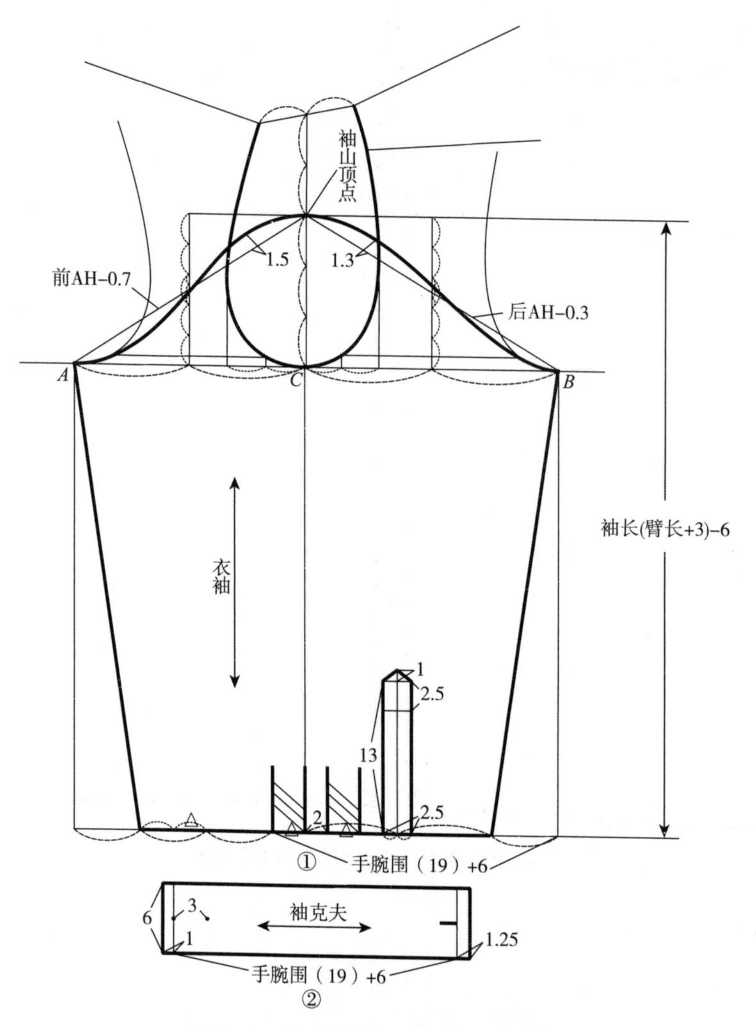

图 4–74　标准型男衬衫衣袖结构制图

（四）结构制图说明

1. 衣身结构设计

衣身结构以基本型衣身为基础，采用四开身结构制图形式，根据款式要求，基本型衣身后背省转至肩部 1.2cm，剩余省量转至育克分割；基本型衣身前胸省中点对齐后衣身胸围线，如图 4–71 ①、②所示。

如图 4–72 所示，基于基本型衣身，后肩端点起翘 1cm，设前肩宽 = 后肩宽 = △，前胸宽追加 1.5cm 放量，后背宽追加 1.3cm 放量，连顺前、后肩线，画顺前后领口、袖窿弧线；设衣长 = 基本型衣身长，前、后腰围处各内收 1cm、底边各内收 1cm，取 2/3 背宽横线至后领中点作后背育克分割，后背中缝追加 4cm 褶裥量，将后袖窿剩余省量转至育克分割处，取后背育克高 /2 为前过肩量☆；设搭门宽 1.75cm，外贴贴边 3.5cm；基于前胸宽中点向右 1.5cm 设贴袋，贴袋袋口 11cm、贴袋袋深 12.5cm。

2. 衣领结构设计

标准型男衬衫采用立翻领结构形式，立翻领为分体式翻领结构形式，由领座、翻领两部分组成，设领座宽 n=3cm、翻领宽 m=4.5cm、领座搭门量 1.75cm。

领座结构制图以衣身领口为基础，量取衣身领口弧线中点，过领口弧线中点 O 作领口弧线切线，取 OA= 领口弧长 OD，取 OB= 前领口弧长○ + 后领口弧长●；过 A 点作垂线 AC，设 AC=1.5cm 作为领座前起翘量，取 OC'=OD，画顺弧线为领座下口线，过 C' 点延长领下口线 1.75cm 为领座搭门，设领座前领宽 2.5cm；过 B 点作垂线 BB'，设 BB'=0.5cm 作为领座后起翘量，画顺 OB' 弧线，分别过 B'、C' 点作 3cm、2.5cm 垂线设为领座后领高、前领高，画顺领座上口线，如图 4–73 ①所示。

翻领部分结构设计以领座作为基础，设翻领后领宽为 4.5cm、翻领前领角宽 6cm。如图 4–73 ②所示，将翻领作切展处理，展开量 =（m–n+0.5cm）× 0.8，画顺翻领上口线和翻领外口造型线。

3. 衣袖结构设计

标准型男衬衫衣袖采用一片袖结构形式，衣袖结构制图以衣身袖窿为基础。如图 4–74 ①所示，连接前、后肩端点并取中点作垂线至袖窿深线，作垂线 5 等分，取 3/5 设定为袖山高，分别量取前、后袖窿弧长（AH），以袖山顶点为原点分别取前 AH–0.7cm、后 AH–0.3cm 作袖山斜线至衣身胸围线 A、B 点，A、B 两点间即为一片袖袖肥；分别取前、后袖肥的中点作垂线至袖山顶点水平线，分别将前、后袖肥的中点垂线作 5 等分，再将 5 等分中间区段作 3 等分，其中后袖肥垂线中的上 1/3、前袖肥垂线中的下 1/3 的区间为袖山弧线转折调整区间；袖长 = 实际袖长（臂长 +3cm）–6cm，以矩形袖身为基础，基于袖下口线量取手腕围（19cm）+6cm，将剩余袖下口量作 3 等分，取其 2/3 作袖口两侧的内收量，剩余的 1/3 为袖口褶裥量，后袖口处设 2.5cm 宽、13cm 长袖开衩。

袖克夫围度 = 手腕围（19cm）+6cm，袖克夫宽为 6cm，如图 4–74 ②所示。

（五）纸样分解图

标准型男衬衫纸样分解如图 4–75 所示。

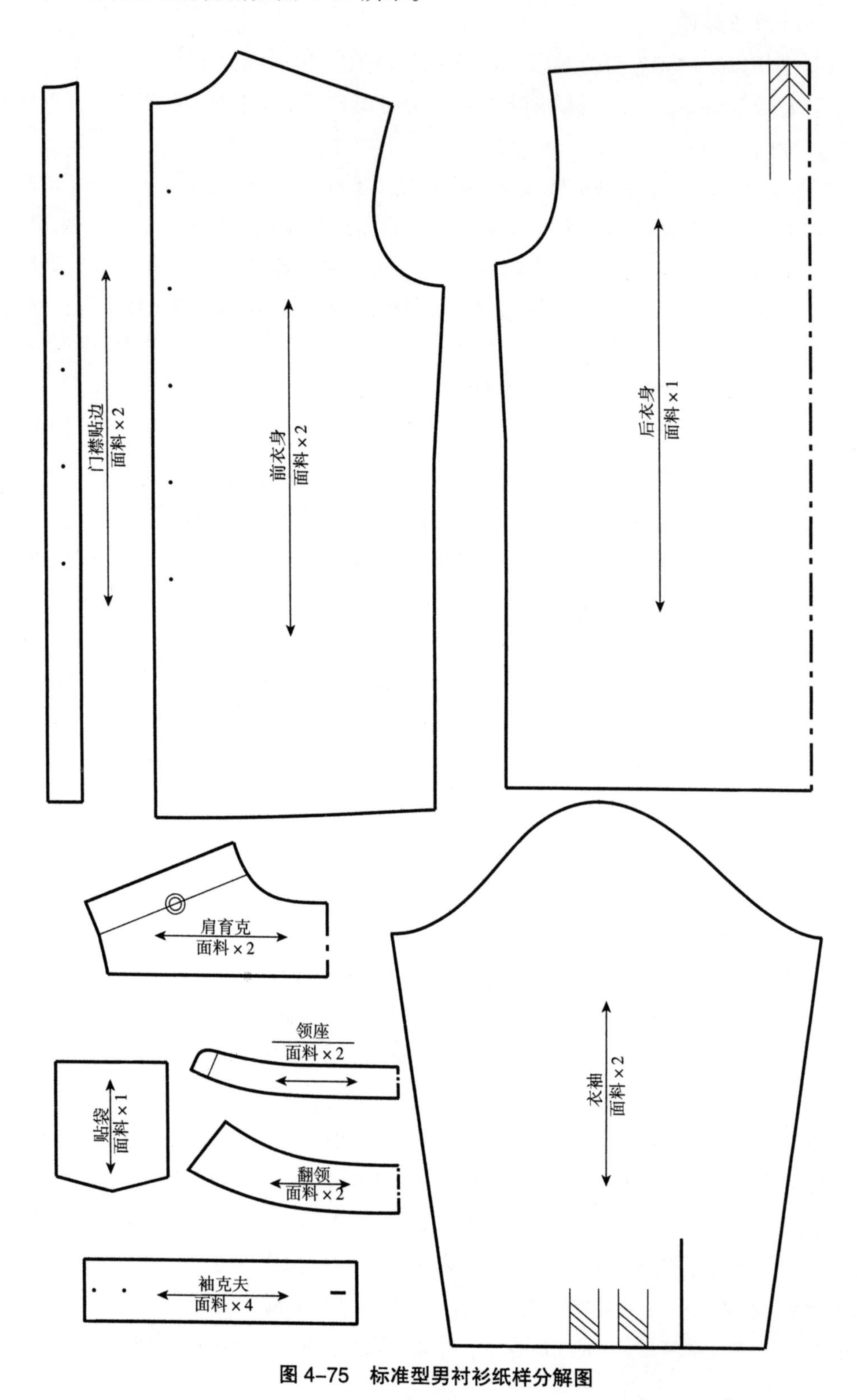

图 4–75　标准型男衬衫纸样分解图

二、休闲型男衬衫结构设计

（一）款式特点

休闲型男衬衫款式特点为宽松型直衣身，衣长过臀至臀底沟，弧线型衣摆，前肩加过肩，后衣身背部作育克分割，后身加褶裥，外贴明门襟，前胸加袋盖贴袋，立翻领领型，一片袖结构，较宽松袖山造型，袖口接袖克夫，后袖口加宝剑头形开衩，如图 4–76 所示。

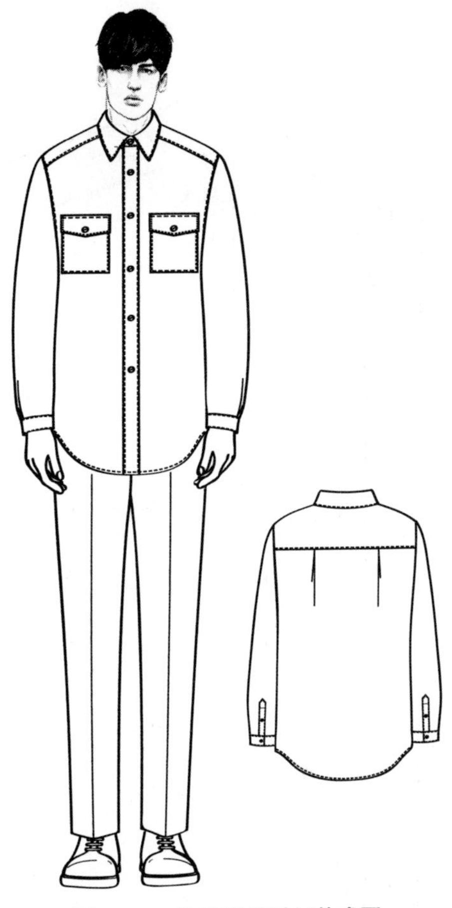

图 4–76　休闲型男衬衫款式图

（二）规格设计

休闲型男衬衫结构设计实例采用 180/96A 号型规格，以男上装基本型衣身规格设计为基础。

（1）衣长：h×0.4+（6 ~ 8）cm。

（2）胸围（B）：B^*+16cm+5cm。

（3）袖长：臂长 +3cm。

（4）胸宽：1.5B^*/10+5cm。

（5）背宽：1.5B^*/10+6cm。

（6）背长：45cm。

（7）袖窿深：h/10+9cm+2cm。

（8）领宽：B^*/12+0.5cm。

（9）胸省：B^*/40。

（10）背省：B^*/40–0.3cm。

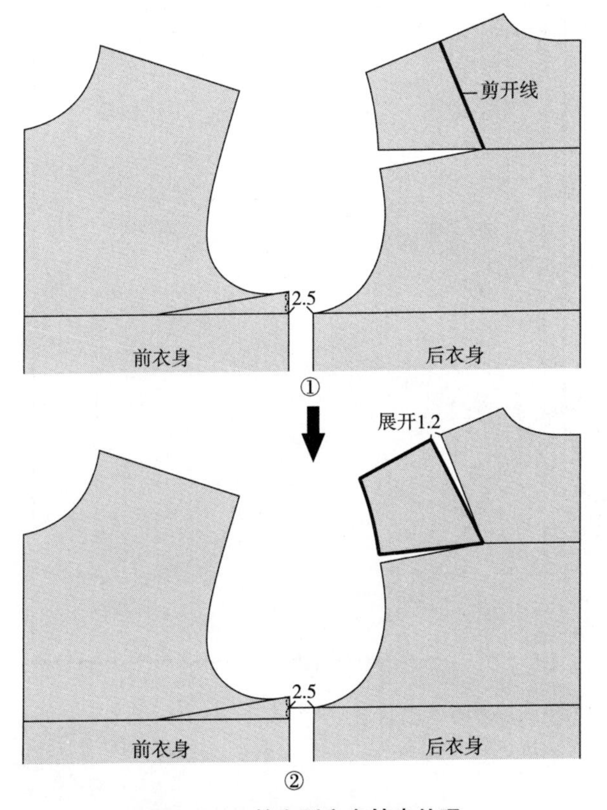

图 4–77　基本型衣身转省处理

（三）结构制图

休闲型男衬衫结构制图如图 4–77~ 图 4–80 所示。

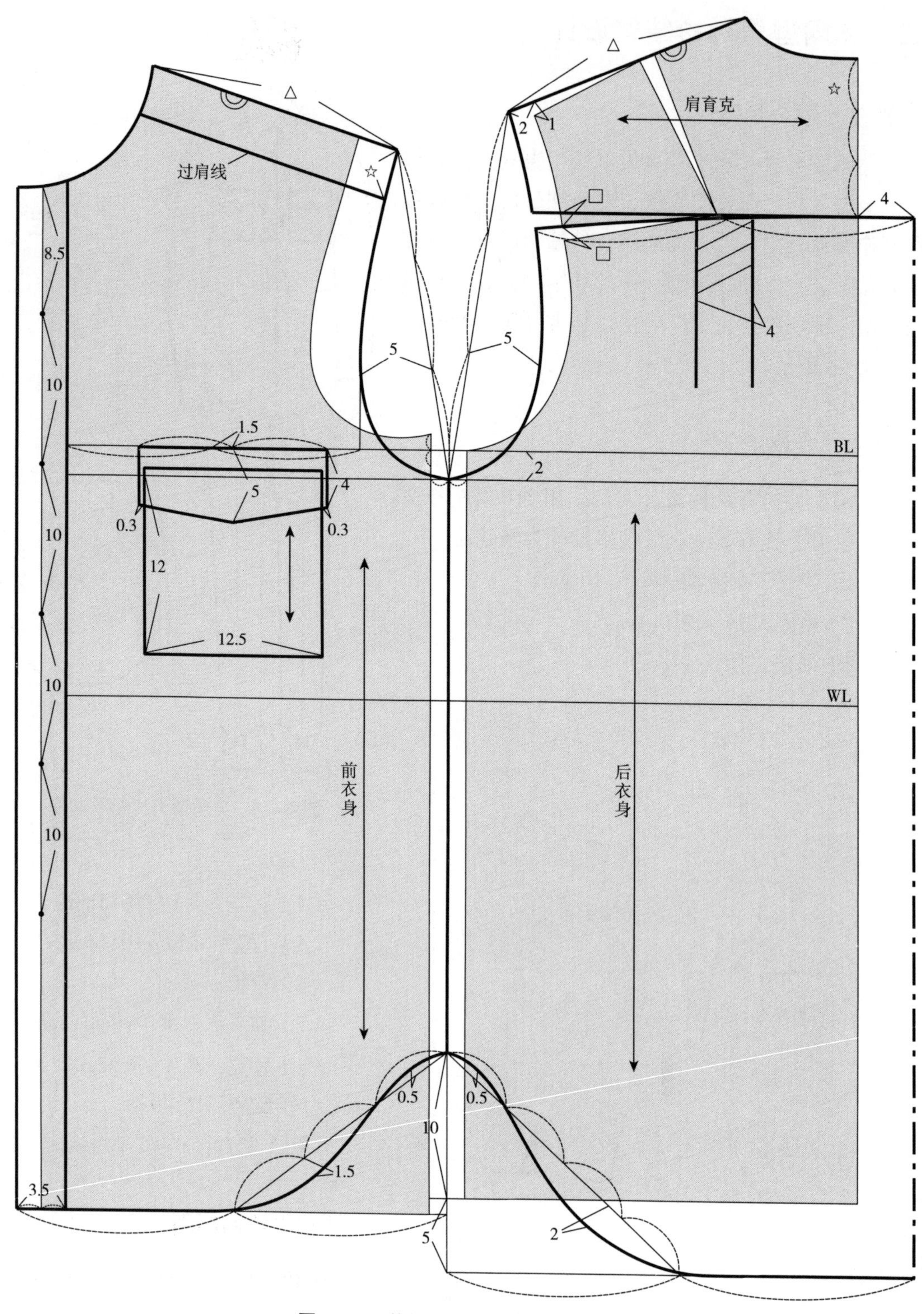

图 4-78　休闲型男衬衫衣身结构制图

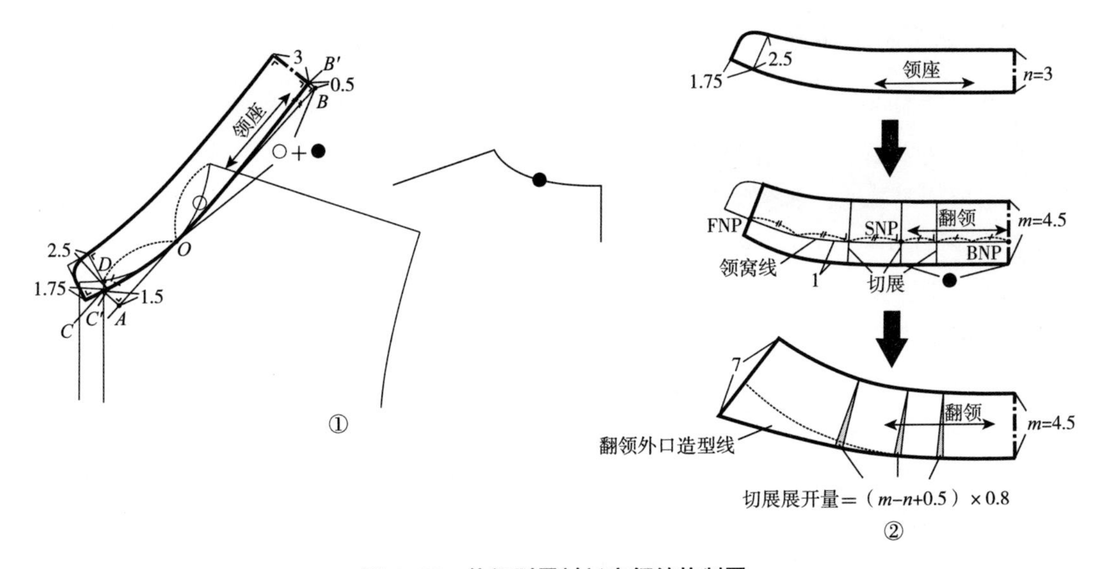

图 4-79　休闲型男衬衫衣领结构制图

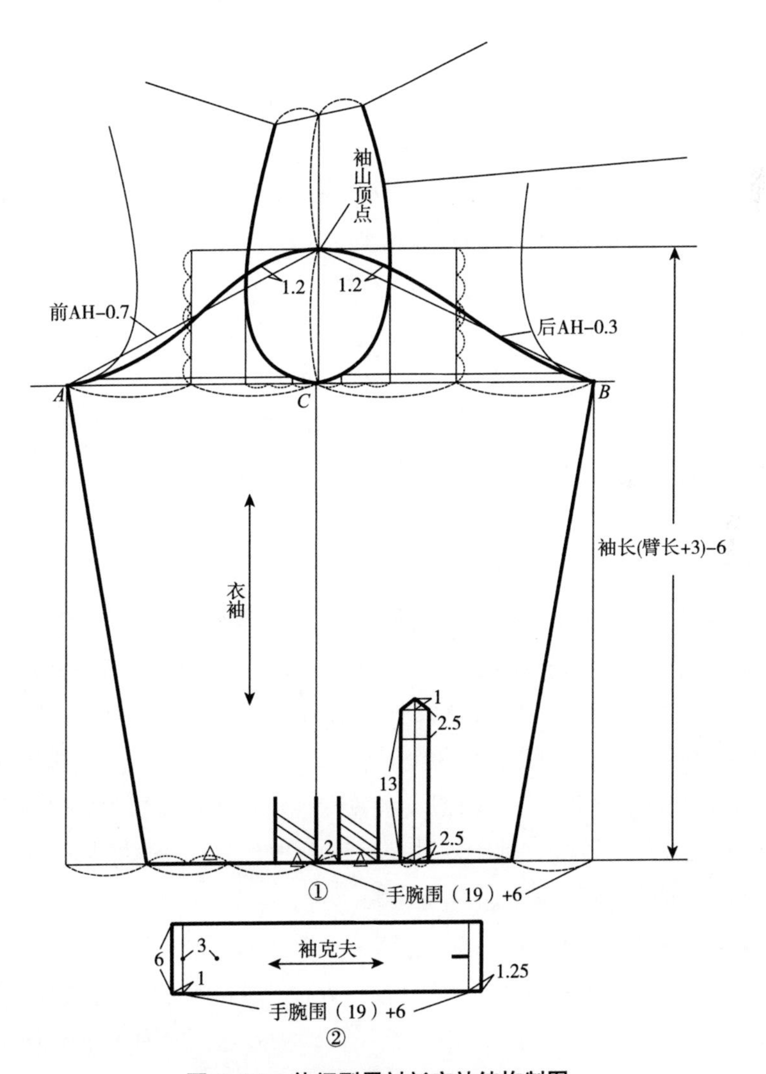

图 4-80　休闲型男衬衫衣袖结构制图

（四）结构制图说明

1. 衣身结构设计

衣身结构以基本型衣身为基础，衣身半胸围追加 2.5cm 放量，采用四开身结构制图形式。根据款式要求，基本型衣身后背省转至肩部 1.2cm，剩余省量转至育克分割；基本型衣身前胸省的中点对齐后衣身胸围线，如图 4–77 ①、②所示。

如图 4–78 所示，基于基本型衣身，后肩端点起翘 1cm，后肩端点追加 2cm 放量，设前肩宽 = 后肩宽 = △，袖窿深追加 2cm，袖窿底设于胸围放量 /2 处，前、后肩端点分别与袖窿底点连线，取下 1/3 点作 5cm 前、后袖窿弯势处理，连顺前、后肩线，画顺前后领口、袖窿弧线；设前身衣长 = 基本型衣身长、后身衣长追加 5cm，画顺衣摆弧线，基于背宽横线作后背育克分割，后背中缝追加 4cm 褶裥量，将后袖窿剩余省量转至育克分割处，取后背育克高 /3 为前过肩量☆；设搭门 1.75cm，外贴贴边 3.5cm，基于前胸宽中点向右 1.5cm 设袋盖贴袋，贴袋袋口宽 12.5cm、贴袋袋深 12cm、袋盖宽 5cm。

2. 衣领结构设计

休闲型男衬衫采用立翻领结构形式，立翻领为分体式翻领结构形式，由领座、翻领两部分组成，设领座宽 n=3cm、翻领宽 m=4.5cm、领座搭门量 1.75cm。

领座结构制图以衣身领口为基础，量取衣身领口弧线的中点，过领口弧线中点 O 作领口弧线切线，取 OA= 领口弧长 OD，取 OB= 前领口弧长○ + 后领口弧长●；过 A 点作垂线 AC，设 AC=1.5cm 作为领座前起翘量，取 OC'=OD，画顺弧线为领座下口线，过 C' 点延长领下口线 1.75cm 为领座搭门，设领座前领宽 2.5cm；过 B 点作垂线 BB'，设 BB'=0.5cm 作为领座后起翘量，画顺 OB' 弧线，分别过 B'、C' 点作 3cm、2.5cm 垂线设为领座后领高、前领高，画顺领座上口线，如图 4–79 ①所示。

翻领部分结构设计以领座作为基础，设翻领后领宽为 4.5cm、翻领前领角宽 7cm。如图 4–79 ②所示，将翻领作切展处理，展开量设为（m–n+0.5cm）×0.8，画顺翻领上口线和翻领外口造型线。

3. 衣袖结构设计

休闲型男衬衫衣袖采用一片袖结构形式，衣袖结构制图以衣身袖窿为基础。如图 4–80 ①所示，连接前、后肩端点并取中点作垂线至袖窿深线，作垂线 2 等分，取 1/2 设定为袖山高，分别量取前、后袖窿弧长（AH），以袖山顶点为原点分别取前 AH–0.7cm、后 AH–0.3cm 作袖山斜线至衣身胸围线 A、B 点，A、B 两点间即为一片袖袖肥；分别取前、后袖肥的中点作垂线至袖山顶点水平线，分别将前、后袖肥的中点垂线作 5 等分，再将 5 等分中间区段作 3 等分，其中后袖肥垂线中的上 1/3、前袖肥垂线中的下 1/3 的区间为袖山弧线转折调整区间；袖长 = 实际袖长（臂长 +3cm）–6cm，以矩形袖身为基础，基于袖下口线量取手腕围（19cm）+6cm，将剩余袖下口量作 3 等分，取其 2/3 作袖口两侧的内收量，剩余的 1/3 为袖口褶裥量，后袖口处设 2.5cm 宽、13cm 长袖开衩。

袖克夫围度 = 手腕围（19cm）+6cm，袖克夫宽为 6cm，如图 4–80 ②所示。

（五）纸样分解图

休闲型男衬衫纸样分解如图 4–81 所示。

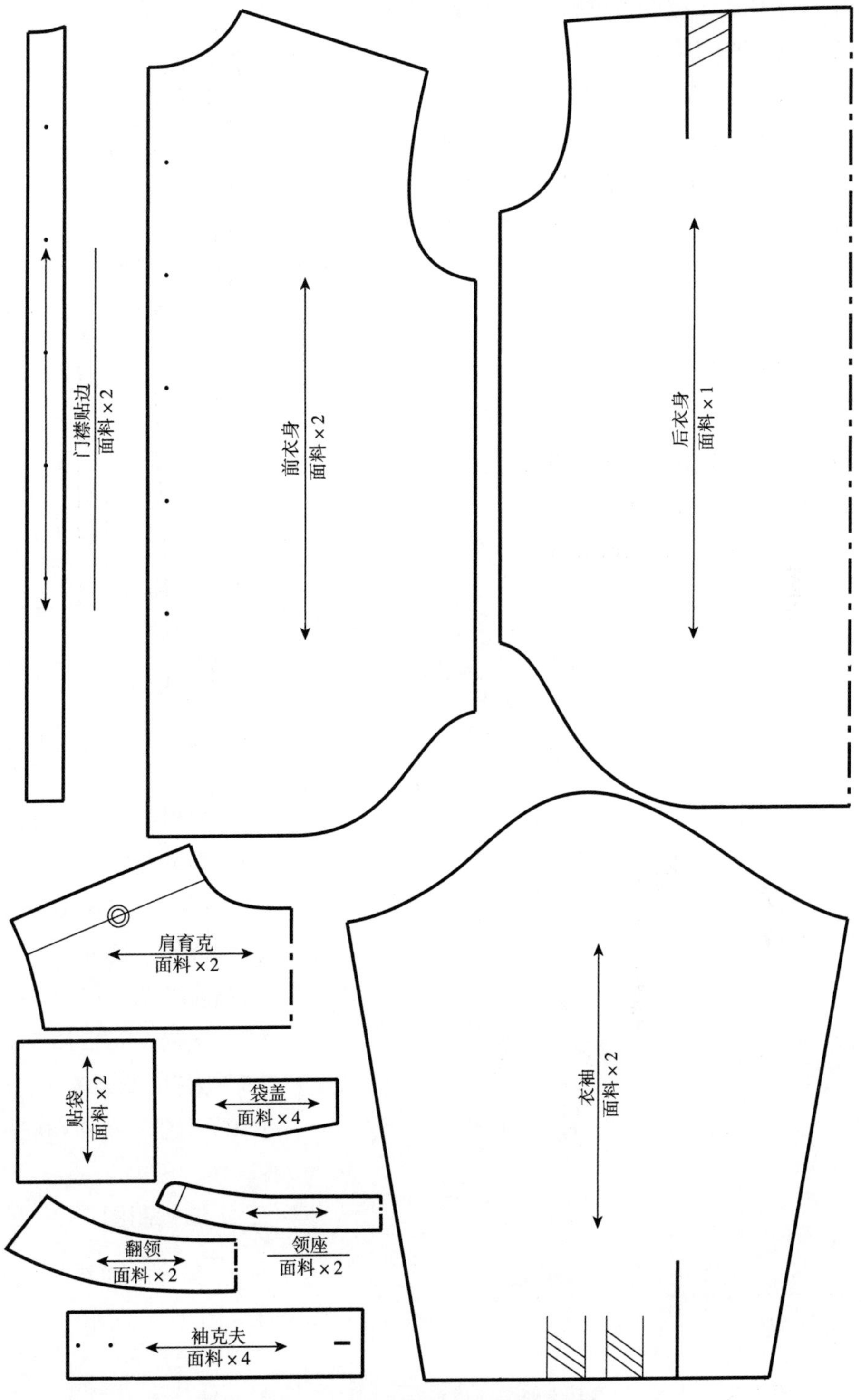

图 4–81　休闲型男衬衫纸样分解图

三、户外男衬衫结构设计

（一）款式特点

户外男衬衫款式特点为宽松型直衣身，衣长过臀至臀底沟，直衣摆，前肩加过肩，前胸横向分割，后衣身背部做活褶裥育克分割，两侧缝开衩，外贴明门襟，前胸加袋盖褶裥贴袋，立翻领领型；一片袖结构，较宽松袖山造型，衣袖袖身可脱卸，袖口接袖克夫，后袖口加宝剑头形开衩，如图 4–82 所示。

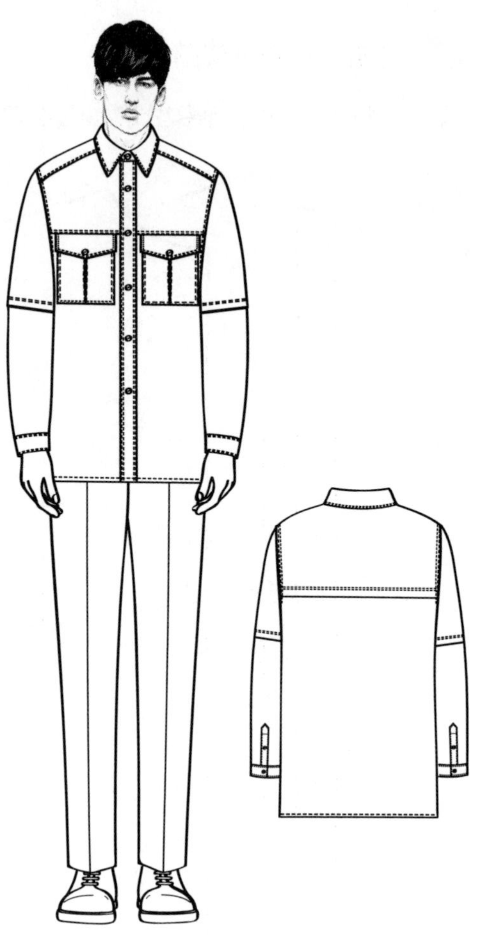

图 4–82　户外男衬衫款式图

（二）规格设计

户外男衬衫结构设计实例采用 180/96A 号型规格，以男上装基本型衣身规格设计为基础。

（1）衣长：h×0.4+（6 ~ 8）cm。

（2）胸围（B）：B^*+16cm+5cm。

（3）袖长：臂长 +3cm。

（4）胸宽：1.5B^*/10+5cm。

（5）背宽：1.5B^*/10+6cm。

（6）背长：45cm。

（7）袖窿深：h/10+9cm+2cm。

（8）领宽：B^*/12+0.5cm。

（9）胸省：B^*/40。

（10）背省：B^*/40–0.3cm。

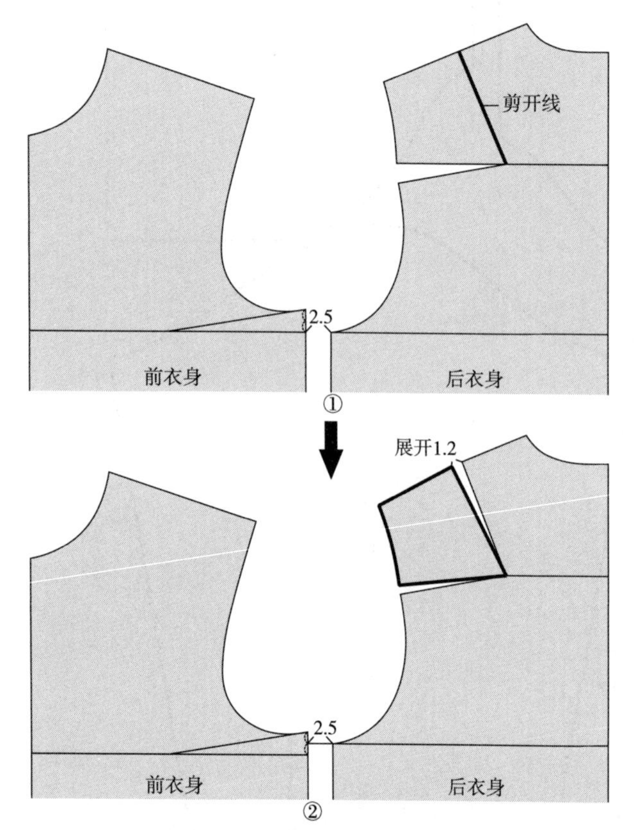

图 4–83　基本型衣身转省处理

（三）结构制图

户外男衬衫结构制图如图 4–83~ 图 4–86 所示。

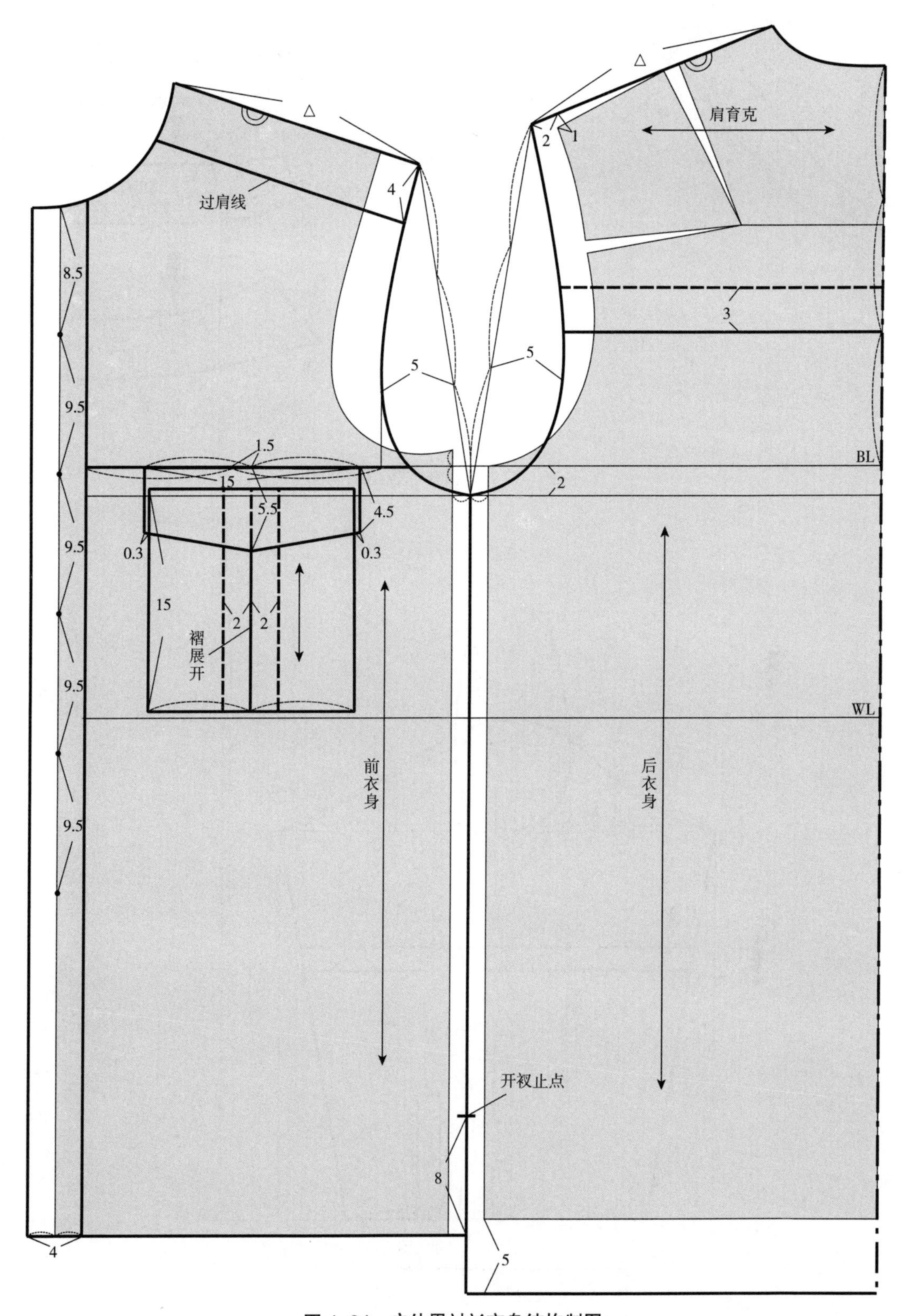

图 4-84　户外男衬衫衣身结构制图

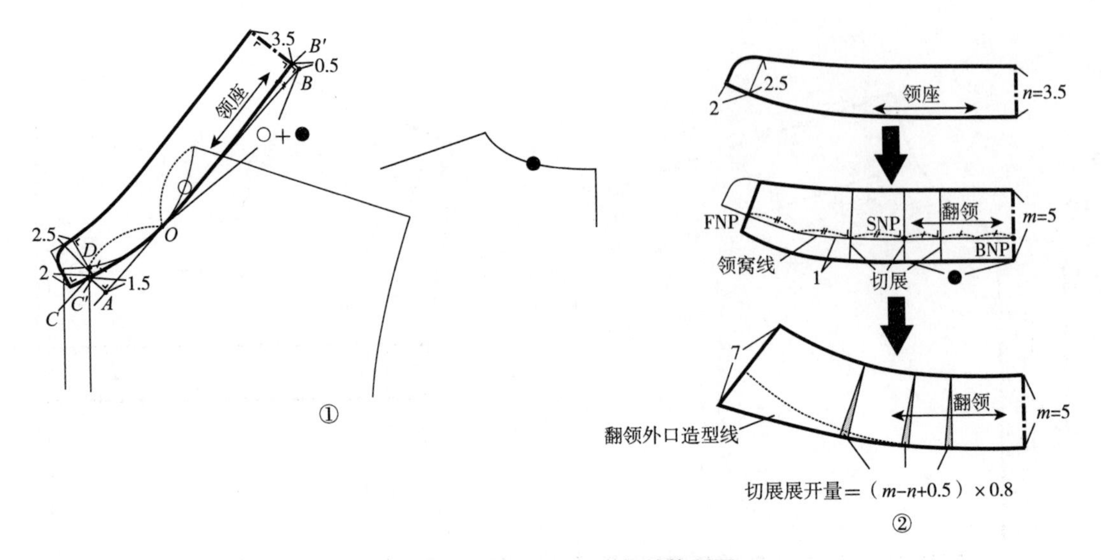

图 4-85　户外男衬衫衣领结构制图

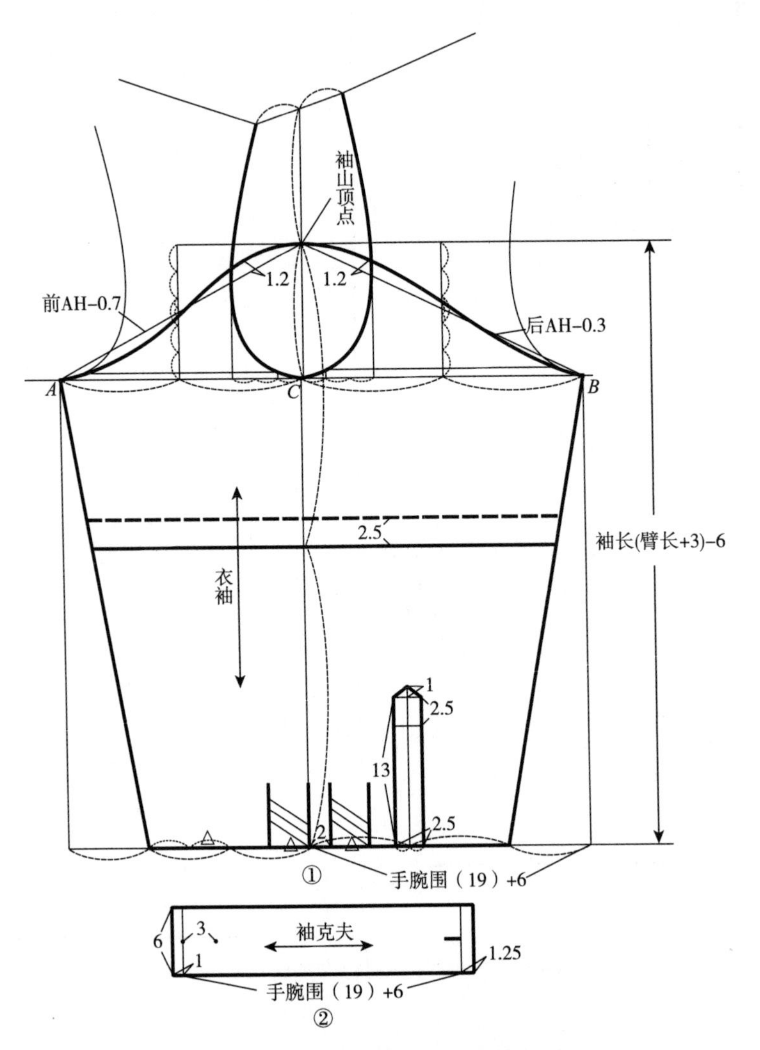

图 4-86　户外男衬衫衣袖结构制图

（四）结构制图说明

1. 衣身结构设计

衣身结构以基本型衣身为基础，衣身半胸围追加 2.5cm 放量，采用四开身结构制图形式。根据款式要求，基本型衣身后背省转至肩部 1.2cm，剩余省量转至育克分割；基本型衣身前胸省的中点对齐后衣身胸围线，如图 4–83 ①、②所示。

如图 4–84 所示，基于基本型衣身，后肩端点起翘 1cm，后肩端点追加 2cm 放量，设前肩宽 = 后肩宽 = △，袖窿深追加 2cm，袖窿底设于胸围放量 /2 处，前、后肩端点分别与袖窿底点连线，取下 1/3 点作 5cm 前、后袖窿弯势处理，连顺前、后肩线，画顺前后领口、袖窿弧线；设前身衣长 = 基本型衣身长、后身衣长追加 5cm；基于后衣身下 1/3 点作横向育克分割，设前衣身过肩量 4cm；设搭门 2cm，外贴贴边 4cm，基于前胸宽 1/2 点向右 1.5cm 设袋盖褶裥贴袋，贴袋袋口宽 14.4cm、贴袋袋深 15cm，袋盖长 15cm、袋盖宽 5.5cm。

2. 衣领结构设计

户外男衬衫采用立翻领结构形式，立翻领为分体式翻领结构形式，由领座、翻领两部分组成，设领座宽 n=3.5cm、翻领宽 m=5cm、领座搭门量 2cm。

领座结构制图以衣身领口为基础，量取衣身领口弧线的中点，过领口弧线中点 O 作领口弧线切线，取 OA= 前领口半弧长 ODO，取 OB= 前领口半弧长○ + 后领口弧长●；过 A 点作垂线 AC，设 AC=1.5cm 作为领座前起翘量，取 OC'=OD，画顺弧线为领座下口线，过 C' 点延长领下口线 2cm 为领座搭门，设领座前领宽 2.5cm；过 B 点作垂线 BB'，设 BB'=0.5cm 作为领座后起翘量，画顺 OB' 弧线，分别过 B'、C' 点作 3.5cm、2.5cm 垂线设为领座后领高、前领高，画顺领座上口线，如图 4–85 ①所示。

翻领部分结构设计以领座作为基础，设翻领后领宽为 5cm、翻领前领角宽为 7cm。如图 4–85 ②所示，将翻领作切展处理，展开量 =（m–n+0.5cm）×0.8，画顺翻领上口线和翻领外口造型线。

3. 衣袖结构设计

户外男衬衫衣袖采用一片袖结构形式，衣袖结构制图以衣身袖窿为基础。如图 4–86 ①所示，连接前、后肩端点并取中点作垂线至袖窿深线，作垂线 2 等分，取 1/2 设定为袖山高，分别量取前、后袖窿弧长（AH），以袖山顶点为原点分别取前 AH–0.7cm、后 AH–0.3cm 作袖山斜线至衣身胸围线 A、B 点，A、B 两点间即为一片袖袖肥；取前、后袖肥的中点作垂线至袖山顶点水平线，将前、后袖肥的中点垂线作 5 等分，再将 5 等分中间区段作 3 等分，其中后袖肥垂线中的上 1/3、前袖肥垂线中的下 1/3 的区间为袖山弧线转折调整区间；袖长 = 实际袖长（臂长 +3cm）–6cm，以矩形袖身为基础，基于袖下口线量取手腕围（19cm）+6cm，将剩余袖下口量作 3 等分，取其 2/3 作袖口两侧内收量，剩余 1/3 为袖口褶裥量，后袖口处设 2.5cm 宽、13cm 长袖开衩；取袖长 /2 作横向分割，设折边 2.5cm。

袖克夫围度 = 手腕围（19cm）+6cm，袖克夫宽为 6cm，如图 4–86 ②所示。

（五）纸样分解图

户外男衬衫纸样分解如图 4-87 所示。

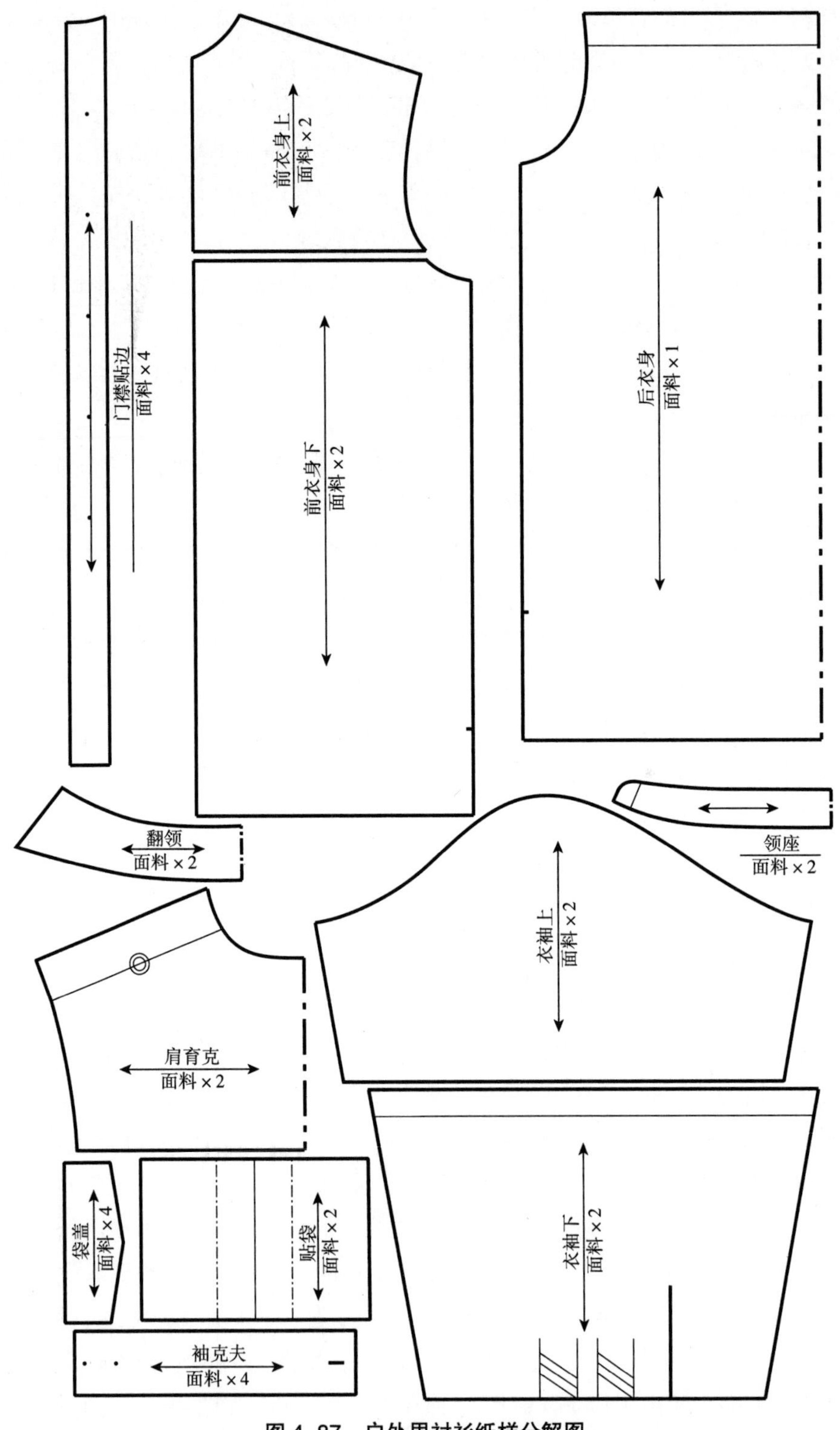

图 4-87　户外男衬衫纸样分解图